# Elektromagnetische Umweltverträglichkeit

Skalarwellen,
informationstechnische Nutzung longitudinaler
Wellen und Wirbel

von

Professor Dr.-Ing. Konstantin Meyl

Teil 3:

Umdruck zum informationstechnischen Seminar

INDEL GmbH, Verlagsabteilung

Villingen-Schwenningen 2002,
3. und komplettierte Auflage 2004

ISBN 3-98O2 542-7-5

# Elektromagnetische Umweltverträglichkeit

## Teil 3: Umdruck zum informationstechnischen Seminar

von Professor Dr.-Ing. Konstantin Meyl

2. Auflage (2003), mit 89 Tafeln und 205 Seiten

Die Deutsche Bibliothek - CIP-Einheitsaufnahme

**Meyl, Konstantin:**
Elektromagnetische Umweltverträglichkeit, Teil 3,
Skalarwellen, informationstechnische Nutzung
longitudinaler Wellen und Wirbel
- von Konstantin Meyl.-
Villingen-Schwenningen : INDEL GmbH, Verl.-Abt.
2. Aufl. - 2003

ISBN 3-9802542-7-5
ISBN 978-3-98025427-4



Postanschrift und Bestelladresse:
***INDEL*** GmbH, Prof. Dr. K. Meyl, Erikaweg 32, D-78048 VS-Villingen
Tel: +49 (0) 7721-51811 ; Fax: +49 (0) 7721-51870
Web: www.k-meyl.de ; E-Mail: Info@k-meyl.de

Printed in Germany

**Vorwort zum Seminar**

Mit dem Erscheinen des 3. Teils zur Skriptenreihe der Elektromagnetischen Umweltverträglichkeit kann die Materialsammlung als vorläufig abgeschlossen gelten. Es dürften jetzt so gut wie alle Aspekte zum Thema der Potentialwirbel des elektromagnetischen Feldes und deren Ausbreitung als Skalarwelle angesprochen oder wenigstens angedeutet worden sein.
Und darum geht es bei den Seminarumdrucken: In den innerhalb und außerhalb der Hochschule stattfindenden Seminaren werden Fragen nach den Erscheinungen und der biologischen Wirksamkeit der uns umgebenden Felder diskutiert. Die wissenschaftlich korrekte Vorgehensweise verlangt als Seminarvorbereitung eine umfangreiche Stoffsammlung und eine Zusammenstellung von Thesen mit dem Pro und Contra dazu.
Die als „Lehrbuchphysik" bezeichnete und allgemein anerkannte Argumentation kann sich der Seminarteilnehmer anhand der verfügbaren Zeitschriften und Bücher selber erarbeiten. Der in den Feldgleichungen ergänzte Potentialwirbel hingegen ermöglicht eine Gegendarstellung, die für die meisten zunächst ungewohnt sein wird. Es lebt der alte Disput zwischen Quanten- und Feldphysik wieder auf. Was fehlt ist eine umfangreiche Materialsammlung zu der weiterentwickelten Feldphysik, und diese Lücke sollen die Seminarumdrucke schließen.
Es geht bei diesem Buch in erster Linie darum, dass alle Facetten, Eigenschaften und physikalischen Konsequenzen der neuen und einheitlichen Feldphysik angesprochen sind. Die Frage, ob alle Punkte einer strengen Prüfung standhalten können, bleibt dem Seminar und seinen Teilnehmern vorbehalten, von denen sich jeder sein eigenes Urteil bilden soll. Die Buchreihe ist als Anregung zu verstehen, sich über die unterschiedlichsten Punkte eigene Gedanken zu machen. Wer keine Gelegenheit zu einer Seminarteilnahme hat, der bekommt durch die Lektüre wenigstens eine Vorstellung, was hier diskutiert und wie um wissenschaftliche Erkenntnisse gerungen wird.
Die hiermit abgeschlossene Materialsammlung darf keinesfalls mit einem Grundlagenwerk zur Objektivitätstheorie verglichen oder verwechselt werden. Das können und wollen die Umdrucke gar nicht leisten. Sie bilden bestenfalls zusammen mit den Diskussionen die Grundlage für ein wissenschaftliches Grundlagenwerk, an dem ich arbeite.

Bei der aus drei Teilen bestehenden Materialsammlung zur Elektromagnetischen Umweltverträglichkeit sind immer wieder neue Aspekte aufgetaucht, die Eingang in das jeweilige Buch gefunden haben, an dem ich zu der Zeit gerade gearbeitet habe, während die grobe Gliederung streng eingehalten worden ist: Teil 1 mit den Kapiteln 1 bis 9 behandelt die Grundlagen, Teil 2 mit Kapitel 10 bis 20 den energietechnischen Aspekt und Teil 3 mit den Kapiteln 21 bis 30 den informationstechnischen Aspekt von Skalarwellen.
Der vorliegende 3.Teil beginnt mit der Wellengleichung und den beiden enthaltenen Anteilen einer transversalen und einer longitudinalen Welle. Der historische Streit zwischen Heinrich Hertz und Nikola Tesla mit den experimentellen Beweisen des jeweils genutzten Wellenanteils setzt sich über den Welle-Teilchen-Unschärfe-Kompromiss fort bis zu der Auseinandersetzung um die richtige Feldbeschreibung: die von Maxwell oder die neue duale und zugleich einheitliche, die auf Boscovic und Faraday aufbaut. Dabei sind die so unversöhnlich erscheinenden Aspekte doch nur zwei Anteile einer einzigen Gleichung, die viel älter ist und auf Laplace zurückzuführen ist: die Wellengleichung.
Herleitungen dieser Gleichung, die beide Wellenanteile enthält, sind bisher keine bekannt. Dies gelingt erstmalig in der Zusammenfassung ab Kapitel 26 aus dem neuen und erweiterten Feldansatz. Zunächst wird jedoch versucht mit Modellen, Berechnungen und

Beobachtungen die Welt der Skalarwellen plausibel zu machen. Dazu dienen Beispiele aus der Hochfrequenztechnik, wie die Bodenwelle oder der Nahfeldbereich einer Antenne, und aus Natur und Medizin, der zwei Kapitel eingeräumt werden. Der Vergleich zwischen der Nervenleitung und der Tesla'schen Eindrahttechnik bringt es an den Tag, dass in beiden Fällen gleichermaßen Skalarwellen Verwendung finden. In einem Frequenzdiagramm werden die Erkenntnisse übersichtlich eingetragen und gezeigt, dass erheblich mehr unerforschte Bereiche auftreten, als bereits bekannt ist, dass in den meisten Fällen noch nicht einmal Messgeräte verfügbar sind. Mit dem Entwurf für den Bau eines Skalarwellenmessgeräts wird die wissenschaftliche Überprüfung bisher nur empirisch gewonnener Ergebnisse angeregt, wie sie beispielsweise die Radiästhesie mit Hilfe der Sensitivität des Menschen als Biosensor ermittelt haben will.

Viele Zusammenhänge werden sich dem Leser erst erschließen, wenn er die anschließende Zusammenfassung durchgearbeitet hat. Aus den Maxwell'schen Feldgleichungen lassen sich nur die bekannten (transversalen) Hertz'schen Wellen herleiten. (Longitudinale) Skalarwellen hingegen ergeben sich zu Null. Es ist dies ein Mangel der gängigen Feldtheorie, nachdem Skalarwellen bei allen Teilchenwellen, wie z.B. als Plasmawelle, als Photonen- oder Neutrinostrahlung existieren. Da der Feldzeiger, in dessen Richtung sich Longitudinalwellen ausbreiten, schwingt, wird mit der Ausbreitungsgeschwindigkeit auch die Frequenz schwingen, was wiederum als Rauschsignal gemessen wird. Jedes Antennenrauschen beweist die Abstrahlung von Skalarwellen in den Raum. Umgekehrt sind Skalarwellen, oder was auch immer unter den von der Mathematik geprägten, wertneutralen Oberbegriff zu subsumieren ist, sicher mehr als nur das Rauschen.

Ausgehend von der Faraday'schen Entdeckung - anstelle der Formulierung des Induktionsgesetzes nach Maxwell - wird eine erweiterte Feldtheorie hergeleitet, die mit der Beschreibung von Potentialwirbeln (Rauschwirbel) und deren Ausbreitung als Skalarwelle über die Maxwell-Theorie hinausgeht, diese aber als Sonderfall enthält. Die neue Feldtheorie steht damit nicht im Widerspruch zur Lehrmeinung, erweitert sie aber in einem wesentlichen Punkt mit der Entdeckung und Ergänzung der Potentialwirbel.
Auch die Objektivitätstheorie, die aus der Entdeckung folgt, wird in Form einer Zusammenfassung mit der subjektiven und der relativistischen Sichtweise verglichen und die Konsequenzen bei variabler Ausbreitungsgeschwindigkeit der aus Potentialwirbeln geformten Skalarwellen diskutiert. Wie schon im Teil 1 gelingt eindrucksvoll die Vereinheitlichung der elektromagnetischen Wechselwirkung mit der Gravitation.

Neben den mathematischen Berechnungen enthält dieses Buch eine umfangreiche Materialsammlung zur informationstechnischen Nutzung von Skalarwellen, wenn z.B. das Nutzsignal und das üblicherweise störende Rauschsignal ihre Plätze tauschen, wenn eine getrennte Modulation von Frequenz und Wellenlänge eine parallele Bildübertragung ermöglicht, wenn es um Fragen der Umweltverträglichkeit geht zum Wohle der Menschelt (Bioresonanz, u.a.) oder zu ihrem Schaden (Elektrosmog). Damit findet das Buch wieder zum Anfangspunkt zurück, zu der offenen Aufgabenstellung, zu deren Beantwortung ein Exkurs durch alle Bereiche der Physik notwendig ist. Ich hoffe, der lange Marsch hat sich rentiert.

Villingen-Schwenningen im Dezember 2002

## Vorwort zur 2. Auflage von Teil 3

Zugunsten von Kapitel 30 als Ergänzung, einer Einführung in die antike Sendetechnik der Götter, ist die 1. Auflage im Jahr 2002 doch nicht mehr wie ursprünglich geplant in Druck gegangen. Stattdessen sind die einzelnen Kapitel an unterschiedlicher Stelle vorveröffentlicht worden. Die Kapitel 21 bis 25 finden sich u.a. in dem Buch „Skalarwellentechnik", das als Versuchsanleitung zu einem Experiment zur Demonstration von Skalarwellen 2001 herausgegeben worden ist. Auszüge daraus, wie auch aus den Kapiteln 26 bis 28 sind in Form von Einzelaufsätzen in unterschiedlichen Fachzeitschriften erschienen.

Wieder waren experimentelle Erfolge dazwischengekommen, die ein nochmaliges Hinauszögern des Erscheinungstermins des 3.Teils der Buchreihe bewirkten. In meinem Labor war die bidirektionale Übertragung von Musik und von Daten per Skalarwelle geglückt. Wir können also auch rückwärts von einem Empfänger zum Sender oder zu einem zweiten Empfänger Informationen übertragen, wobei die Empfänger rein passiv, also ohne eigene Stromversorgung arbeiten. Ihnen wird die Betriebsenergie ebenfalls per Skalarwelle vom Sender geliefert. Die vorgeführte Technologie eröffnet völlig neue Möglichkeiten einer technischen Anwendung. Vorstellbar sind Telemetrieanlagen wo von rotierenden oder sonstigen unzugänglichen Stellen einer Maschine Messsignale übertragen werden müssen. Die Energie für die Mess-Elektronik kann per Skalarwellen drahtlos übertragen und das Signal zugleich mit zurückgeschickt werden, indem es dem Energieträger aufmoduliert wird. Dutzende von Messstationen können so drahtlos mit einem einzigen Zentralsender verbunden werden, der sie alle mit Energie versorgt.

Es stellte sich die Frage: Ist die Technik wirklich völlig neu? Die Antwort ist verblüffend: Nein, es handelt sich hier um die älteste Technik der Menschheit, die sich in der Antike zu einem Höhepunkt entwickelt hatte, zur Sende- und Empfangstechnik der Götter. Für diese Behauptung liegt sogar ein mathematischer Beweis vor. Dazu wird der maßgebliche Übergang, das Abrollen eines Wirbels zu einer Welle (der Übergang vom Nahfeld zum Fernfeld) oder im umgekehrten Fall das Aufrollen bei einer Empfangsantenne (üblicherweise als stehende Welle bezeichnet) mit Hilfe der erweiterten Feldtheorie berechnet. Das Ergebnis lautet, dass an diesem Übergang die Ausbreitungsgeschwindigkeiten bzw. die Wellenlängen der transversalen zur longitudinalen Welle im Verhältnis des goldenen Schnittes zueinander stehen.
In Hinblick auf die Optimierung einer Sende- oder Empfangsantenne hat der goldene Schnitt Auswirkungen auf die Konstruktion bzw. die Architektur entsprechender Gebäude. Welche, davon handelt das ergänzende 30. Kapitel. Fehlen darf es aber auch nicht, denn schließlich geht es um eine großartige praktische informationstechnische Nutzung von Skalarwellen, aus der wir technologisch viel lernen können[<i,ii>].

Villingen-Schwenningen im März 2003

---

<i>: Anm.: Kapitel 30 liefert eine Einführung in die antike Sendetechnik der Götter. Die Aufarbeitung der Historie hinsichtlich der Nutzung von Skalarwellen ist derart umfangreich, dass dazu ein eigenes Buch herausgegeben wird unter dem Titel:

<ii>: K. Meyl: Sendetechnik der Götter, historischer Sciencefictionroman (2004), Villingen-Schwenningen, INDEL Verlagsabteilung, ISBN 3-98O2 542-5-9

**Inhaltsverzeichnis**

Seite

Seite

Seite

## 21. Herleitung der Skalarwelle

*William Thomson*, der sich, nachdem er geadelt worden war, *Lord Kelvin* nannte, war schon zu seiner Lebzeit ein anerkannter und berühmter theoretischer Physiker. Das Luftschiff erschien ihm zu unsicher und so bestieg er für eine Reise von England nach Amerika im Sommer 1897 einen Liniendampfer. Er war in einer heiklen Mission unterwegs.

Neun Jahre zuvor hatte der deutsche Kollege Heinrich Hertz in Karlsruhe die elektromagnetische Welle in Experimenten nachgewiesen und Wissenschaftler in der ganzen Welt hatten seine Antennenanordnungen nachgebaut. Sie alle fanden nicht nur die Welle als solche bestätigt, sie konnten sogar die charakteristischen Eigenschaften zeigen.
Es war eine Transversalwelle, zu deutsch eine Querwelle, bei der die elektrischen und die magnetischen Feldzeiger senkrecht zur Ausbreitungsrichtung schwingen. Dies kann als Grund angesehen werden, dass sich die Ausbreitungsgeschwindigkeit als feldunabhängig und konstant zeigt. Es ist die Lichtgeschwindigkeit c.
Damit hatte Hertz die zuvor von Maxwell auf theoretischem Weg errechneten Eigenschaften dieser Welle experimentell nachgewiesen und gleichzeitig einen Beweis geführt für die Richtigkeit der Maxwellschen Feldtheorie. Die Wissenschaftler in Europa waren gerade dabei sich gegenseitig auf die Schulter zu klopfen, da drangen aus einem privaten Forschungslabor in New York ganz andere Töne herüber: "Heinrich Hertz hat sich geirrt, es ist gar keine Transversalwelle, sondern eine Longitudinalwelle!"

So ein „Spinner“ sagten die meisten und taten so, als würden sie die Kritik gar nicht wahrnehmen. Völlig ignorieren aber konnte man sie doch nicht, denn zum einen behauptete der Privatforscher über experimentelle Beweise zu verfügen und zum anderen war das nicht irgend jemand, der sich hier zu Wort meldete. Es war niemand geringeres als der nach Amerika emigrierte kroatische Experimentalphysiker *Nikola Tesla.*
Ihm verdanken wir die moderne Drehstromtechnik vom Hochspannungsnetz zur Energiefernübertragung über den Drehstromtransformator bis zur Asynchronmaschine. Er hatte mit seinen grandiosen Erfindungen genug Geld verdient, um sich ein privates Labor leisten zu können, in dem er unzensiert und frei forschen und erfinden konnte. Der Schlüssel zu seinem Erfolg lag in seiner zielgerichteten, konzentrierten und effizienten Arbeitsweise.
Er war schnell! Während in Europa noch über Eigenschaften und theoretische Anwendungsmöglichkeiten der Welle debattiert wurde, führte Tesla den Militärs bereits ein ferngesteuertes Modellboot im Madison Square Garden vor (Tafel 21.1A). So einen Mann, der nur gelten lässt, was seine Experimente ihm offenbaren, vom Gegenteil zu überzeugen, dürfte ein hoffnungsloses Unterfangen sein.
Lord Kelvin war sich dessen bewusst, als er sich entschlossen hatte, auf die Reise zu gehen. Er konnte und wollte seinen Kopf nicht in den Sand stecken, wie viele seiner Kollegen, denn einerseits sind Wissenschaftler vom Prinzip her neugierig und andererseits reiste er als offizieller Vertreter der Wissenschaft. Er hatte den Auftrag, als Saubermann die heile Welt der Wissenschaften von Irrlehren zu befreien. Doch es kam ganz anders.

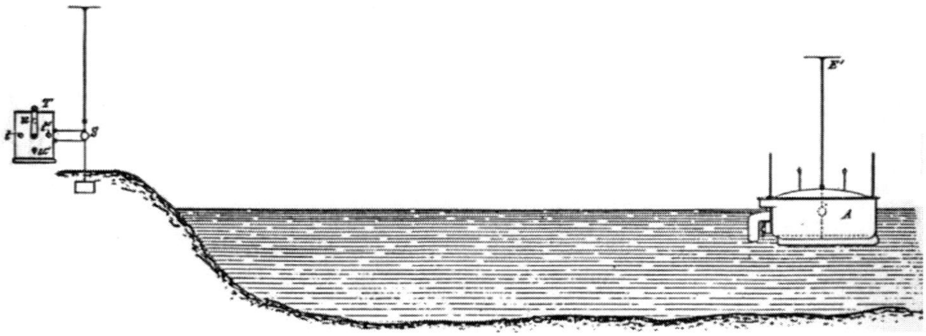

Tafel 21.1 A: Die erste Funkfernsteuerung der Welt<i>.

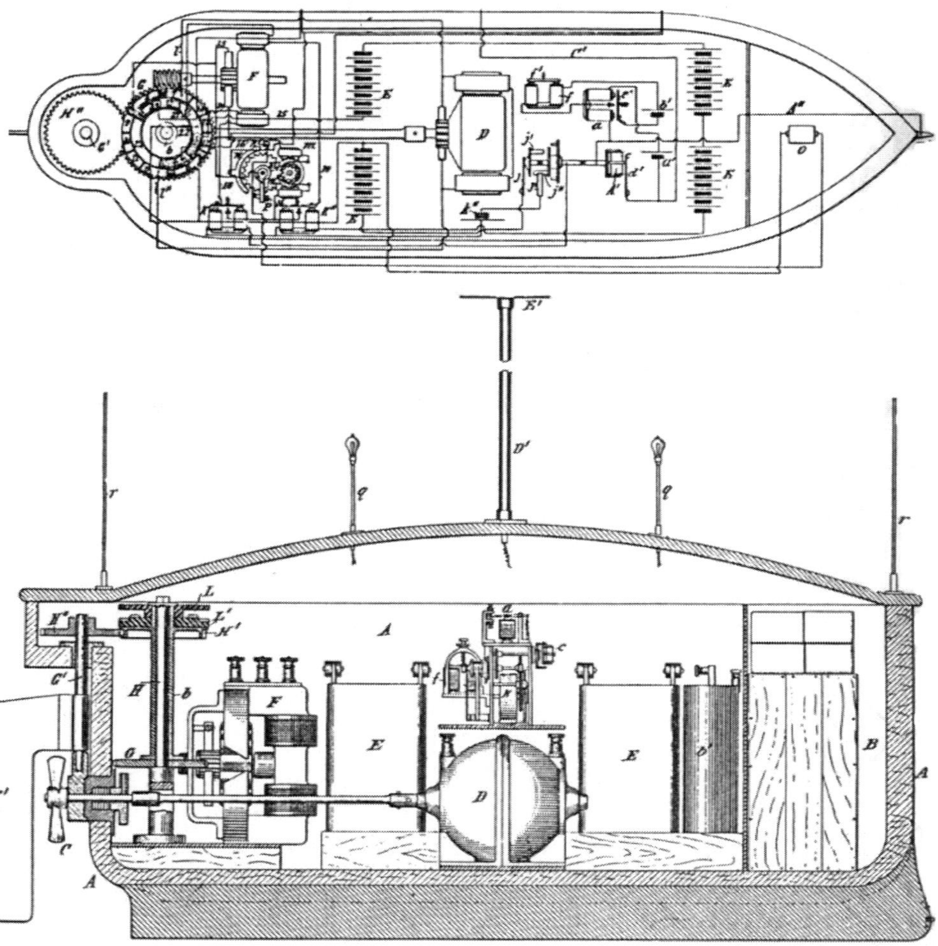

Tafel 21.1 B: Patentschrift zum ferngesteuerten Tauchboot.<i>

<i>: Nikola Tesla: Method of and Apparatus for Controlling Mechanism of Moving Vessels or Vehicles, US-Pat. 1898, Nr. 613,809. Complete Patents: S. 351

## 21.1 Lord Kelvin in heikler Mission

Am ersten Tag seines Besuches bei Tesla äußerte Kelvin die mahnenden Worte, die man ihm aufgetragen hatte. Er legte Tesla ans Herz, die Äußerungen zu dem Hertzschen Irrtum öffentlich zu widerrufen und selber zur Beilegung des Streits beizutragen. Fachlich gesehen redeten beide aneinander vorbei.

Doch nachts im Hotelzimmer ließ sich der Lord nochmals die Experimente durch den Kopf gehen, die ihm gezeigt worden waren. Der Stehwellencharakter war eindeutig erkennbar gewesen: die Schwingungsknoten, die Rückwirkung auf den Sender, der hohe Wirkungsgrad und vieles andere mehr. Solche Eigenschaften kennt die Hertzsche Welle tatsächlich nicht. Auch hat Tesla nicht mit Dipolantennen operiert, sondern mit Flachspulen, mit Funkenstreckenoszillatoren und mit einer grundsätzlich anders aufgebauten, sehr eigenwilligen Schaltungstechnik.

Am nächsten Morgen erschien Lord Kelvin wieder im Labor und begrüßte Tesla mit den Worten: "Dann verwenden Sie keine Hertzsche Wellen?" "Bestimmt nicht", antwortete Tesla," das sind Strahlungen (englisch: Radiations). Durch Hertzsche Wellen könnte keine Energie über größere Entfernung wirtschaftlich übertragen werden. Mein System arbeitet mit wirklicher Leitung, die theoretisch gesehen über größere Entfernung transportiert werden kann, ohne dass es zu größeren Verlusten kommt."
In dem Artikel des "Electrical Experimenter" ist weiter vermerkt, dass sich der zweifelnde Kritiker Kelvin plötzlich in einen der größten Anhänger verwandelte[<ii>].

Kelvin kombinierte sehr schnell: demnach gibt es zwei unterschiedliche Arten der Wellenausbreitung. So hat Hertz mit seiner transversalen Querwelle genauso Recht wie Tesla mit der longitudinalen Längswelle.
Als Vertreter der theoretischen Physik konnte er Tesla einen faulen Zahn jedoch ziehen. Maxwell hatte seiner Feldbeschreibung eine Äthervorstellung zu Grunde gelegt, die zum damaligen Zeitpunkt in der Welt der Wissenschaften heftige Diskussionen auslöste. Da ein solcher Äther von Tesla als Voraussetzung für longitudinale Wellen gesehen wurde, war er der Meinung, er und nicht Hertz hätte die Maxwell-Welle erstmals im Experiment bewiesen. Mit dieser Aussage offenbarte der grandiose Experimentalphysiker jedoch Schwächen im Bereich der Theorie. Vielleicht hatte er die Bücher von Maxwell auch nicht genau genug gelesen oder verstanden, die in der Urfassung zweifelsohne mathematisch nur mühsam nachvollziehbar formuliert waren.
In diesem Punkt musste sich Tesla von Kelvin belehren lassen. Die Maxwellsche Feldtheorie liefert ausnahmslos eine mathematische Beschreibung für die Hertzsche Welle. Für die Teslastrahlung hingegen existiert keine Feldbeschreibung! Im übrigen ist dies der Umstand, warum diese Welle aus den Lehrbüchern verschwinden und wieder in Vergessenheit geraten konnte.
Tesla selber hatte Probleme, sich theoretisch vorzustellen, was bei seiner Welle abläuft. Seine Modelle waren in einigen Punkten vielleicht sogar besser als die offizielle Lehrmeinung, aber zu anerkannten Gesetzmäßigkeiten nicht widerspruchsfrei. Tesla verzichtete daher auf eine Veröffentlichung seiner Ideen, obwohl er Zeit seines Lebens an einer eigenen Theorie herumgefeilt hatte.

<ii>: Nikola Tesla: Famous Scientific Illusions, III. The Singular Misconception of the Wireless, Electrical Experimenter, Feb.1919, printed in Tesla Said, p.197

Tafel 21.2 A:

William Thomson, 1846 bei seiner Ernennung zum Professor in Glasgow im Alter von 22 Jahren.
Er wurde 1866 geadelt und durfte sich ab 1892 Lord Kelvin nennen.<i>

Tafel 21.2 B: Wirbelringe aus einem Rauchkasten.<i>

<i>: David Ash, Peter Hewitt: Science of the gods, Gateway Books, Bath, 1990.

## 21.2 Helmholtzsche Ringwirbel im Äther

Tesla erzählte Kelvin bei dessen Besuch von seinem Zusammentreffen mit dem deutschen Professor *Hermann von Helmholtz* 1893 anlässlich der Weltausstellung in Chicago. Kelvin kannte ihn sehr gut und hatte mit ihm in der Vergangenheit zusammengearbeitet. Zur Erklärung der Teslaexperimente kamen ihm die Helmholtzsche Wirbel-Vorstellung und das Modell stabiler Wirbelringe sehr entgegen.
Bei einer Stehwelle wird der Impuls von einem Teilchen an das nächste weitergereicht. Im Falle der Akustik beispielsweise haben wir es mit einer Stoßwelle zu tun, bei der ein Luftmolekül das nächste anstößt. Auf diese Weise breitet sich der Schall als longitudinale Welle aus. Es stellt sich dementsprechend die Frage: Was sind das für Quanten, die im Falle der Teslastrahlung den Impuls tragen?

Lord Kelvin war schon wieder auf dem Dampfer unterwegs zurück nach Europa. Er kombinierte: Die Tesla-Experimente beweisen die Existenz longitudinaler Stehwellen im Raum. In der Frage, was den Impuls weiterreicht, kommt Kelvin zu dem Schluss: Es sind **Wirbel im Äther**! Damit hatte er eine Antwort in der Anschauung gefunden. Mit seinen Studenten baute er Kästen, mit denen er Rauchringe erzeugen konnte, um in Experimenten die besonderen Eigenschaften von Ringwirbeln in ihrer strömungstechnischen Analogie studieren und demonstrieren zu können (Tafel 21.2[<i>]). Eine passende Feldtheorie jedoch hatte auch er nicht parat.

Die von Deutschland auf die Insel exportierte Wirbelphysik konnte sich in England kurzfristig etablieren, bevor sie von den deutschen Quantenphysikern geschlachtet und beerdigt wurde. Ein Hauptverfechter war *James Clerk Maxwell* gewesen, der die Wirbeltheorie für die beste und überzeugendste Beschreibung der Materie hielt[<ii>]. Als sein Nachfolger für das Cavendish-Labor in Cambridge wurde J. J. Thomson berufen, der schon als junger Mann einen Preis für eine mathematische Abhandlung über Wirbel erhalten hatte[<iii>]. Er entdeckte das Elektron und stellte es sich, wie sollte es anders sein, als Feldwirbel vor.

Der aufkommenden Quantenphysik kam die entscheidende Schwäche der Wirbelphysik zugute, das Fehlen einer brauchbaren Feldtheorie. Dies könnte sich mit der Entdeckung der Potentialwirbel, der Wirbel des elektrischen Feldes grundlegend ändern[<i4>]!
Zudem ist der experimentelle Nachweis, wie er von Tesla schon vor 100 Jahren erbracht worden war, einer Wirbelübertragung als longitudinale Welle in Luft oder in einem Vakuum weder mit der Maxwellschen Feldtheorie noch mit der heute gebräuchlichen Quantentheorie erklärbar oder vereinbar. Für eine neue Feldtheorie ist ein akuter Bedarf vorhanden!

---

<i>: David Ash, Peter Hewitt: Science of the gods, Gateway Books, Bath, England 1990. Daraus <ii> und <iii>:

<ii>: James Clerk Maxwell: "...die Wirbelringe von Helmholtz, die sich Thomson als die wirkliche Form des Atoms vorstellt, tun mehr Bedingungen Genüge als jede andere bisherige Vorstellung des Atoms."

<iii>: J.J. Thomson: "Die Wirbeltheorie ist von viel fundamentalerem Charakter als die übliche Theorie fester Teilchen."

<i4>: Konstantin Meyl: Potentialwirbel Band 1 (1990) und Band 2 (1992), INDEL-Verlag, Villingen-Schwenningen.

## Skalarwellen, eine mathematische Beweisführung (I)

1. Voraussetzung: **Wellengleichung** (Lehrbuch-Formulierung)

$$\Delta \mathbf{E} = \frac{1}{c^2} \cdot \frac{\delta^2 \mathbf{E}}{\delta t^2} \qquad (21.1)$$

mathematische Zerlegung des Deltaoperators (Laplace Operator) nach den Rechenregeln der Vektoranalysis (Tafel 5.0):

$$\Delta \mathbf{E} = \text{grad div } \mathbf{E} - \text{rot rot } \mathbf{E} \qquad (21.2)$$

Welle = longitudinal + transversal

2. Stand der Technik: ***Hertzsche Welle*** = **Transversalwelle** = Lösung der Maxwellschen Feldgleichungen

**Spezialfall:**
*Quellenfreiheit:*

$$\text{div } \mathbf{E} = 0 \quad \text{und} \quad -\text{rot rot } \mathbf{E} = \frac{1}{c^2} \cdot \frac{\delta^2 \mathbf{E}}{\delta t^2} \qquad (21.3)$$

**Querwelle:** Feldzeiger schwingen quer zur Ausbreitungsrichtung. Die Ausbreitung erfolgt mit Lichtgeschwindigkeit c.

3. Behauptung: ***Tesla-Strahlung*** = **Longitudinalwelle**

**Spezialfall:**
*Wirbelfreiheit:*

$$\text{rot } \mathbf{E} = 0 \quad \text{und} \quad \text{grad div } \mathbf{E} = \frac{1}{c^2} \cdot \frac{\delta^2 \mathbf{E}}{\delta t^2} \qquad (21.4)$$

**Längswelle, Stoßwelle, Stehwelle:** Feldzeiger schwingt in Ausbreitungsrichtung. Ausbreitungsgeschwindigkeit variabel!

Tafel 21.3: Die Wellengleichung und ihre zwei Sonderfälle.

## 21.3 Zerlegung der Wellengleichung

Bevor man sich in das Abenteuer einer ganz neuen Feldtheorie stürzt, sollte erst einmal ausgelotet und analysiert werden, was die aktuellen Lehrbücher zum Thema Skalarwellen hergeben.
Da wird irgendein Vektorpotential eingeführt; da wird die Dielektrizitätskonstante ε als komplexe Größe angeschrieben, obwohl es sich physikalisch gesehen um eine Materialkonstante handelt, nur um mit diesem Trick künstlich einen Verlustwinkel berechnen zu können. Dieser soll die in einem Dielektrikum auftretenden Verluste angeben, bei denen es sich in Wirklichkeit um Wirbelverluste handelt. Natürlich kann man mit einem solchen Etikettenschwindel die dielektrischen Verluste eines Kondensators oder die Erwärmung in einem Mikrowellenherd auch ganz ohne Wirbelphysik erklären. Dabei sollte aber jedem klar sein, dass in einer ***komplexen Konstanten*** ein innerer Widerspruch begraben liegt, der mit physikalischen Vorstellungen unvereinbar ist. Aus einem komplexen Epsylon resultiert eine komplexe und keine konstante Lichtgeschwindigkeit. Laut Lehrbuchphysik muss das ein Fehler sein.
Wir haben uns so sehr an derartige Hilfsbeschreibungen gewöhnt, dass die Mehrheit heutiger Physiker dazu neigt, diesem mathematischen Unsinn physikalische Realität beizumessen. Als Pragmatiker stellen sie sich auf den Standpunkt, wenn damit experimentelle Ergebnisse beschreibbar sind, dann kann so eine Hilfsbeschreibung so falsch doch gar nicht sein. Was dabei vergessen wird, ist der Umstand, dass hier der Boden der reinen Wissenschaft verlassen wird.

Fündig werden wir bereits in der Wellengleichung, wie sie in allen Lehrbüchern zu finden ist.

$$\Delta \mathbf{E} = \frac{1}{c^2} \cdot \frac{\delta^2 \mathbf{E}}{\delta t^2} \qquad (21.1)$$

Hinter dieser Formulierung verbergen sich zwei ganz unterschiedliche Wellenarten, denn der verwendete Deltaoperator besteht nach den Rechenregeln der Vektoranalysis aus zwei Anteilen:

$$\underbrace{\text{grad div } \mathbf{E}}_{\text{longitudinale}} - \underbrace{\text{rot rot } \mathbf{E}}_{/\ \text{transversale}} = \underbrace{\Delta \mathbf{E}}_{\text{Welle}} \qquad (21.2)$$

Diskutieren wir zunächst zwei Sonderfälle. Setzen wir den linken Anteil (in Gl.21.2) zu Null (div **E** = 0), was gleichbedeutend mit einer Quellenfreiheit des Feldes ist, dann bleibt die bekannte Rundfunkwelle übrig, die auch Hertzsche Welle genannt wird. Sie ist, wie schon gesagt, 1888 von Heinrich Hertz in Karlsruhe experimentell nachgewiesen worden:

$$\text{div } \mathbf{E} = 0 \quad \text{und} \quad -\text{rot rot } \mathbf{E} = \frac{1}{c^2} \cdot \frac{\delta^2 \mathbf{E}}{\delta t^2} \qquad (21.3)$$

Es handelt sich um die von Maxwell beschriebene Transversalwelle, bei der die Feldzeiger quer zur Ausbreitungsrichtung schwingen. Die Ausbreitung wiederum erfolgt mit Lichtgeschwindigkeit c. Soviel zum Stand der Technik.
Aber wie wir sehen, steckt in der mathematischen Formulierung der Wellengleichung ja noch mehr als nur die allgemein bekannte elektromagnetische Welle. Der Ansatz einer Quellenfreiheit ist eine Vernachlässigung, die nur unter bestimmten Voraussetzungen gilt!

## **Skalarwellen, eine mathematische Beweisführung (II)**

---

3. Behauptung: ***Tesla-Strahlung*** = **Longitudinalwelle**

$$\boxed{\text{rot}\,\mathbf{E} = 0} \quad \text{und} \quad \boxed{\text{grad div}\,\mathbf{E} = \frac{1}{c^2} \cdot \frac{\delta^2 \mathbf{E}}{\delta t^2}} \tag{21.4}$$

***Spezialfall:***
*Quellenfeld,* da div **E** ≠ 0

⇒ Quellen = Ladungsträger (Plasmawellen)
⇒ Quellen = Wirbelstrukturen

---

4. Ansatz: (div **E** ≠ 0) ist ein Skalar! ⇒ **Skalarwelle**

⇒ **E**-Feld-Vektor aus einem skalaren Potential φ ableitbar:

$$\boxed{\mathbf{E} = -\,\text{grad}\,\varphi} \tag{21.5}$$

und
$$\text{div}\,\mathbf{E} = -\,\text{div grad}\,\varphi \equiv -\,\Delta\,\varphi \tag{21.6}$$

eingesetzt in Gl. 21.4: homogene skalare Wellengleichung

$$\boxed{\Delta\,\varphi = \frac{1}{c^2} \cdot \frac{\delta^2 \varphi}{\delta t^2}} \tag{21.7}$$

---

5. Beweis: Für den Fall einer zusätzlichen Raumladungsdichte $\rho_{el}$ ist zu berücksichtigen: div **D** = $\rho_{el}$
und div **E** = $\rho_{el}/\varepsilon$ (21.8)

inhomogene skalare Wellengleichung = **Plasmawelle**!

$$\boxed{\Delta\,\varphi = \frac{1}{c^2} \cdot \frac{\delta^2 \varphi}{\delta t^2} - \frac{\rho_{el}}{\varepsilon}} \tag{21.9}$$

Tafel 21.4: Herleitung der Plasmawelle als Skalarwellenbeispiel

## 21.4 Herleitung der skalaren Wellengleichung

Das Treffen von Vernachlässigungen ist in der Wissenschaft durchaus üblich und legal. Dies darf allerdings nicht willkürlich und ungeprüft vorgenommen werden. Es ist in jedem Fall eine Fehlerbetrachtung erforderlich, die zum Resultat haben sollte, dass die Vernachlässigung tatsächlich ausreichend klein ist.
Im vorliegenden Fall der Wellengleichung habe ich noch kein einziges Lehrbuch gefunden, in dem diese Fehlerbetrachtung vorgenommen worden wäre. Als Folge dieser unentschuldbaren Nachlässigkeit droht die Gefahr, dass genau der Aspekt vernachlässigt wird, um den es eigentlich geht. Dies könnte katastrophale Folgen nach sich ziehen, dass die Ursachen für den Elektrosmog, für zahlreiche EMV-Probleme, für biologische und technische Auswirkungen nicht mehr gesehen und verstanden werden, dass die reine Wissenschaft einmal mehr zu einem Glaubensbekenntnis verkommt!

Die Annahme einer Quellenfreiheit beschreibt im Falle der Wellengleichung nur die eine Seite der Medaille. Die andere Seite, die bei der elektromagnetischen Welle als Fehlerterm auftritt, bekommen wir, wenn wir diesmal den rechten Anteil in Gleichung 21.2 zu Null setzen (rot $\mathbf{E} = 0$).
In diesem zweiten Sonderfall ist eine Divergenz des Feldes vorhanden, die nach einem Quellenfeld verlangt. Als Quellen müssen irgendwelche Ladungsträger, Quanten oder zumindest Teilchenstrukturen, z.B. Wirbelstrukturen existieren. Deren Ausbreitung erfolgt, wie wir das von der Schallausbreitung her kennen, als Stoßwelle in longitudinaler Weise. Die Luftmoleküle, die Quanten oder Teilchenstrukturen schwingen dabei in Ausbreitungsrichtung. Auch der Feldzeiger hat eine Komponente in dieser Richtung:

$$\boxed{\text{rot}\,\mathbf{E} = 0} \quad \text{und} \quad \boxed{\text{grad div}\,\mathbf{E} = \frac{1}{c^2}\cdot\frac{\delta^2\mathbf{E}}{\delta t^2}} \qquad (21.4)$$

*Die auftretende Divergenz des Feldzeigers (div **E**) ist ein Skalar, weshalb diese Welle vorzugsweise als **Skalarwelle** bezeichnet wird.*

In dem speziellen Fall einer skalaren Welle (rot $\mathbf{E} = 0$) kann der **E**-Feld-Vektor aus einem skalaren Potential $\varphi$ abgeleitet werden:

$$\boxed{\mathbf{E} = -\,\text{grad}\,\varphi} \qquad (21.5)$$

Dieser Ausdruck wird zum einen für die Wellengleichung 21.4 auf der rechten Seite verwendet und auf die Gradientenbildung auf beiden Seiten der Gleichung verzichtet. Zum anderen findet die Divergenz auf den Ansatz 21.5:

$$\text{div}\,\mathbf{E} = -\,\text{div grad}\,\varphi \equiv -\,\Delta\,\varphi \qquad (21.6)$$

Anwendung in Gleichung 21.4. Das Ergebnis ist die homogene skalare Wellengleichung:

$$\boxed{\Delta\,\varphi = \frac{1}{c^2}\cdot\frac{\delta^2\varphi}{\delta t^2}} \qquad (21.7)$$

## Skalarwellen, eine mathematische Beweisführung (III)

Beweis: **Plasmawelle** =
inhomogene skalare Wellengleichung

$$\Delta\,\varphi \;=\; \frac{1}{c^2}\cdot\frac{\delta^2\varphi}{\delta t^2} - \frac{\rho_{el}}{\varepsilon} \qquad (21.9)$$

eine Lösung<i>: $\omega^2 = c^2 \cdot k^2 + \omega_p^2$ ( = Langmuir-Wellen).

Tafel 21.5 A: Herleitung der Plasmawelle als Beispiel für die Existenz von Skalarwellen in der Wellengleichung

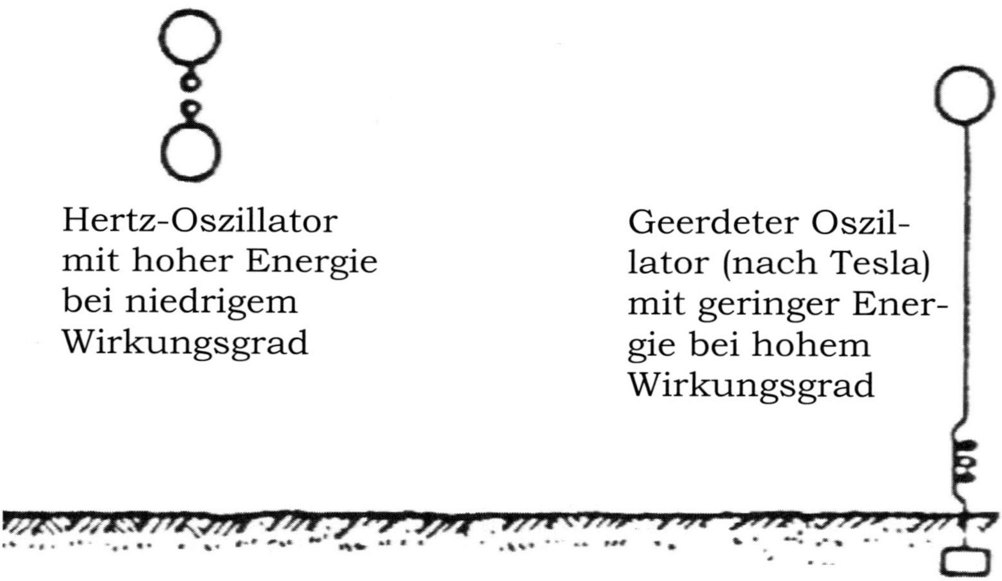


Tafel 21.5 B: Nikola Tesla erklärt den Unterschied zwischen seiner Strahlung und der Hertzschen Welle.<ii>

<i>: Die Lösung beschreibt Dispersionsrelationen von Plasmawellen; longitudinale Wellenbewegungen + Langmuir-Schwingungen der Elektronendichte.

<ii>: Nikola Tesla: The Problem of Increasing Human Energy, The Century Monthly Magazine, June 1900, ISBN 1-882137-00-0, Page i-15

## 21.5 Herleitung einer Plasmawelle

Der Verzicht auf die Gradientenbildung bei der Herleitung der homogenen Wellengleichung ist gleichbedeutend mit einer Integration der Gleichung. Wir haben daher unter bestimmten Umständen mit dem Auftreten einer Integrationskonstanten zu rechnen.
Dies ist der Fall, wenn als Quelle des Feldes zusätzlich eine Raumladungsdichte $\rho_{el}$ auftritt, die nach der 4. Maxwell-Gleichung als Divergenz einer dielektrischen Verschiebung **D** zu berücksichtigen ist (Tafel 21.4):

$$\operatorname{div} \mathbf{D} = \rho_{el} ,$$

bzw. mit der Materialbeziehung $\mathbf{D} = \varepsilon \cdot \mathbf{E}$ :

$$\operatorname{div} \mathbf{E} = \rho_{el}/\varepsilon \equiv - \Delta \varphi. \qquad (21.8)$$

Ergänzen wir diesen Beitrag eventuell vorhandener Feldquellen, dann ergibt sich die inhomogene skalare Wellengleichung:

$$\Delta \varphi = \frac{1}{c^2} \cdot \frac{\delta^2 \varphi}{\delta t^2} - \frac{\rho_{el}}{\varepsilon} \qquad (21.9)$$

Zu dieser Gleichungen sind Lösungen veröffentlicht[<i>]. Sie haben dieselbe Form wie die bekannten Dispersionsrelationen von Langmuir-Wellen. Das sind Elektronen-Plasmawellen, also longitudinale Wellenbewegungen verknüpft mit Langmuir-Schwingungen der Elektronendichte.
Damit wäre der Beweis erbracht, dass **Skalarwellen** und longitudinal sich ausbreitende **Stehwellen** durch die Wellengleichung beschrieben werden. Dies gilt somit im Allgemeinen, aber genauso für den speziellen Fall einer **Plasmawelle**, wie hier mathematisch abgeleitet werden konnte.

Wir sehen an dem Beispiel der Herleitung von Plasmawellen aus der Wellengleichung 21.1, dass Skalarwellen durchaus bekannt sind, und ihre Existenz keineswegs in Zweifel gezogen wird. Allenfalls Fachfremden mag die Bezeichnung ungewohnt erscheinen. Schließlich ist die mathematisch gewonnene Lösung durch zahllose Experimente abgesichert. Dennoch ignorieren Lehrbücher zur Hochfrequenztechnik stets die Skalarwellenanteile in der Wellengleichung!
Unsere Spezialisten scheinen sich so sehr auf ihr Teilgebiet zu konzentrieren, dass ihnen der Blick auf das große Ganze vollständig verloren geht. Sie betreiben eine einäugige Physik, bei der sich der Plasma-Physiker das eine, und der Rundfunktechniker das andere Auge zuhält. Verstehen, was der andere treibt und forscht, tun sie schon lange nicht mehr. Es tut Not, sie auf ihre gemeinsame Wurzel hinzuweisen, die interdisziplinäre Kommunikation zu forcieren und eine einheitliche Grundlage zu schaffen.

Die vielleicht wichtigste Aussage der Wellengleichung ist nämlich, dass jede abgestrahlte Welle sowohl longitudinale als auch transversale Anteile enthält! Beide Anteile treten zudem verkoppelt auf, so dass bei entsprechenden Randbedingungen damit zu rechnen ist, dass sich der eine Anteil in den anderen wandelt. Der HF-Techniker misst dann plötzlich weniger Feldstärke und kommt zu dem Schluss, seine Rundfunkwelle sei gedämpft oder teilweise absorbiert worden. Dabei entsteht Wärme, sagt er, obwohl die Wellengleichung gar keinen entsprechenden Term zur notwendigen thermodynamischen Beschreibung enthält. Er hat die Wellengleichung schlicht nicht verstanden!
Absorption bedeutet nichts anderes, als dass sich Transversalwellen bei einer Störung zu Wirbeln aufrollen, um auf diesem Weg zu einer Skalarwelle zu werden (Tafel 1.4 und 5.3). Damit entziehen sie sich jeder Feldstärkemessung, und was nicht messbar ist, das gibt es in der einäugigen Physik auch nicht. Deshalb kann nicht sein, was nicht sein darf!

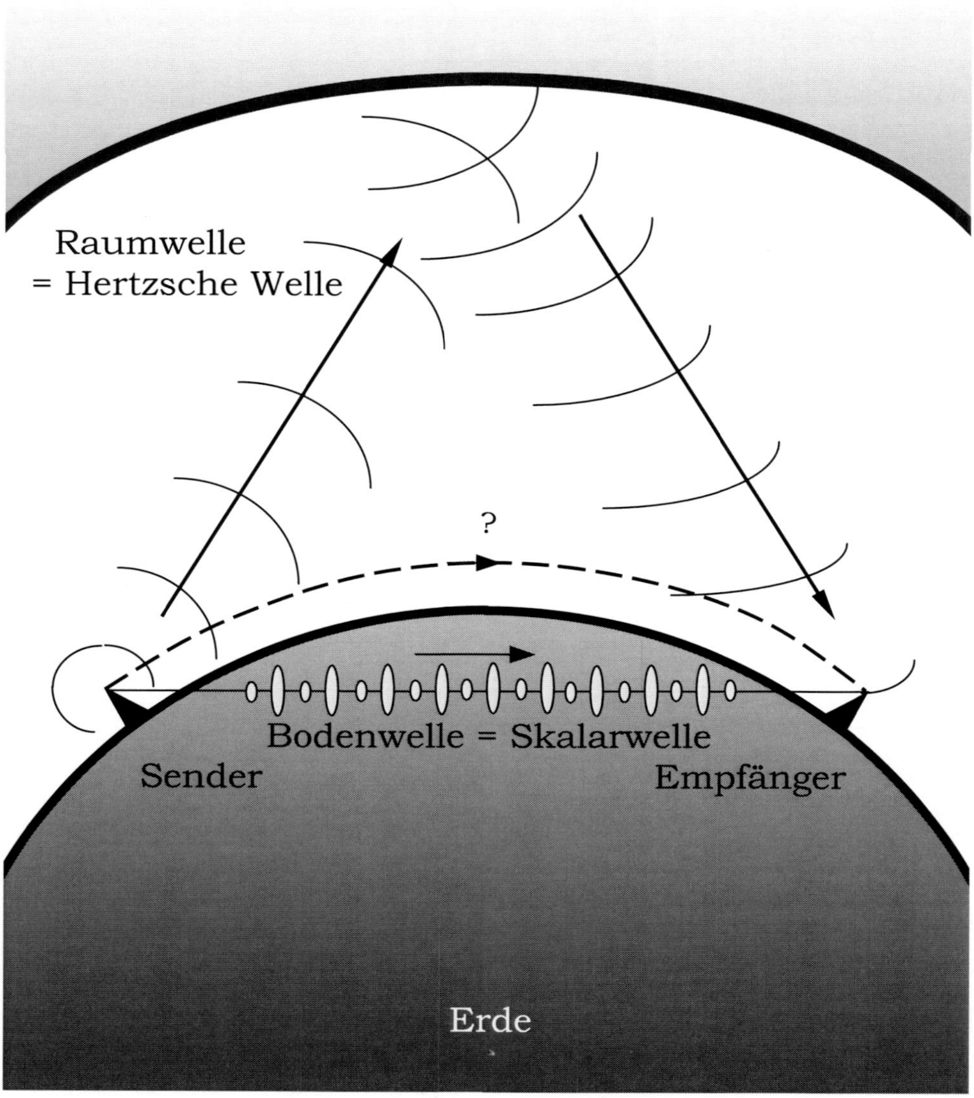


Tafel 21.6: Bodenwellen, die der Krümmung der Erde folgen<i> und an der Ionosphäre reflektierte Rundfunkwellen.

<i>: Meinke, Gundlach: Hochfrequenztechnik, 4.Aufl. Springer-Verlag Berlin 1986, Seite R 18: „Lang-, Mittel- und Kurzwelle breiten sich einerseits entlang der Erdoberfläche als Bodenwellen, andererseits unter Mitwirkung der Ionosphäre als Raumwellen aus.“

## 21.6 Irrtümer der HF-Technik

Das vernichtende Urteil von Tesla, Hertz hätte sich geirrt, war vorschnell. Sein Anspruch, die Maxwellwelle selber nachgewiesen zu haben, erwies sich als unhaltbar. Besonders mit dieser Behauptung hatte Tesla die wissenschaftliche Welt gegen sich. Schlägt man Lexika oder Lehrbücher auf, dann gewinnt man den Eindruck, die Wissenschaft hätte Tesla bis heute noch nicht verziehen. Das zeigt wieder einmal, wie hartnäckig Vorurteile sich halten. Genauso wenig wird ein Urteil des obersten amerikanischen Gerichtshofs den wahren Umständen gerecht, mit der höchstrichterlichen Entscheidung, dass Tesla und nicht etwa Marconi das Recht zusteht, Erfinder des Radios zu sein.
Die beiden Erfinder haben in Wirklichkeit verschiedene Wellenarten genutzt. Die vor 100 Jahren verfügbaren Sender würden wir aus heutiger Sicht als „breitbandige Dreckschleudern" bezeichnen. Diese funkensprühenden Ungeheuer haben beide Anteile der Wellengleichung, die transversalen wie die longitudinalen, in reichlichem Umfang in den Äther geblasen. Was die Wellenpioniere unterschied, war ihre Empfängertechnik und somit die Frage, welchen Wellenanteil sie ausgefiltert und ausgewertet haben.
Marconi arbeitete wie schon Heinrich Hertz mit Dipolantennen. Damit konnten beide bevorzugt die Rundfunkwelle aufspüren und nachweisen. Ihnen steht damit auch das Recht zu, als Pioniere der Radiotechnik zu gelten. Das höchstrichterliche Urteil wird diesem Umstand nicht gerecht und ist eher als nationalistisch gefärbtes Politikum zu werten. Tesla hingegen arbeitete mit zwei Kugelelektroden, wobei er vorzugsweise eine Elektrode durch die Erdkugel ersetzte durch eine Geräteerdung. Auf diese Weise konnte er die Skalarwellenanteile empfangen. Das sind aber ***keine*** Radiowellen! Auch sind sie für einen ***Rundfunk*** im Sinne des Wortes kaum zu gebrauchen. Skalarwellen haben mit ihrem gerichteten Charakter gänzlich andere Eigenschaften. Man könnte sogar geneigt sein, sie als gegensätzliche Eigenschaften zu bezeichnen.
Um den Wirkungsgrad der Übertragungsstrecke zu verbessern, war man naturgemäß bemüht, auch die Sendeanlage im Hinblick auf den jeweils genutzten Wellenanteil zu optimieren. Tesla optimierte den Skalarwellenanteil und konnte Reaktionen der Biologie registrieren. Dieser Anteil stellt eine ernst zu nehmende Problematik der Umweltverträglichkeit dar. Auf den Schiffen litten in der Anfangszeit die Marconisten, wie man die Funker nannte, unter der bis heute ungeklärten Funkerkrankheit. Diese Erscheinung verschwand erst, nachdem die Funkgeräte an Bord zu Gunsten der genutzten Rundfunkwelle optimiert wurden. Die in erster Linie durch eine verbesserte Antennenanpassung erreichte und messtechnisch belegbare Wirkungsgradsteigerung bedeutet eine gleichzeitige Reduzierung des gesundheitsgefährdenden Skalarwellenanteils.

Aber auch ein empfangenes Signal verschweigt dem Empfangstechniker, ob es als transversale oder als longitudinale Welle unterwegs gewesen war. Die Verkopplung in ein und derselben Gleichung lässt beide Möglichkeiten offen. So kennt jeder Funkamateur die sogenannten Bodenwellen, die schneller beim Empfänger ankommen, als die an der Ionosphäre gespiegelten geradlinig sich ausbreitenden Hertzschen Wellen. Angeblich, so kann in Fachbüchern nachgelesen werden, folgen die Bodenwellen der Krümmung der Erde[<i>]. Diese Erklärung tut so richtig weh, denn wer kann schon mit einem Fernglas längs der Erdkrümmung sehen. Er bekäme ja seinen Hinterkopf zu Gesicht!
Nein, die Erklärung, die Bodenwellen würden entlang der Erdoberfläche laufen, ist blanker Unsinn. Die Interferenzen und das Fading, mit denen der Funkamateur zu kämpfen hat, sind eine Folge der unterschiedlich schnell ankommenden Wellenanteile. Der Skalarwellenanteil tunnelt geradlinig durch die Erde hindurch (Tafel 21.6)!

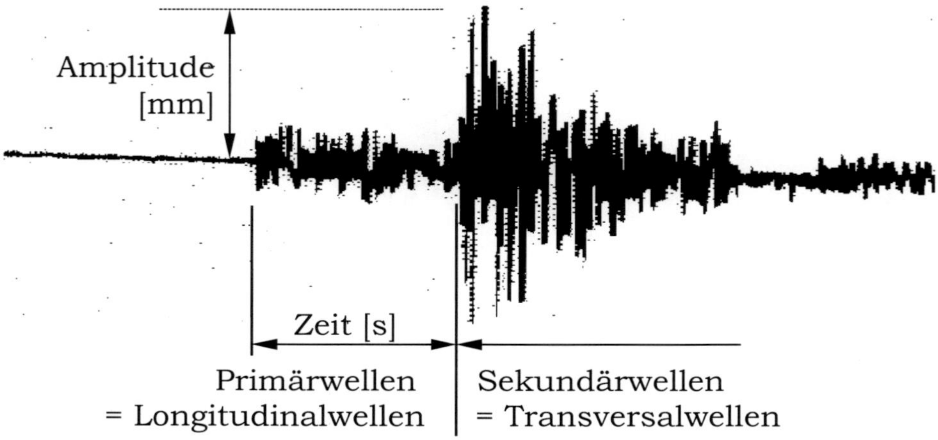


Tafel 21.7 A: Longitudinale und transversale Erdbebenwellen.

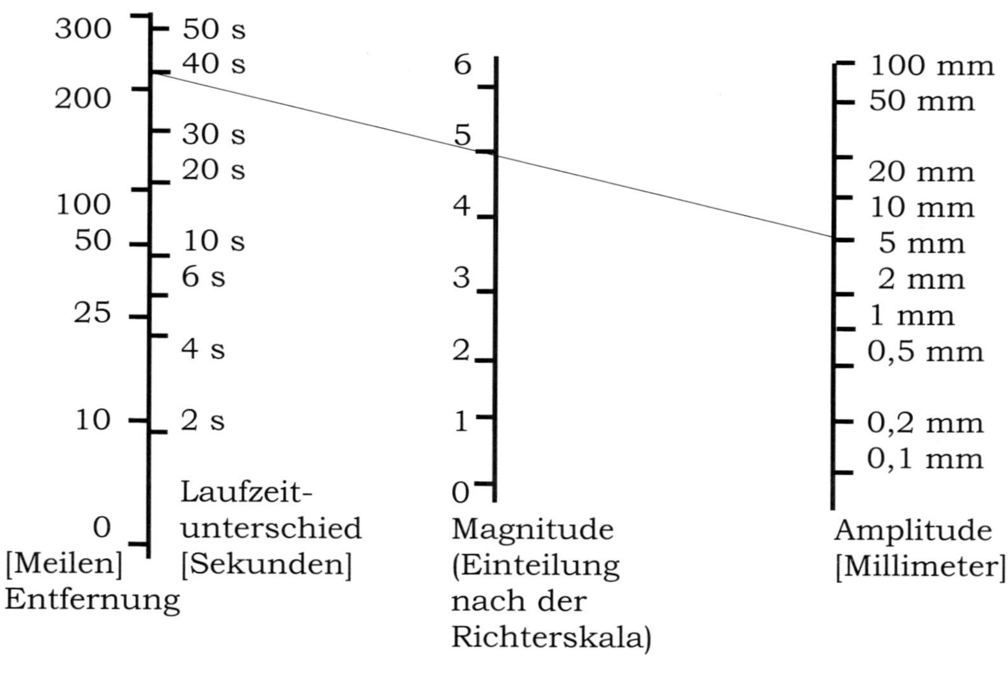


Tafel 21.7 B: Auswertung nach der Richterskala.
(z.B.: 40 s Laufzeit zwischen S- und P-Wellen bei 5 mm Amplitude bedeutet ein Erdbeben der Stärke 5 in 220 Meilen Entfernung.)

## 21.7 Verkopplung der Wellenanteile

Die Bodenwellenproblematik macht die Verkopplung longitudinaler und transversaler Wellen als zwei Aspekte oder Anteile einer Welle deutlich. Wie uns die entsprechende Gleichung 21.1 in ihrer Zerlegung 21.2 mathematisch vorschreibt, strahlt jeder Sender immer beide Komponenten aus.

Genau diesen Umstand haben Schrebergartenbesitzer ausgenutzt, die in unmittelbarer Nähe zu einem Sender ihr Anwesen mit frei aufgehängten Leuchtstofflampen beleuchtet hatten. Die Senderbetreiber wollten ihnen daraufhin die Stromrechnung präsentieren. Sie konnten immerhin erwirken, dass diese Art der Beleuchtungstechnik verboten wurde.
Heutzutage darf jedermann eine hochfrequenztechnische Anlage betreiben, auch wenn er die dabei benutzte Wellengleichung überhaupt nicht verstanden hat. Eigentlich hätte man den Schrebergärtnern dankbar sein sollen, wenn sie die mit der Umwelt unverträgliche und biologisch schädliche Skalarwellenstrahlung mit ihren Leuchtstoffröhren abziehen. Genau genommen ist sogar die Aufgabe der Sendetechniker, darauf zu achten, dass nur nutzbare Rundfunkwellen in den Äther gelangen. Es ist an der Zeit, die Beweislast zum Schutz der Umwelt, der Natur, des Verbrauchers und der ungefragt und unbeteiligt bestrahlten Personen umzudrehen.

Schon aus der Strömungstechnik oder beim Körperschall ist allgemein bekannt, dass beide Wellenanteile existieren und zudem verkoppelt auftreten. Bei einer Ausbreitung durch die Erde, z.B. im Falle eines Erdbebens, werden beide Anteile empfangen und ausgewertet. Da ihre Ausbreitungsgeschwindigkeit verschieden ist, kommen zuerst die schnelleren Schwingungen an und das sind die longitudinalen. Aus der Zeitverzögerung, mit der die langsamere Transversalwelle bei der Meßstation eintrifft, wird über die unterschiedliche Ausbreitungsgeschwindigkeit die Entfernung zum Epizentrum des Bebens ermittelt. Für Geophysiker gehört dieses Handwerkszeug zum Alltagswissen (Tafel 21.7).

Nur wer sich ein Auge zuhält, könnte meinen, die elektromagnetische Welle sei rein transversal und der Schall rein longitudinal. Eine transversale Schallwelle kommt in Luft nicht allzu weit, weshalb unter Vernachlässigung dieses Anteils der Schall in der Regel als reine Longitudinalwelle betrachtet wird. Eine solche Vernachlässigung darf aber nicht generell vorgenommen werden. Sie ist von Fall zu Fall auf ihre Berechtigung an Hand einer Fehlerbetrachtung zu prüfen.

Ein Beispiele für die Verkopplung der Wellenanteile liefern die aktuellen Tunnelexperimente. Hier werden angeblich rein transversale Wellen in einen Tunnel geschickt, durch den sie gar nicht hindurchpassen. Laut Maxwell-Theorie sollte hinter dem Tunnel kein Signal messbar sein. Es wird aber trotzdem ein Signal gemessen, dass zudem im Tunnel schneller als erlaubt war.

Und wieder wird in Konferenzen an der Substanz der Wellengleichung vorbei debattiert und philosophiert. Von Phasengeschwindigkeiten einer gar nicht vorhandenen elektromagnetischen Welle bis zu instantanem Tunneln, bei dem die Uhren stehen bleiben sollen[<i>], reichen die Phantasien der Spezialisten.
Nur die Wellengleichung selbst liefert die einzig einleuchtende Antwort: Der Tunnel filtert die Skalarwellenanteile heraus. Er lässt nur diejenigen passieren, die ausreichend klein und dementsprechend schnell sind!

<i>: siehe Teil 1, Kapitel 6.14

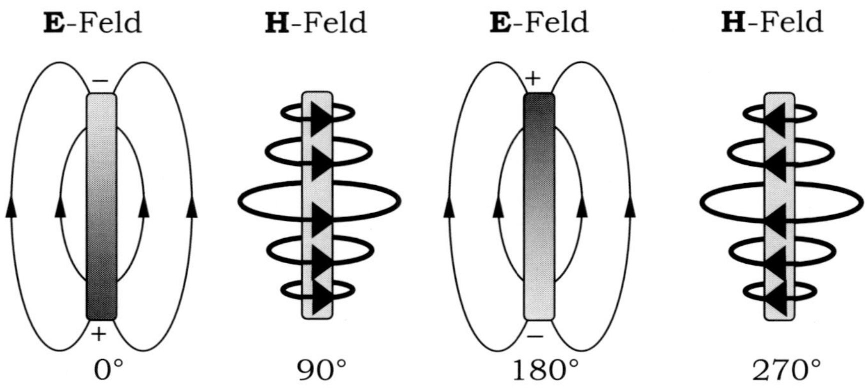


Tafel 21.8 A: Die Felder der schwingenden Dipolantenne

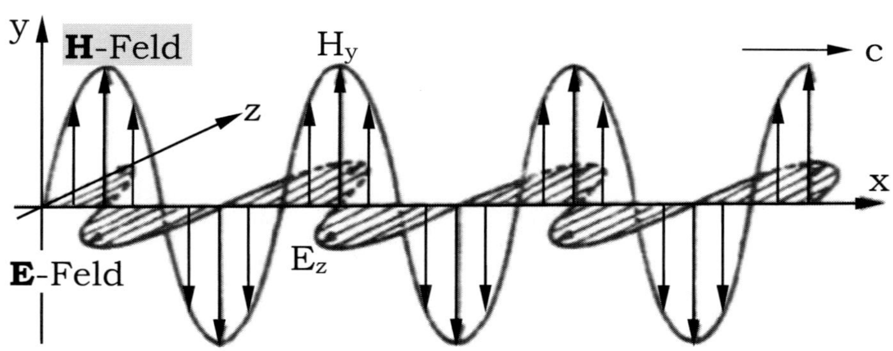


Tafel 21.8 B: Die ebene elektromagnetische Welle im Nahbereich

<i>: Zinke, Brunswig: Lehrbuch der Hochfrequenztechnik, 1. Band, 3. Auflage Springer-Verlag Berlin 1986, Seite 335

<ii>: dpa-Meldung im Südkurier vom 25.11.2000: „Gefahr fürs Herz". Patienten mit einem in den Niederlanden hergestellten Herzschrittmacher sind vom Produzenten des Geräts (Vitatron) zur Vorsicht beim Passieren von Diebstahlschutzanlagen in Geschäften gewarnt worden. Bei Geräten, die zwischen 1992 und 1998 eingesetzt wurden, bestehe die Gefahr, dass das Implantat ausfalle.

## 21.8 Nahfeldproblematik

In der Hochfrequenztechnik wird zwischen dem Nahfeld und dem Fernfeld unterschieden. Beide haben grundlegend andere Eigenschaften.

Heinrich Hertz hat im Kurzwellenbereich experimentiert bei Wellenlängen von wenigen Metern. Aus heutiger Sicht werden seine Arbeiten eher dem Fernfeld zugeordnet. Als Professor in Karlsruhe hat er gezeigt, dass sich seine, die elektromagnetische Welle wie eine Lichtwelle ausbreitet und in gleicher Weise gebrochen und reflektiert werden kann. Es ist eine Transversalwelle, bei der die Feldzeiger des elektrischen und des magnetischen Feldes senkrecht zueinander und beide wiederum senkrecht zur Ausbreitungsrichtung schwingen. Es wäre daher naheliegend, wenn es sich bei der Hertzschen Welle um das Fernfeld handeln würde. Charakteristisch ist neben der Ausbreitung mit Lichtgeschwindigkeit, dass zwischen E- und H-Feld keine Phasenverschiebung auftritt.

Ganz anders sieht es im Nahbereich aus. Dieser betrifft Entfernungen zum Sender von weniger als der Wellenlänge dividiert durch $2\pi$. Nikola Tesla hat in dem Bereich von Langwellen, um die 100 Kilohertz herum gefunkt, bei dem die Wellenlänge bereits mehrere Kilometer beträgt. Bei den Experimenten zur Erdresonanz hat er seinen Sender in Colorado Springs bis 6 Hertz heruntergefahren. Dabei rückt die gesamte Erde in den Nahbereich seines Senders. Wir müssen wohl davon ausgehen, dass die Teslastrahlung vorrangig den Nahbereich betrifft, der auch als Strahlungsbereich der Sendeantenne bezeichnet wird.
Für den Ansatz wirbelförmiger und in sich geschlossener Feldstrukturen sind Herleitungen für das Nahfeld bekannt[<i>]. Es muss dabei betont werden, dass die Strukturen nicht etwa aus den Feldgleichungen nach Maxwell folgen, sondern dass angenommene rotationssymmetrische Strukturen den Berechnungen zu Grunde gelegt werden. Die Maxwelltheorie ist zu einer solchen Strukturbildung vom Prinzip her schon gar nicht in der Lage. Die Rechnung liefert als wichtiges Ergebnis[<i>], dass im Nahbereich der abstrahlenden Antenne zwischen den Zeigern des **E**- und des **H**-Feldes eine Phasenverschiebung besteht. Der Antennenstrom und das mit ihm verkoppelte **H**-Feld eilen um 90° dem **E**-Feld der schwingenden Dipolladungen hinterher (Tafel 21.8). Diese Ladungen bilden in dem Antennenstab oder -dipol eine longitudinale Stehwelle aus. Aus diesem Grund haben auch die von den hochfrequenten Strömen hervorgerufenen Felder im Nahbereich der Antenne zunächst die Eigenschaften einer Longitudinalwelle.

Das Nahfeld kommt bereits bei Diebstahlwarngeräten zum praktischen Einsatz, wie sie im Eingangsbereich von Kaufhäusern installiert sind. Der Kunde geht zwischen den Sendern hindurch. Ist die Koppelspule an der Kasse nicht entfernt worden, dann ertönt ein Alarmsignal. Die Spulen arbeiten rein passiv, d.h. sie werden per Skalarwelle mit elektrischer Energie versorgt und ihrerseits zum Schwingen angeregt. Ausgewertet wird dann die Rückwirkung auf den Sender. Auch wenn das Prinzip funktioniert, muss dennoch vor dem Einsatz einer Technik gewarnt werden, die noch nicht endgültig verstanden ist. Da bleiben ungeklärte Katastrophen nicht aus[<ii>].

---

<i>: Zinke, Brunswig: Lehrbuch der Hochfrequenztechnik, 1. Bd., 3.Aufl. Springer-Verlag Berlin 1986, Seite 335

<ii>: dpa-Meldung im Südkurier vom 25.11.2000: „Gefahr fürs Herz“. (Zitat s. linke Seite, Tafel 21.8)

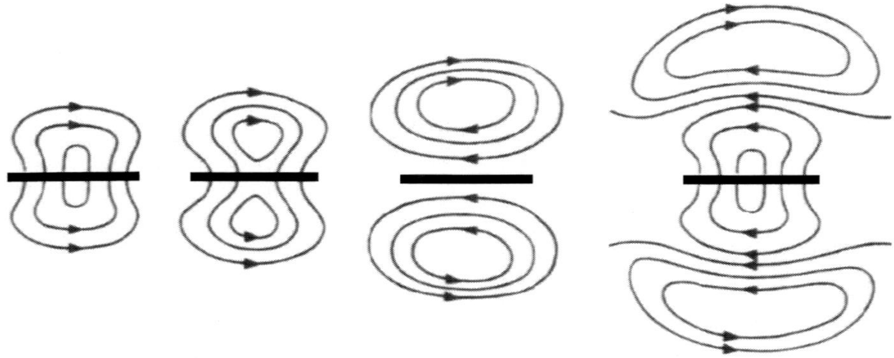

Tafel 21.9 A: Die Ablösung der elektrischen Feldlinien vom Dipol
Die entstehenden Wirbelstrukturen begründen eine impulstragende elektrische Longitudinalwelle!

---

**elektromagnetische Welle** (transversal)

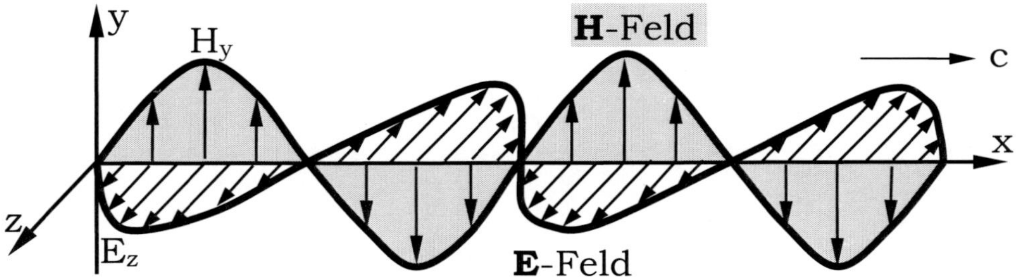


Tafel 21.9 B: Die ebene elektromagnetische Welle im Fernbereich

## 21.9 Übergang zum Fernfeld

In ausreichender Distanz zur Sendeantenne stellt sich als Fernfeld die transversale elektromagnetische Welle ein (Tafel 21.9 B). Sie zeichnet sich dadurch aus, dass zwischen **E**- und **H**-Feld keine Phasenverschiebung mehr auftritt. Jeder Änderung des elektrischen Wechselfeldes folgt unmittelbar und zeitgleich eine Änderung des magnetischen Wechselfeldes und umgekehrt.
Im Nahbereich hingegen beträgt die Phasenverschiebung 90°. Irgendwo und irgendwie zwischen ursächlichem Antennenstrom und Fernfeld findet eine Wandlung von Longitudinal- in Transversalwelle statt. Wie soll man sich den Übergang vorstellen?

In den Lehrbüchern wird das Ablösen einer Welle vom Dipol entsprechend Tafel 21.9 A dargestellt. Die Felder lösen sich von der Antenne ab, lautet die Erklärung. Wenn wir die Struktur der abgehenden Felder betrachten, dann sehen wir Feldwirbel, die um einen Punkt herumlaufen, den wir als Wirbelzentrum bezeichnen können. Solche Feldstrukturen sind selbstverständlich in der Lage, Stehwellen auszubilden und einen Impuls zu tragen. Das Skalarwellenfeld im allgemeinen und das Nahfeld im Speziellen werden wir erst mit einer geeigneten Wirbelphysik verstehen, und mit einer um dementsprechende Wirbel erweiterte Feldtheorie auch berechnen können. Postulate können eine Feldphysik nicht ersetzen!

Wie dem auch sei, die Wirbel, nachdem sie die Antenne verlassen haben, scheinen sich bei größer werdendem Abstand irgendwann abzurollen, um als elektromagnetische Welle weiter zu laufen. Es findet ein Übergang von longitudinal zu transversal statt, oder bildlich gesprochen, vom Wirbel zur Welle. Wie vollständig diese Umwandlung erfolgt, wie groß danach die jeweiligen Wellenanteile sind, hängt einerseits von dem Bau und den Abmessungen der Antenne ab. Auskunft erteilt uns der messbare Antennen-Wirkungsgrad.
Andererseits sind die Wirbelstrukturen umso stabiler, je kleiner und schneller sie sind. Sind sie so schnell wie das Licht oder gar noch schneller, werden sie zu stabilen Elementarteilchen, beispielsweise zu Neutrinos. Langsamere Wirbelstrukturen hingegen sind überwiegend instabil. Sie wickeln sich bevorzugt zu Wellen ab. Wirbel und Welle erweisen sich als zwei mögliche und unter bestimmten Umständen sogar stabile Feldkonfigurationen.

Halten wir fest: Ein Hertzscher Dipol strahlt keine Hertzschen Wellen ab! Eine Antenne gibt als Nahfeld ausnahmslos Wirbel ab, die sich erst beim Übergang zum Fernfeld zu elektromagnetischen Wellen abwickeln. Genauso wenig lässt sich eine Hertzsche Welle mit einer Stabantenne empfangen! Beim Empfänger drehen sich die Verhältnisse um. Hier rollt sich die Welle zu einem Wirbel auf, der gewöhnlich als „stehende Welle“ bezeichnet und aufgefasst wird. Erst dieser Feldwirbel verursacht einen Antennenstrom im Stab, den der Receiver anschließend verstärkt und auswertet.
Die meist unbekannten oder unverstandenen Nahfeldeigenschaften erweisen sich als Schlüssel zum Verstehen der Wellengleichung und der Funktionsweise von Sende- und Empfangsantenne. Wie soll man sich das Einrollen von Wellen zu Wirbeln und umgekehrt das Abrollen vorstellen? Wie könnte ein brauchbares Wirbelmodell aussehen?

## **Zirkularpolarisierte Welle** (transversal)

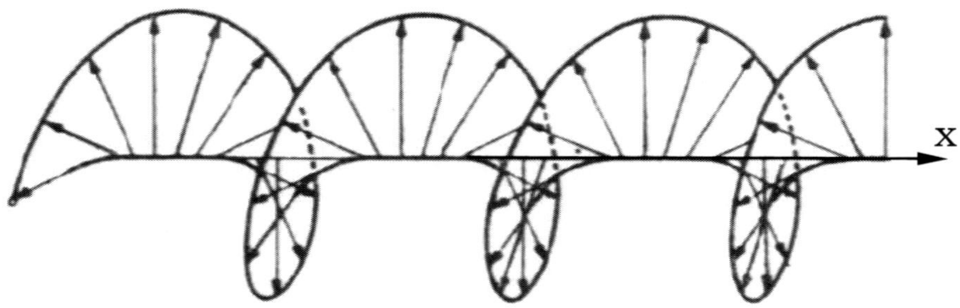


Tafel 21.10 A: Links-zirkular polarisierte Welle
(als Erklärung für den Übergang zum Wirbel und zur Skalarwelle)

## **elektrische Welle** (longitudinal)

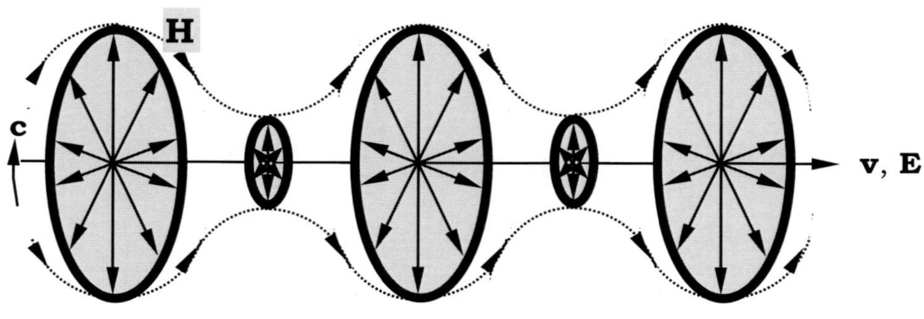


Tafel 21.10 B: magnet. Ringwirbel bilden elektrische Skalarwelle.

| | |
|---|---|
| Wirbel und Welle | = zwei stabile Feldkonfigurationen |
| Elektromagn. Welle | = geradlinig fortschreitende Transversalwelle |
| Ringwirbel | = im Kreis laufende Transversalwelle |
| Wirbelgeschwindigk. | = Lichtgeschwindigkeit c |
| Strukturänderung | = bei Feldstörung ohne Energieaufwand |

## 21.10 Skalarwellenmodell

Das Licht wird als elektromagnetische Welle in Gegenwart einer schweren Masse oder starker Felder zur Feldquelle hin gebeugt (Tafel 6.10). Die normalerweise geradlinig sich ausbreitende Welle lässt sich also ablenken. Weiterhin ist das Quadrat der Lichtgeschwindigkeit umgekehrt proportional zur Permeabilität und zur Dielektrizität. Kurzum, sie wird in Gegenwart von Materie mehr oder weniger stark gebremst. Erfolgt dieses Abbremsen der Welle einseitig, dann ist ebenfalls ein Krümmen der Bahn zu erwarten. Am Antennenende kann es zu einer Reflexion und einem Zurücklaufen der Welle kommen, die am anderen Ende wieder auf sich selber trifft. Jetzt hat die Welle eine in sich geschlossene Struktur gefunden, die als Wirbel bezeichnet werden kann. Die Tafeln 21.10 B und 21.11 A zeigen die zwei möglichen Strukturen.

In Fachbüchern wird dieser Wirbel mit den Eigenschaften einer „stehenden Welle" sinngemäß erklärt. Nahfeld und stehende Welle sind zwei Beispiele, wie es in den Lehrbüchern gelingt, einen kleinen Teil der Skalarwelleneigenschaften mathematisch richtig zu beschreiben, ohne sich mit der Wirbelphysik auseinandersetzen zu müssen. Mit solchen Hilfsbeschreibungen ist allerdings schnell das Ende der Fahnenstange erreicht, wenn es beispielsweise darum geht, eine reine Skalarwellenübertragung nach Nikola Tesla (Tafel 19.11) und die besonderen Eigenschaften dieses Wellentyps zu erfassen. Mit der Wirbelvorstellung einer erweiterten Feldphysik eröffnen sich neue Horizonte.

Richten wir unseren Blick nochmals auf die Skizzen (Tafel 21.10 B und 21.11 A). In beiden Fällen sind elektromagnetische Wellen dargestellt, die sich mit Lichtgeschwindigkeit ausbreiten, nur dass die Welle nicht geradlinig fortschreitet, sondern statt dessen im Kreis herumrennt. Sie ist auch weiterhin transversal, denn die Feldzeiger des E-Feldes und des H-Feldes schwingen senkrecht zu c. Durch die Kreisbahn ist die Lichtgeschwindigkeit c jetzt zur Wirbelgeschwindigkeit geworden. **Welle und Wirbel** entpuppen sich als **zwei** mögliche und **stabile Feldkonfigurationen**. Für den Übergang von der einen in die andere wird keine Energie verbraucht; es ist allein eine Frage der **Struktur**. So stabilisiert sich durch die Feldabhängigkeit der Lichtgeschwindigkeit die Wirbelstruktur von selber.

Dadurch, dass die Wirbelrichtung der Ringwirbel festgelegt ist und weiterhin die Feldzeiger darauf, sowie untereinander senkrecht stehen, ergeben sich für die Skalarwelle zwei theoretische Ausbildungsformen. Im ersten Fall (Tafel 21.10 B) weist der Vektor des H-Feldes in Richtung Wirbelzentrum und der des E-Feldes axial nach außen. In dieser Richtung aber wird sich der Wirbel im Raum ausbreiten und als Skalarwelle in Erscheinung treten, so dass die Ausbreitung der Welle in Richtung des elektrischen Feldes erfolgt. Ich nenne dies eine **elektrische Welle**.

Im zweiten Fall tauschen die Feldvektoren ihre Plätze. Die Ausbreitungsrichtung fällt dieses Mal mit dem schwingenden magnetischen Feldzeiger zusammen (Tafel 21.11 A), weshalb ich von einer **magnetischen Welle** spreche.

Das Wirbelbild der eingerollten Welle passt schon deshalb sehr gut, weil die Ausbreitung einer Welle in Richtung seines Feldzeigers eine Longitudinalwelle charakterisiert, weil alle Messergebnisse durch das Wirbelmodell perfekt abgedeckt werden. Es leuchtet sogar ein, dass für die Wandlung keine Energie aufgewendet werden muss, da sich lediglich die Struktur geändert hat. Wenn die Welle zum Wirbel wird, rennt sie eben nicht mehr geradeaus, sondern im Kreis herum, um sich entweder um den magnetischen Feldvektor (Tafel 21.10 B), oder um den elektrischen Feldvektor (Tafel 21.11 A) herumzuwickeln.

## **magnetische Welle** (longitudinal)

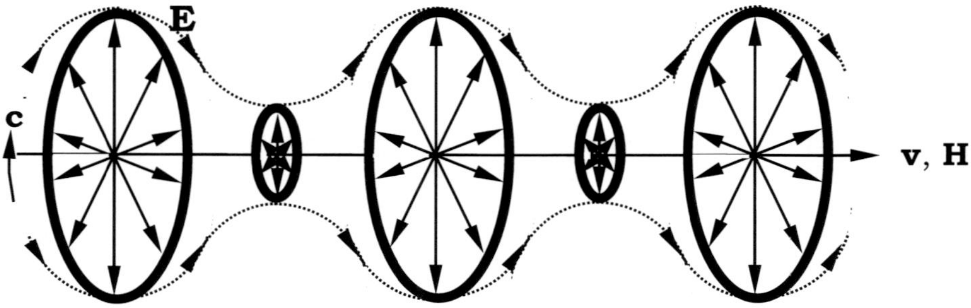


Tafel 21.11 A: Die magnetische Skalarwelle

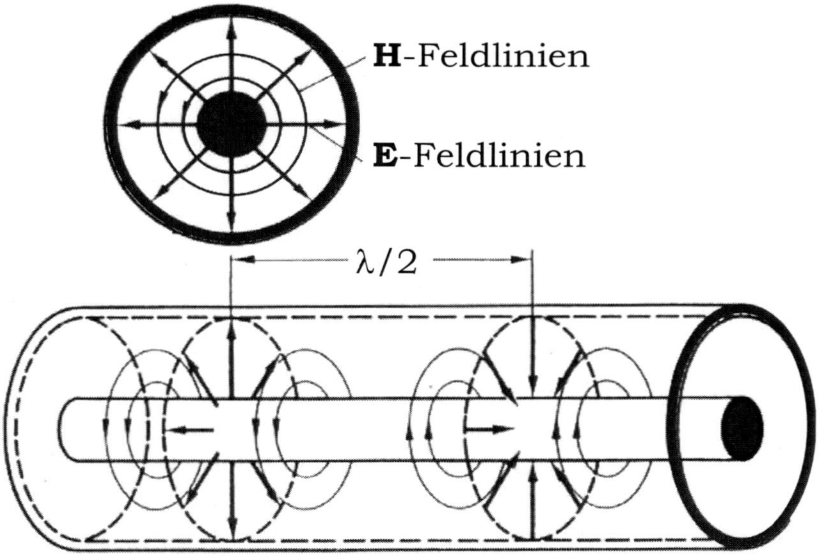


Tafel 21.11 B: Wellenausbreitung in einem Koaxialkabel, (Beispiel für Hohlleiter, Hornstrahler, etc.)<i>
Koaxialleiter im Querschnitt und Feldverteilung in Ausbreitungsrichtung.

<i>: H. Armbrüster, G. Grünberger: Elektromagnetische Wellen im Hochfrequenzbereich, Hüthig und Pflaum Verlag.

## 21.11 Doppeltfrequente Größenschwingung

Da sich eine Longitudinalwelle in Feldrichtung ausbreitet, schwingt mit dem Feldzeiger auch die Ausbreitungsgeschwindigkeit v. Diese ist daher keinesfalls konstant, sie kann erheblich von der des Lichtes abweichen und beliebige Werte annehmen. Nach Aussage der Objektivitätstheorie wird ihre momentane Größe von dem mitschwingenden Feld bestimmt:

$$\mathbf{E}, \mathbf{H} \sim 1/v^2 \qquad (21.10).$$

Die Ausbreitungsgeschwindigkeit v der Skalarwelle schwingt also doppeltfrequent und gegenphasig zu dem entsprechenden Feld. Eine ausführliche Beschreibung würde heißen: wenn das Feld seinem Maximalwert zustrebt, erreicht die Geschwindigkeit v der Welle ihren kleinsten Wert. Umgekehrt beschleunigt im Feldminimum die Skalarwelle auf ihren Maximalwert. Für Longitudinalwellen wird folglich nur eine mittlere Ausbreitungsgeschwindigkeit angegeben und gemessen, wie dies zum Beispiel bei der Schallwelle üblich ist, und diese kann bekanntlich sehr stark variieren (Körperschall im Vergleich zu Luftschall, usw.).

Die beiden dualen Feldvektoren von E und H, der in Richtung der Ausbreitung und der darauf senkrecht stehende, treten verkoppelt auf. Beide schwingen mit derselben Frequenz und beide formen den Ringwirbel in der jeweiligen Richtung. Als Folge schwingt der Ringwirbel auch in seinem Durchmesser doppeltfrequent und gegenphasig zu dem entsprechenden Feld (Tafel 21.10 B und 21.11 A).

Diesem Umstand verdankt der Ringwirbel seine Fähigkeit, tunneln zu können. Kein Faraday-Käfig vermag ihn aufzuhalten, wie dies im Experiment demonstriert werden konnte[<i>]. Nur deshalb läuft die Bodenwelle durch die Erde hindurch und nicht etwa der Erdkrümmung hinterher. Ein weiteres Beispiel ist das Koaxialkabel (Tafel 21.11 B). Auch dieses wirkt als langer Tunnel und so erstaunt es nicht weiter, dass die elektrischen Feldlinien die gleiche Ausrichtung haben, wie bei einer magnetischen Skalarwelle. Als praktische Konsequenz muss an dieser Stelle vor offenen Kabelenden, Hohlleitern oder Hornstrahlern hinsichtlich unkontrolliert abgestrahlter Skalarwellen gewarnt werden!

Derzeit wird in der Presse diskutiert, ob den Kabelnetzbetreibern die Betriebsgenehmigung für einige Kanäle wieder entzogen wird, da der Flugfunk gestört wird. Die ursprüngliche Freigabe für Kabelfrequenzen, die eigentlich für den Flugfunk reserviert sind, fußten auf der irrigen Annahme, dass Konflikte undenkbar sind. Aber die Flieger wurden dann doch in der Kommunikation gestört. Als Verursacher wurden TV-Kabel ausgemacht, die nicht ordnungsgemäß mit einem Widerstand abgeschlossenen waren, wie dies auf Baustellen und bei Renovierungsarbeiten durchaus vorkommen kann.

Andererseits wird mit dem geringen Strom argumentiert, der durch die Koaxialkabel fließt, und der große Abstand zu den Flugzeugen angeführt. Danach kann es sich eigentlich nicht um Hertzsche Wellen handeln. Es sind vermutlich Skalarwellen, die aus den offenen Kabelenden austreten und von einem Empfänger im Flugzeug eingesammelt werden. Es ist zwar sehr wenig Feldenergie, da sie aber wieder eingesammelt und gebündelt wird, vermag die Skalarwelle gerade bei großen Entfernungen den Anteil der Rundfunkwelle bei weitem zu übersteigen und Probleme hervorzurufen.

Bei derartigen Beispielen aus der Praxis kommt die Skalarwellentheorie voll zum Tragen.

<i>: Adolf und Inge Schneider im Interview mit Prof. Dr.-Ing. Konstantin Meyl: Durchbruch in der Freien-Energie-Forschung, NET-Journal 12/1999, S. 7-9.

1. *H. Hertz:* **elektromagnetische Welle** (transversal)

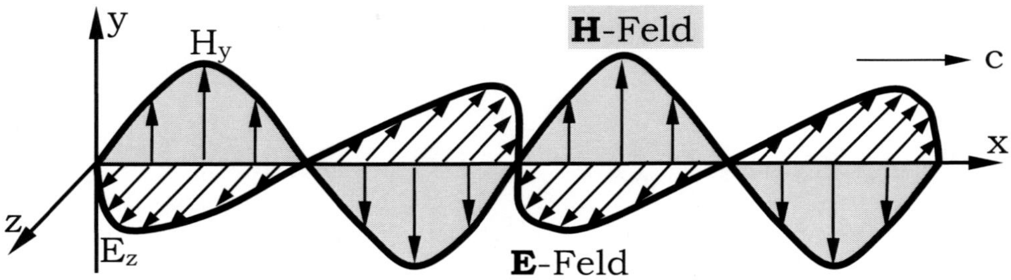


2. *Nikola Tesla:* **elektrische Welle** (longitudinal)

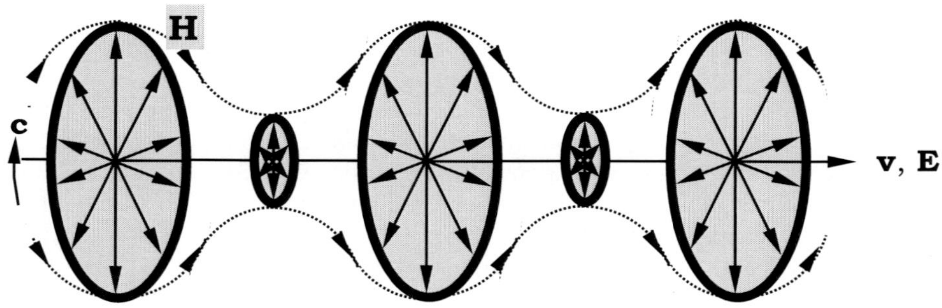


3. **magnetische Welle** (longitudinal)

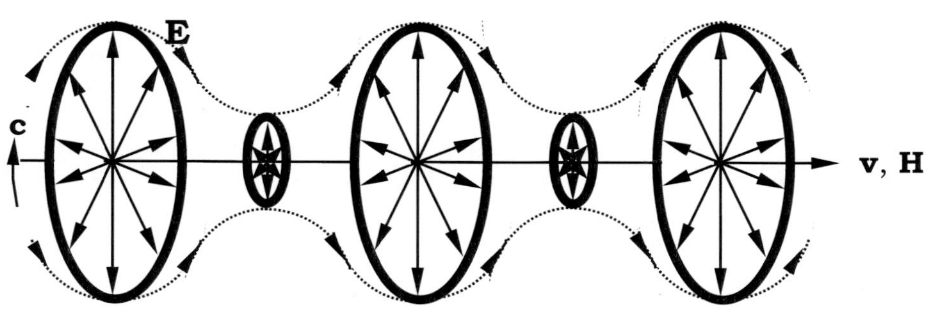


Tafel 21.12: Die drei Grundtypen laut Wellengleichung (21.1), (elektrische, magnetische und elektromagnetische Welle).

## 21.12 elektrische und magnetische Skalarwelle

Halten wir fest: Bei der Wellenausbreitung gibt es also drei mögliche und stabile Zustände (Tafel 21.12): die transversale elektromagnetische Welle nach Heinrich Hertz (Bild 1), die longitudinale elektrische Welle nach Nikola Tesla (Bild 2), und eine longitudinale magnetische Welle (Bild 3), die noch mit keinem Namen eines Entdeckers verbunden ist. Letztere ist ein reines Produkt meiner theoretischen Herleitung. Es stellt sich die Frage, welche praktische Bedeutung die magnetische Welle haben könnte.
Sie wird aus einzelnen elektrischen Feldwirbeln gebildet, die ich 1990 entdeckt und als Potentialwirbel bezeichnet hatte. Ich gehe davon aus, dass die jüngste von den drei Wellen in der Zukunft die weitaus größte Rolle spielen wird, da ihre Eigenschaften unerreichbar sind, sowohl in Hinblick auf die energietechnische als auch auf die informationstechnische Nutzung. Jeweils ein Beispiel soll diese These stützen.

Die Experimente zur elektrischen Welle nach Nikola Tesla, bei denen mit elektrisch geladenen Kugeln gearbeitet wird, weisen keine besonders hohe Leistung auf. Magnetkonverter, so die Erfahrungen meiner Laboraktivitäten, sind einem elektrostatischen Konverter als Sammler für freie Energie bei weitem überlegen. Das ist sogar zu erwarten, da ein Magnetmotor bekanntlich viel kleiner ist, als ein elektrostatischer Motor gleicher Leistung.

Auf einem Medizinerkongress wurde über die Grundregulation der Zellen referiert, über die Kommunikation der Zellen untereinander. Professor Heine hat in seinen jahrzehntelangen Forschungsarbeiten herausgefunden, dass die Zellen zu Kommunikationszwecken Kanäle beispielsweise im Bindegewebe aufbauen, die nach der Durchleitung der Information wieder in sich zusammenfallen. Interessanterweise besitzen die Kanäle eine hyperboloide Struktur, für die keine schlüssige Erklärung existiert.
Die Struktur der Datenkanäle ist jedoch identisch mit der einer magnetischen Skalarwelle, wie in Bild 3 gezeigt. Durch einen derart geformten Kanal, der wie ein Tunnel oder ein ungleichförmiger Hohlleiter funktioniert, kann nur eine ganz bestimmte Skalarwelle hindurchlaufen. Wellen mit abweichenden Frequenzen oder Wellenlängen passen durch den hyperboloid geformten Tunnel erst gar nicht hindurch. Dadurch gewinnt die Informationsübertragung ein extrem hohes Maß an Störsicherheit.
Dem Biologen eröffnet sich hier ein ganz neuer Blick auf die Funktion einer Zelle und die Grundregulation des ganzen Organismus. Der Informationstunnel bildet vorübergehend mehr oder weniger ein Vakuum aus, durch das nur Potentialwirbel geleitet werden können, und das ohne irgendwelche Verluste – einfach perfekt! An dem Beispiel wird deutlich, dass die Natur mit Skalarwellen arbeitet, und zwar mit magnetischen Wellen.

Noch einen Punkt sollten wir festhalten: Die erwähnten Tunnelexperimente, bei denen mit den unterschiedlichsten Gerätschaften Überlichtgeschwindigkeit gemessen wird, bestätigen eindrucksvoll das Vorhandensein von Skalarwellen. Sollte es aber Skalarwellen geben, die schneller sind als das Licht und andere, die langsamer sind, dann liegt es förmlich auf der Hand, daß auch solche existieren werden, die sich exakt mit Lichtgeschwindigkeit ausbreiten. Diese werden dann über alle Eigenschaften des Lichtes verfügen und sich im beobachtbaren Resultat nicht von der entsprechenden elektromagnetischen Welle unterscheiden. Als Skalarwelle wird sie allerdings durch Wirbelkonfigurationen gebildet, die eindeutig Teilchencharakter besitzen. Nichts wäre naheliegender, als diese Quantenstrukturen mit den Photonen gleichzusetzen.

Frage: Ist das Licht **Welle** oder **Teilchen?**

Streng <u>kausal</u>,
d.h. physikalisch
betrachtet zwischen
1600 und 1900:

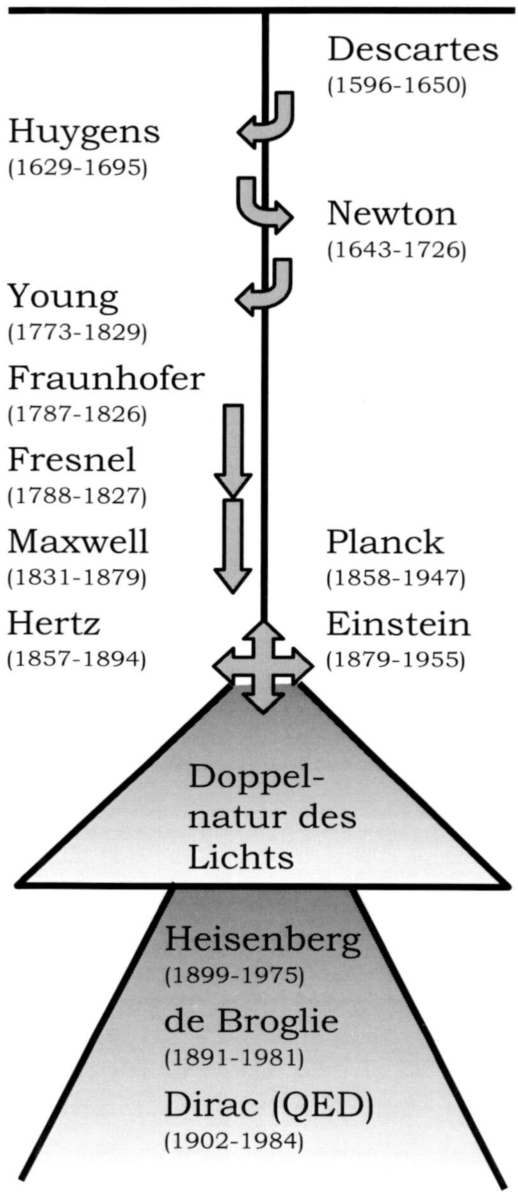


Abkehr von der
klassischen Physik:
(Aufhebung des
Ursache-Wirkungs-
Prinzips)

Tafel 22.1: Die Auffassung einiger Physiker zur Natur des Lichts als Welle oder als Teilchen.

Nach Aussage der Wellengleichung ist das Licht eine Mischung aus Welle und aus Photonenstrahlung!

## 22 Eigenschaften von Skalarwellen

Für die Lichtquantenhypothese gab es 1921 den Nobelpreis für Physik. Dabei war es nur eine Hypothese, eine fixe Vorstellung, die hier geehrt wurde. Es ist schon eigenartig, wenn ein solch bedeutender Preis an einen Forscher vergeben wird, der nicht die blasseste Vorstellung davon hatte, was Lichtquanten überhaupt sind, woraus sie bestehen und wie sie aufgebaut sind.
Albert Einstein nutzte die peinliche Situation geschickt aus, indem er in seiner Festrede anlässlich der Nobelpreisverleihung über die Relativitätstheorie referierte. Ein Komiteemitglied fand sich im Anschluss an die Rede genötigt, darauf hinzuweisen, dass dies nicht Gegenstand der Preisvergabe sei und es sich bei der Relativitätstheorie um eine reine Theorie handelt, die vom Prinzip her nicht beweisbar wäre. Daher könne es für eine Theorie auch keinen Nobelpreis geben.
Solche Worte anlässlich einer Preisvergabe auf eine gewagte Hypothese verleihen der ganzen Veranstaltung geradezu groteske Züge. Doch es kam noch schlimmer.

### 22.1 Welle-Teilchen-Kompromiss

Physiker von Rang und Namen waren zusammengekommen. Es ging um die offene Frage, ist das Licht Welle oder Teilchen oder gar beides zugleich? Für beide Varianten lagen experimentelle Nachweise vor. Die Diskussion entbrannte und die Wogen kochten hoch. Schließlich war man hoffnungslos zerstritten. Einige hatte schon unter Protest den Saal verlassen, als Werner Heisenberg seine Vorstellungen zur Unschärferelation unterbreitete. Dieser Kompromiss, auf den man sich schließlich einigte, darf mit Fug und Recht als der übelste in der Geschichte der Physik bezeichnet werden. Er schreibt mir vor, was ich sehen und wie genau ich hinschauen darf. Damit soll der Widerspruch überwunden werden, dass das Licht - entgegen jeder Kausalität - Welle und Teilchen zugleich sein soll.

Solche Festlegungen haben nicht nur eine komische, sie haben auch eine tragische Seite. Denn es waren Autoritäten, die dem Kompromiss zugestimmt haben, und die ganze Gemeinde der Wissenschaften vertraut auf die Aussagen ihrer Autoritäten, die sofort und ungefiltert Eingang in alle Lehrbücher finden.
Bei dem Treffen ging es einzig und allein um die Wellengleichung und nur die hätte die korrekte und einzig mögliche Antwort liefern können: Sie zerfällt in zwei Anteile und dies erklärt, warum das Licht einmal als elektromagnetische Welle und einmal als Wirbelteilchen, das man Photon nennt, auftritt. Die Umwandlung kann jederzeit spontan und ohne Einsatz von Energie erfolgen, so dass in Abhängigkeit von der verwendeten Messtechnik das Teilchen als Welle oder als Teilchen in Erscheinung tritt, aber natürlich niemals als beides zugleich!

Das komische an der Situation war rückblickend, dass alle über die Welle und ihre damals bekannten Eigenschaften diskutierten und alle die Wellengleichung hätten kennen müssen. Eine Gleichung sagt bekanntlich mehr als tausend Worte. Ein kurzer Blick auf die Gleichung hätte voll und ganz genügt, um die strittige Frage ein für allemal schlüssig zu beantworten. Uns wäre vieles erspart geblieben.

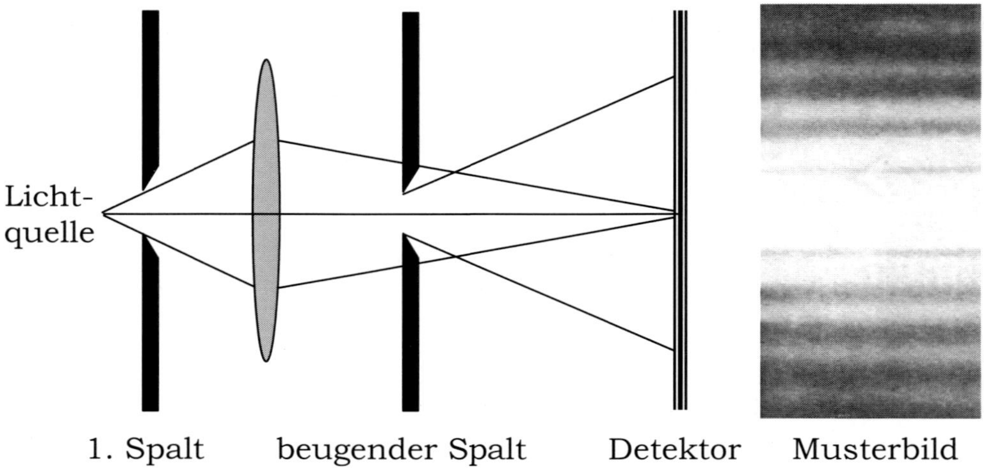


Tafel 22.2 A: Licht bildet am Spalt Interferenzmuster
(helle Streifen entstehen, wo die Wellen schwingungsgleich sind, dunkle Streifen, wo sie ungleich sind).

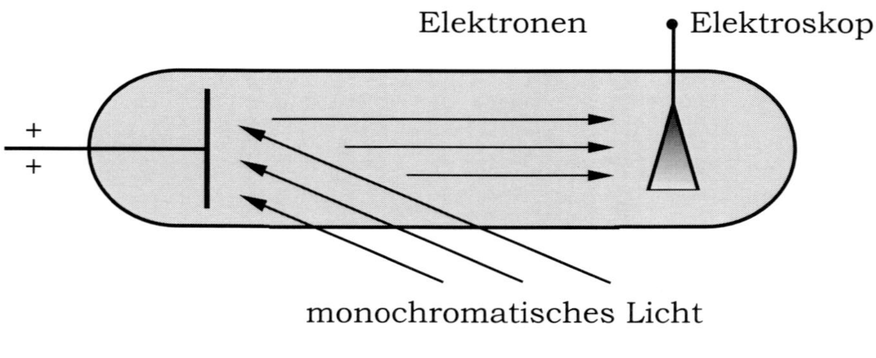


Tafel 22.2 B: Der lichtelektrische Effekt

<i>: Atome als Energiewellen. Physiker wandelten einen Strom von Natriumatomen in Wellen um. Illustrierte Wissenschaft 7/1996, Seite 56+57

## 22.2 Zur Lichtmessung

Die Unschärferelation mit der Interpretation von Heisenberg, das Licht sei Welle und zugleich Teilchen, ist unvereinbar mit der Wellengleichung. Heisenberg setzt ein ***Gleichheitszeichen***, wo in der Wellengleichung in Wirklichkeit eine ***Addition*** beider Wellenanteile vorliegt. Glücklicherweise braucht in der Mathematik nicht spekuliert zu werden. Da ist eine Herleitung richtig oder falsch. Daran ändert sich auch dann nichts, wenn alle Physiker der Welt der vorherrschenden Meinung folgend in die falsche Richtung laufen sollten. Die Wellengleichung übt einen Einfluss auf die Interpretation der Lichtexperimente aus, einerseits zur Interferenz und zur Beugung des Lichts, wobei elektromagnetische Wellen sichtbar werden (Tafel 22.2 A) und andererseits der lichtelektrische Effekt, als Nachweis von Lichtquanten (Tafel 22.2 B).

Schon die Wellentheorie von Huygens verlangt Beugungsmuster von Lichtstrahlen, wie sie beispielsweise hinter einem Spalt beobachtet werden, und demonstriert damit die Wellennatur. Geht bei dieser Gelegenheit die Teilchennatur verloren, sind also vor dem Spalt vorhandene Photonen hinter dem Spalt nicht mehr nachweisbar, dann ist schlicht und ergreifend das Messverfahren, also der Spalt daran schuld. Die Wirbel haben sich am Spalt zu Wellen abgerollt.
Entsprechende Versuche sind auch schon mit Materie durchgeführt worden. Am Massachusetts Institute of Technology wurden ganze Natriumatome zu Wellen umgewandelt. Am Detektor wurden reine Interferenzmuster beobachtet, die als Beweis für die geglückte Dematerialisation gelten[i]. Dem Wirbelphysiker zeigen sie noch mehr: sie offenbaren, dass Atome lediglich zu Kugelwirbeln aufgerollte Wellen sind, die sich jederzeit und spontan an einem Gitter wieder zu Wellen abrollen können (Kapitel 5 und 7).
Die gängige Interpretation, die hinter einem Spalt nachweisbare Wellennatur muss in derselben Form schon vor dem Spalt vorgelegen haben, ist unhaltbar und letztendlich falsch, wie der Versuch mit den Natriumatomen deutlich macht.

Der lichtelektrische Effekt, der andererseits die Quantennatur des Lichts zeigt, ist von Heinrich Hertz entdeckt, von Lenard weiter untersucht und schließlich 1916 von Millikan präzisiert worden (Tafel 22.2 B). Er basiert auf dem Umstand, dass Licht höherer Frequenz, also blaues Licht, energiereicher ist als niederfrequentes rotes Licht. Werden aber Elektronen durch Licht aus einer Metallplatte herausgeschlagen, dann geschieht das, indem sich die Wellen zu Wirbeln einrollen. Jetzt sind tatsächlich Photonen am Werk, die mit einem Elektroskop indirekt nachgewiesen werden.
In gleicher Weise lässt sich ein Photonenstrahl in einer Nebelkammer photographieren. Aber auch hier ist das Messverfahren für das verantwortlich, was beobachtet wird.

Ein gutes Beispiel ist das menschliche Auge, dessen Stäbchen und Zäpfchen lediglich Potentialwirbel aufnehmen können und an die Nervenbahnen als sogenannte Reaktionspotentiale weiterleiten. Eintreffende Wellen lassen sich nur detektieren, wenn sie sich zuerst im Glaskörper des Auges zu Wirbeln aufgerollt haben. Da spielt es keine Rolle, aus wie viel Prozent Wirbel und Welle sich das Licht zusammensetzt, das wir sehen.
Hinter einer Glasscheibe ist beispielsweise ein höherer Wirbelanteil zu erwarten und dennoch hat das Licht dieselbe Helligkeit wie ohne Scheibe; die Glasscheibe wird als durchsichtig wahrgenommen. Trotzdem muss davon ausgegangen werden, dass Licht mit hohem Wellenanteil eine andere Qualität hat, als solches hinter Glas oder künstliches Licht mit hohem Anteil an Photonen.

Wellengleichung:

$$\Delta \mathbf{E} = \text{grad div } \mathbf{E} - \text{rot rot } \mathbf{E} = \frac{1}{c^2} \cdot \frac{\delta^2 \mathbf{E}}{\delta t^2}$$

| *Nikola Tesla:* | *Heinrich Hertz:* |
| --- | --- |
| • **Skalarwelle** (elektrisch oder magnetisch) = | **Elektromagnetische Welle =** |
| • **Longitudinalwelle** (Längswelle) | **Transversalwelle** (Querwelle) |
| Erscheinungsform (je nach Ausbreitungsgeschwindigkeit v): | Erscheinungsform (je nach Frequenz) |
| • ($v > c$): Neutrinostrahlung, morphogenetische Felder,...<br>• ($v = c$): Photonen,<br>• ($v < c$): Plasmawelle, thermische Wirbel, Biophotonen, Erdstrahlung,...<br>• ($v = 0$): Rauschen,... | • Kosmische Strahlung,<br>• Röntgenstrahlung,<br>• UV-Strahlung,<br>• Licht,<br>• Infrarotstrahlung,<br>• Mikrowelle,<br>• Rundfunkwellen,<br>• VLF, ULF,... |

Tafel 22.3: Die beiden Anteile der Wellengleichung

## 22.3 Gegenüberstellung der Anteile von Tesla und Hertz

Licht entsteht in der Regel immer als Photonenstrahlung, auch auf der Sonne. Wenn bei uns auf der Erde am Ende nur Wellen ankommen, dann müssen sich die Wirbel irgendwann auf dem Weg zu uns zu Wellen abgerollt haben. Photonenstrahlung ist schließlich eine Skalarwellenstrahlung, die im Nahfeld der Strahlungsquelle generell dominiert. Es gibt keinen Grund, warum sich das Licht anders verhalten soll als die von einem Rundfunksender abgestrahlte Welle, die ebenfalls im Nahfeldbereich Wirbel bildet, wie wir schon diskutiert haben. Für unterschiedliche Interpretationen von Welleneigenschaften ein und desselben physikalischen Phänomens ist in einer einheitlichen Theorie kein Platz.

Bleiben wir bei dem Vergleich, denn es ist kein Einzelfall, dass ein Versuchsaufbau dafür verantwortlich ist, was gemessen und beobachtet wird. Ein Parallelfall zu den Experimenten zur Natur des Lichts sind die zur Wellenausbreitung. Hertz hat den transversalen Anteil und Tesla den longitudinalen Anteil empfangen und ausgewertet und jeder hat von sich behauptet, nur er habe recht. Es gibt wohl keine Gleichung, die so gründlich ignoriert und missverstanden wurde und wird, wie die Wellengleichung.

Die Tafel 22.3 zeigt in einer Übersicht die beiden Teile der Wellengleichung in der Zuordnung zu den Begriffen und Erscheinungsformen: Rechter Hand die Elektromagnetische Welle nach Heinrich Hertz und linker Hand die Skalarwelle nach Nikola Tesla. Die Begriffe, wie einerseits Transversal- oder Querwelle und andererseits Longitudinal- oder Längswelle beziehen sich auf die Art der Wellenausbreitung.

Schwingen die Feldzeiger quer zur Ausbreitungsrichtung, ist als Folge die Ausbreitungsgeschwindigkeit von den schwingenden Feldern entkoppelt. Das Ergebnis ist in allen Fällen die Lichtgeschwindigkeit, und die ist in unserer Beobachtung konstant.
Üblich ist eine Auflistung nach steigender Frequenz, beginnend bei den Längstwellen (ELF und VLF) über die Rundfunkwellen (LW, MW, KW, UKW), die Fernsehkanäle (VHF, UHF), die Mikrowellen, die Infrarotstrahlung, das Licht, die Röntgenstrahlen bis zu den kosmischen Strahlen.
Interessant ist schon, dass es sich trotz der unterschiedlichen Erscheinungsformen um ein und dasselbe Phänomen handelt! Solange Maxwell nur eine Theorie für das Licht veröffentlicht hatte, tat sich in der Welt der Wissenschaften 24 Jahre lang zunächst überhaupt nichts. Erst Heinrich Hertz mit seinen Kurzwellenexperimenten öffnete uns die Augen. Jetzt fingen plötzlich alle gleichzeitig damit an, die unterschiedlichsten Phänomene auf der Frequenzskala zu erforschen, von Madam Curie über Konrad Röntgen bis zu Nikola Tesla, der vorrangig den langwelligen Bereich erforschte.

In Hinblick auf die Skalarwellen ist bislang eine entsprechende Initialzündung ausgeblieben. Das riesige Gebiet ist wissenschaftliches Neuland, das darauf wartet, systematisch erforscht zu werden. Mit meinem historischen Nachbau einer Skalarwellenübertragungsstrecke nach den Plänen von Tesla versuche ich einen Beitrag zu leisten<i>.

<i>: Im Gespräch mit dem Fernsehmoderator und Buchautor Johannes von Buttlar weise ich auf die Chancen und technischen Möglichkeiten hin: Johannes von Buttlar im Gespräch mit Prof. Dr. Konstantin Meyl: Neutrinopower, Argo-Verlag Marktoberdorf, 1. Aufl. (2000).

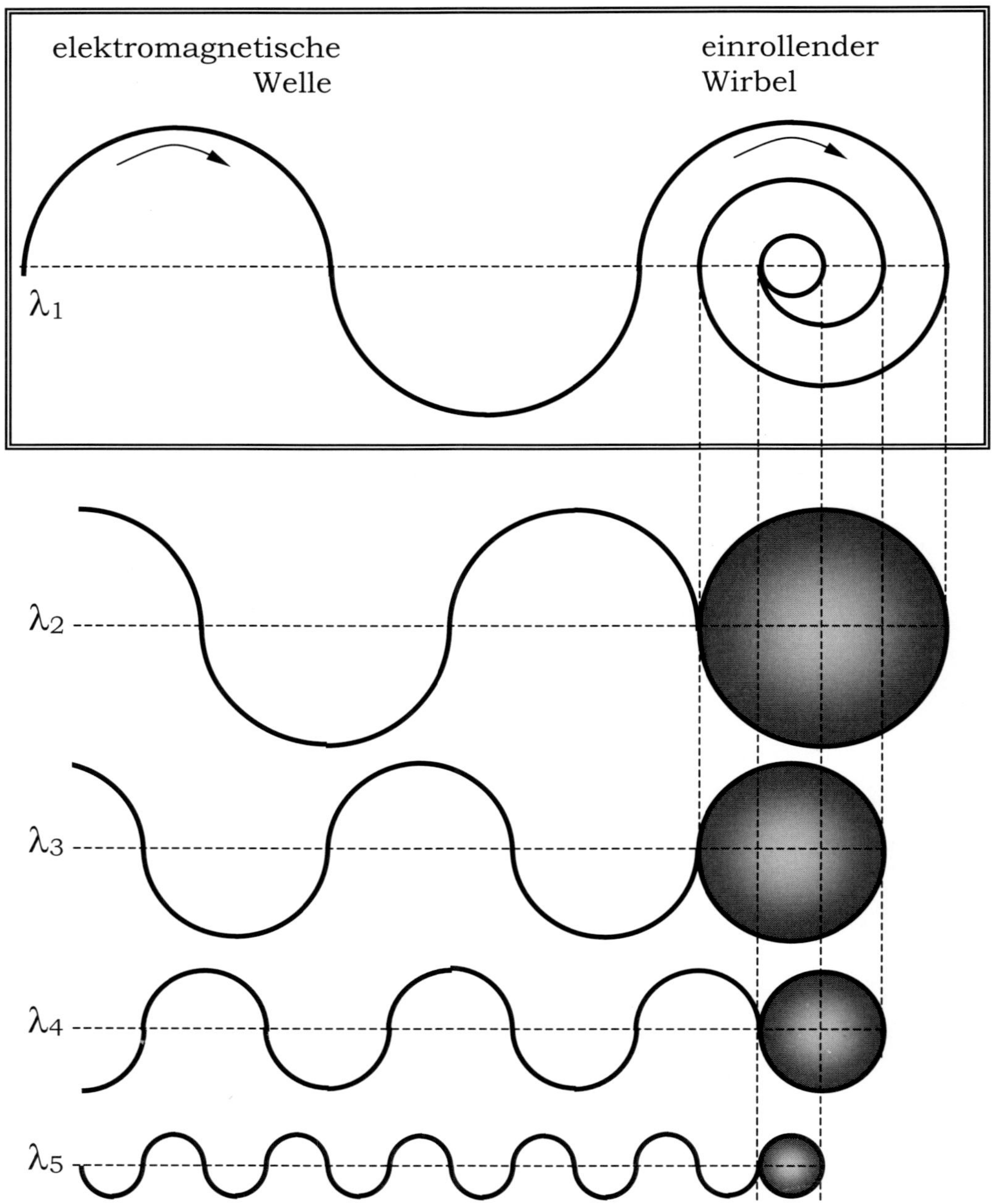


Tafel 22.4: Die sich zum Wirbel einrollende Welle.

Wellenlänge der Welle: $\lambda_1 = c/f_1$
Wellenlänge des Wirbels: $\lambda_n$ (n = 1,2,3,4,5) $\leq \lambda_1$
$f_5 > f_4 > f_3 > f_2 > f_1$ $\lambda_5 < \lambda_4 < \lambda_3 < \lambda_2 < \lambda_1$

## 22.4 Rauschen - ein Skalarwellenphänomen

Longitudinalwellen, die sich in Richtung eines schwingenden Feldzeigers ausbreiten, und deren Ausbreitungsgeschwindigkeit demzufolge ebenfalls schwingt und keineswegs konstant ist, können beliebige Geschwindigkeiten zwischen Null und Unendlich einnehmen. Es macht Sinn, die Erscheinungsformen von Skalarwellen nach ihrer jeweiligen Ausbreitungsgeschwindigkeit zu listen (Tafel 22.3, linke Spalte).
Beginnen wir mit einem ortsfesten Wirbel, eine sich einrollende Welle, die sich weiter kontrahiert. Dabei wird die Wellenlänge immer kleiner, während die Frequenz steigt. Beobachtet wird ein gleichmäßiges Frequenzgemisch verteilt über ein breites Frequenzband. Diese Erscheinung wird als ***Rauschen*** bezeichnet (Tafel 1.4). Neben dem ortsfesten Rauschen können Rauschwirbel aber auch z.B. beim ***Rundfunkrauschen*** mit einer bestimmten Geschwindigkeit als Skalarwelle unterwegs sein. In diesem Fall zeigen sie die typischen Eigenschaften einer Stehwelle mit Knoten und Bäuchen.

Stehwellencharakter soll angeblich auch die ***Erdstrahlung*** zeigen, die als abgebremste Neutrinostrahlung interpretiert werden kann. Wenn sie auf dem Weg durch die Erde gebremst wird, ändern sich dabei die Neutrinoeigenschaften, wie dies am Kamiokandedetektor in Japan jüngst gemessen wurde. Leider erfolgt der Nachweis nur indirekt, da es noch keine Messgeräte für Skalarwellen gibt. Wir kommen noch auf diesen Problemkreis zu sprechen und begnügen uns mit dem Hinweis, dass schon seit Menschengedenken die Stehwellen-Eigenschaft zum Auffinden von Wasser und Lagerstellen von Erzen genutzt worden ist und sogar heute noch verwendet wird.

Setzen wir unsere Betrachtung zu den Erscheinungsformen von Skalarwellen fort, wie sie auf Tafel 22.3 gelistet sind. Zu den Skalarwellen, die langsamer unterwegs sind als das Licht, gesellen sich noch die Plasmawellen. Dies bestätigen Messungen und Rechnungen.
Bei thermischen Wirbeln hingegen, wie sie von Max Planck untersucht worden waren, und bei Biophotonen, wie sie Fritz Popp in lebenden Zellen nachweisen kann, ist die Ausbreitungsgeschwindigkeit unbekannt. Sie wurde und wird erst gar nicht gemessen. Die Forscher vertrauen auf die Annahme, dass alle Wellen mit Lichtgeschwindigkeit laufen. Aber das ist ein großer Irrtum!
Für alle Wellenarten ist auch mindestens eine Wirbelvariante existent. Bei Rundfunkwellen beispielsweise ist es das Rundfunkrauschen, das sich mit einer von c abweichenden Geschwindigkeit ausbreitet. Die Geschwindigkeit ist das Produkt aus Frequenz und Wellenlänge:

$$v = f \cdot \lambda \tag{22.1}$$

Von den drei Größen v, f und λ müssen mindestens zwei gemessen werden, wenn der Verdacht besteht, es könne sich um Skalarwellen handeln. An dieser Stelle werden in den Labors unnötig oft Fehler gemacht. Unzählige Experimente zur biologischen Verträglichkeit, zu medizinischen Therapieverfahren und ähnlichen Versuchen müssen wiederholt werden, weil in der Regel nur die Frequenz gemessen wird und versäumt worden ist, die Wellenlänge oder die Geschwindigkeit der Welle wenigstens zu kontrollieren. Diesen Vorwurf müssen sich unzählige Forscher gefallen lassen. Allzu blind haben die Wissenschaftler, die mit ihrer Arbeit jetzt wieder ganz von vorne anfangen dürfen, auf die Dominanz und Konstanz der Lichtgeschwindigkeit vertraut.

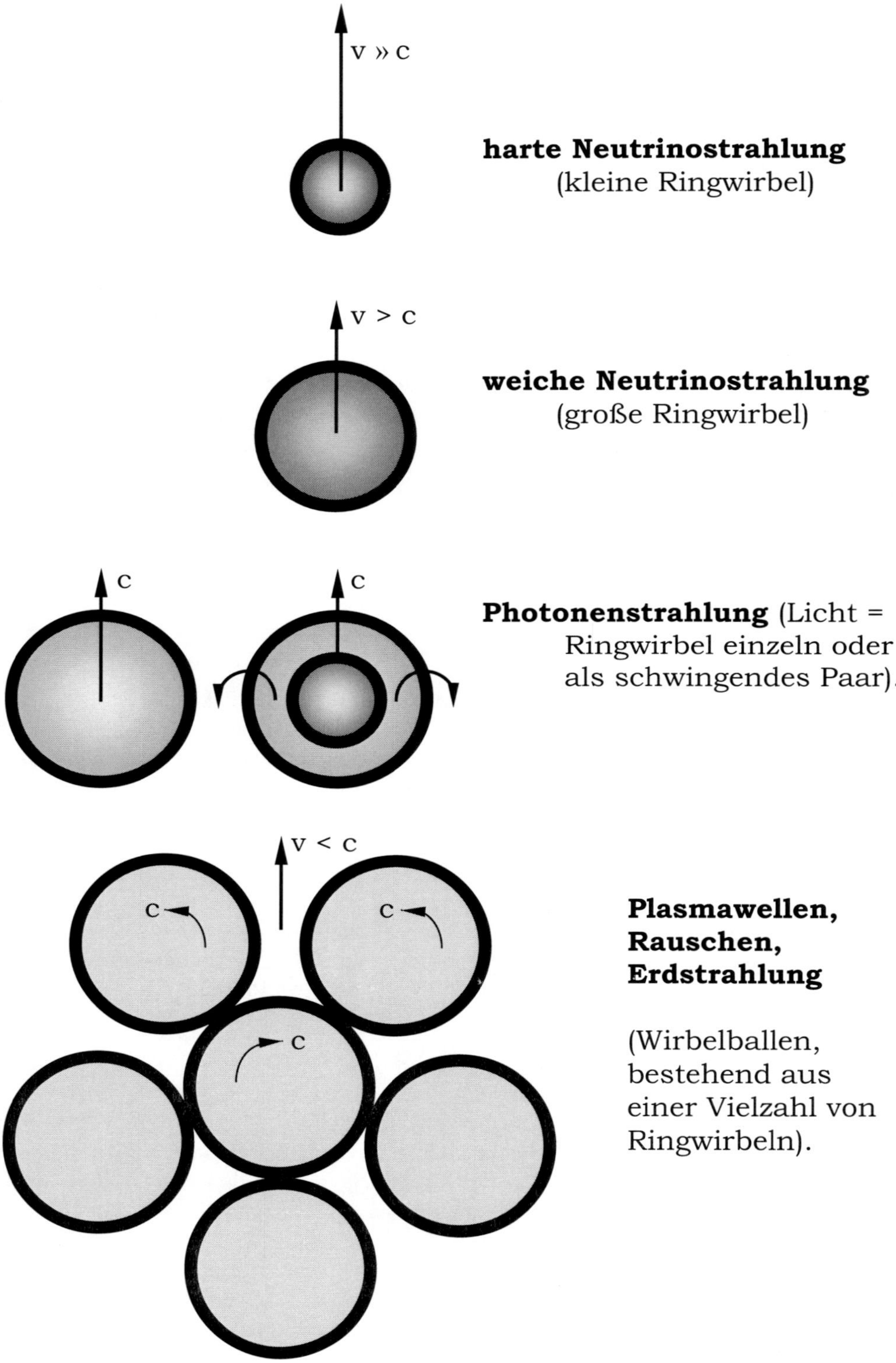


Tafel 22.5: Das Ringwirbelmodell der Skalarwellen.

## 22.5 Neutrinostrahlung

Neutrinophysiker gehen derzeit davon aus, dass ihre Teilchen mit etwas weniger als Lichtgeschwindigkeit c unterwegs sind. Dies steht im Widerspruch zu der Beobachtung, nach der Schwarze Löcher starke Neutrinoquellen darstellen sollen, die nur deshalb schwarz sind, weil keine Teilchenstrahlung ihnen zu entkommen vermag, die mit c oder gar noch langsamer unterwegs ist. Schleudert ein Schwarzes Loch Neutrinostrahlung in den Weltraum, dann muss diese erheblich schneller sein.
Nachweisen lässt sich die Neutrinostrahlung allerdings erst, nachdem sie auf einen Wert abgebremst wurde, der kleiner als c ist. Erfolgt das Abbremsen leicht unsymmetrisch, dann tritt als Folge ein von Null abweichender Mittelwert der Masse in Erscheinung. Die „Messung“ einer derartigen Restmasse, wie sie derzeit propagiert und gefeiert wird, ist ein klassischer Messfehler! Solange ein Neutrino auf dem Weg zu uns noch schneller als das Licht ist, ist der Mittelwert seiner Masse generell Null. Der Effektivwert der Masse eines Neutrinos ist hingegen erheblich. Nur er vermag die gesuchte ***dunkle Materie*** zu begründen, sofern es die in der heute vermuteten Form überhaupt geben muss.

Die Teslastrahlung, das hatte der Entdecker Nikola Tesla bereits in eigenen Experimenten herausgefunden, ist überlichtschnell (Kapitel 9.7 und 17.2). Da diese Teslastrahlung der Beschreibung nach identisch ist mit der Neutrinostrahlung bezeichne ich alle Skalarwellen als Neutrinostrahlung, die schneller sind als das Licht. Diese reicht von der weichen Strahlung bei niedrigen Frequenzen bis zur harten Neutrinostrahlung kosmischen Ursprungs. Die Härte der Strahlung nimmt aber nicht nur mit der Frequenz, sie nimmt besonders mit der Geschwindigkeit zu.

Die Neutrinostrahlung ist zuerst einmal energietragend. Auf diese Grundwellenstrahlung kann zusätzlich Information aufmoduliert werden. Dabei bieten sich extrem komplexe Modulationsvarianten an. Von dieser Art müssen wir uns Gedanken vorstellen, als komplex modulierte Wirbel, die sich als Skalarwelle im Raum ausbreiten können. Rupert Sheldrake nennt dieses Wirbelfeld ein morphogenetisches Feld. An dieser Stelle sei lediglich auf seine hochinteressanten Forschungsresultate hingewiesen[<i>].
Gedanken können im Raum stehen, in Form von ortsfestem Rauschen, sie können sich aber auch mit Überlichtgeschwindigkeit bewegen. Danach wäre eine Kommunikation mit intelligenten Wesen aus anderen Sternsystemen durchaus keine Utopie mehr.

Jedes schnelle Neutrino bildet einen einzelnen Ringwirbel aus (Tafel 7.12). Je langsamer die Skalarwelle ist, desto unselbständiger werden die Wirbel. Das Photon kann bereits aus zwei Ringwirbeln bestehen (Tafel 4.6), während sich Plasmawellen und andere langsame Skalarwellen aus einer Vielzahl einzelner Wirbel bilden können, die sich umeinander drehen, um Wirbelballen und Wirbelstraßen zu formen (Kapitel 4.9 - 4.11). Aus diesem Umstand resultiert bereits ein sehr unterschiedliches Skalarwellenverhalten in den einzelnen Bereichen der Ausbreitungsgeschwindigkeit.
Diese Tendenz bei kleinen Geschwindigkeiten ist ebenfalls zu niedrigeren Frequenzen hin zu beobachten. Für eine bestimmte Wellenlänge verhält sich schließlich (nach Gl. 22.1) die Frequenz proportional zur Ausbreitungsgeschwindigkeit.

<i>: R. Sheldrake: Sieben Experimente, die die Welt verändern könnten. Goldmann Verlag 1994

| **Skalarwelle**<br>= Energiewelle:<br>= *Teslastrahlung* | • **Elektromagne-tische Welle**<br>= *Hertzsche Welle* |
|---|---|
| • komplex modulierbar | • nur linear modul. |
| • schnelle, parallele Bildübertragung | • langsame, serielle Bildübertragung |
| • Bündelung, Verlustfreiheit | • Streuung, Über-tragungsverluste |
| • Positive Nutzung: Handy, Richtfunk, Energiekonverter | • Positive Nutzung: Radio, TV, Info-Verteiler |
| • Negative Nutzung Elektrosmog, Strahlenwaffen | • Negative Nutzung Handy, Richtfunk |

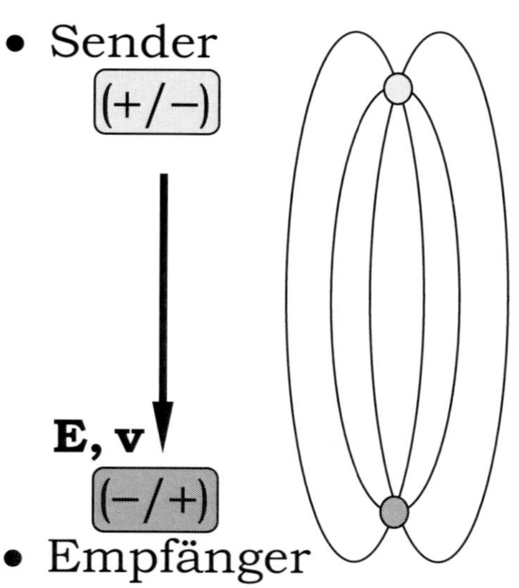


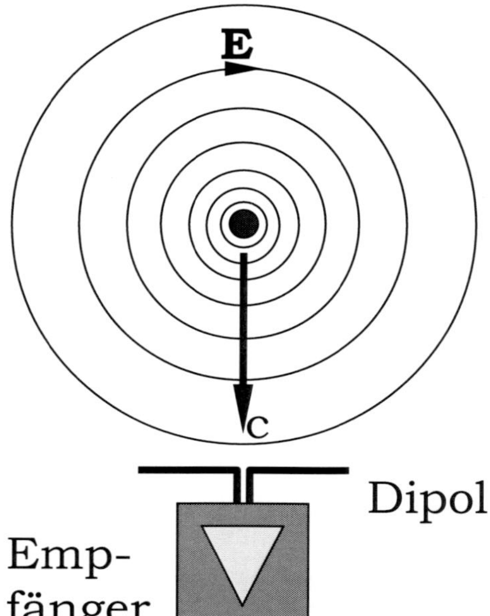


Tafel 22.6: Skalarwellen und Rundfunkwellen - ein Vergleich der Eigenschaften.

## 22.6 Parallele statt serielle Bildübertragung

Wir setzen unsere Betrachtungen zu den besonderen Eigenschaften von Skalarwellen fort, dargestellt in der linken Spalte, und vergleichen diese mit dem bekannten Verhalten elektromagnetischer Wellen in der rechten Spalte (auf Tafel 22.3 folgt nun Tafel 22.6). Greifen wir nochmals die Möglichkeiten zu einer Modulation und zur Übertragung von Information auf, dann wird aus der Gegenüberstellung sehr deutlich, dass wir heute mit einer Technik arbeiten, die wir zwar mehr oder weniger beherrschen, die aber alles andere als optimal ist.
Bei der Hertzschen Welle ist die Ausbreitungsgeschwindigkeit konstant. Folglich wird mit der Frequenz zugleich auch die Wellenlänge moduliert. Das aber schränkt die Informationsübertragung stark ein. Ein Bild beispielsweise muss seriell Punkt für Punkt und Zeile für Zeile übertragen werden. Die serielle Bildübertragung geht sehr langsam, weshalb die Geschwindigkeit der PCs ständig gesteigert werden muss, damit die Datenmenge bewältigt werden kann.
Andererseits steigen mit der Taktfrequenz auch die Verluste, so dass letztendlich der CPU-Kühler die Leistungsfähigkeit moderner PCs begrenzt. Irgendetwas machen unsere Inge-nieure offensichtlich falsch, wie ein Vergleich mit dem menschlichen Gehirn verdeutlicht. Unser Kopf arbeitet ohne Lüfter. Ihm reicht eine Taktfrequenz von 10 Hertz. Er benötigt weder Megahertz- noch Gigahertzfrequenzen und ist dennoch wesentlich leistungsfähiger.

Die Natur arbeitet nur mit der besten Technik. Die zweitbeste Technik, wie sie in unseren Maschinen zum Einsatz kommt, hätte in der Evolution nicht die geringste Überlebenschance gehabt. Die Optimierungsstrategien der Natur sind kompromisslos. In unserer sog. freien Wirtschaft läuft das oft anders. Da schließen sich einige zu marktbeherrschenden Konzernen zusammen, kaufen die innovativen Ideen kurzerhand zusammen, um sie in der Schublade verschwinden zu lassen und Konkurrenz zu verhindern. Wirtschaftlich-strukturelle Macht als reiner Selbstzweck ist unvereinbar mit den Belangen der Natur.

Die Natur arbeitet mit Skalarwellen und deren Ausbreitungsgeschwindigkeit ist beliebig. Wellenlänge und Frequenz können jetzt getrennt moduliert und Information aufgespielt werden. Auf diese Weise wird eine ganze ***Dimension der Modulierbarkeit*** hinzugewonnen, kann die Bildübertragung parallel, das heißt wesentlich schneller, sicherer und zuverlässiger erfolgen. Wie jeder von uns aus eigener Erfahrung weiß, erfolgt der Bildaufbau mit einem Schlag, die Erinnerung an vergangene Bilder erfolgt ad hoc. Mit der Skalarwellentechnik ist die Natur unbeschreiblich leistungsfähiger als moderne Technik.

Nehmen wir uns nochmals die rechte Seite der Tafel 22.6 vor mit den Eigenschaften der Hertzschen Welle. Sie ist in den Augen von Nikola Tesla eine ungeheure ***Energieverschwendung***. In alle Richtungen wird die Sendeleistung gestreut und die Übertragungs-verluste sind enorm. Beim Empfänger kommt so gut wie keine Leistung mehr an. Für einen Radioempfang muss die Antennenleistung immens verstärkt werden. Es ist eine Welle, die eigentlich nur als Rundfunkwelle verwendet werden kann, als Welle also, mit welcher beliebig viele Teilnehmer erreicht werden sollen.
Diese Welle ist jedoch völlig sinnlos, wenn es um Punkt-zu-Punkt-Verbindung geht. Wenn ich jemanden anrufen will, um nur mit ihm allein zu sprechen, ist eine Rundfunkwelle doch die völlig falsche Technik, weil ich damit Hunderte und Tausende von Leuten belästige, mit denen ich gar nicht telefonieren will!

Hertzsche Wellenausbreitung (Transversalwellen):

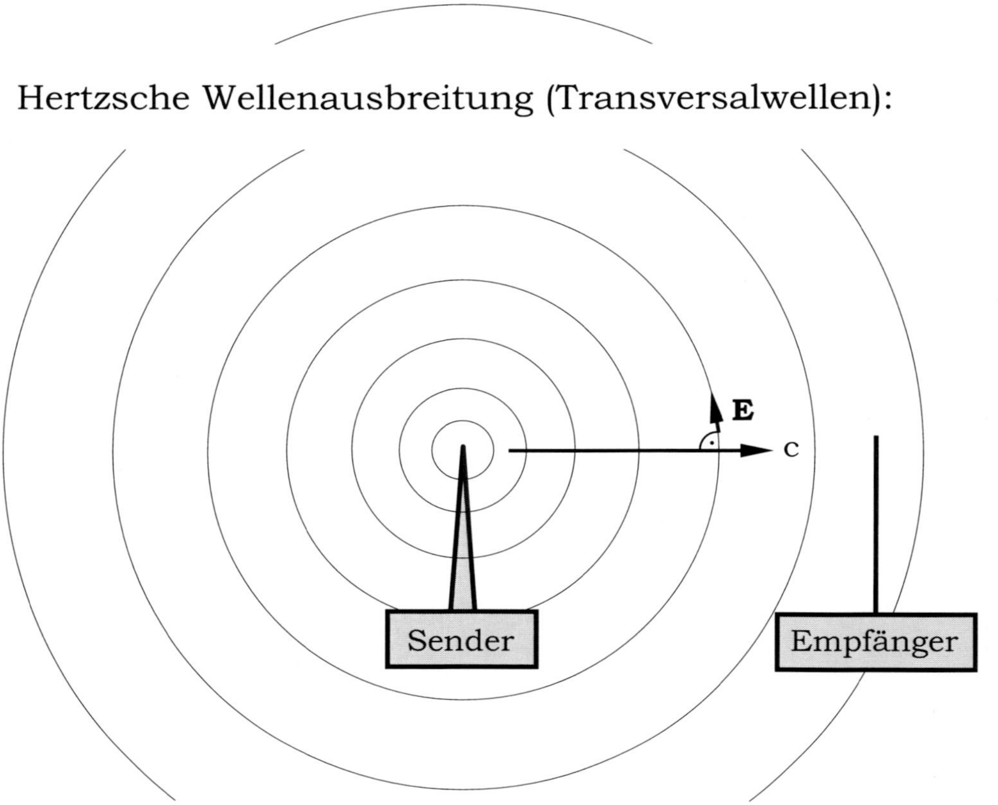


Tesla-Strahlung (Radiations) = Skalarwelle,
Longitudinale Wellenausbreitung:

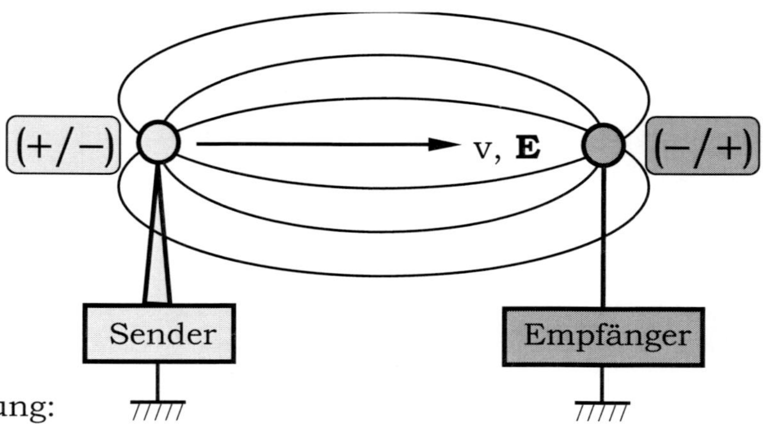


Tafel 22.7: Vergleich zwischen Rundfunkwellen nach H. Hertz und elektrischen Skalarwellen nach N. Tesla.

## 22.7 Vergleich der Eigenschaften

Der Verlauf der Feldlinien verdeutlicht den Unterschied. Bei der Skalarwelle laufen alle vom Sender ausgehenden Feldlinien wieder zusammen. Solange kein Streufeld auftritt, kann es auch keine Übertragungsverluste geben. Es ist eine Energiewelle, bei der die volle Sendeleistung drahtlos übertragen wird und beim Empfänger ankommt, indem er die Feldlinien wieder bündelt.

Hier kommen einem sogleich zahlreiche technische Applikationen in den Sinn, wenn Energie drahtlos übertragen werden soll. Ein Fernseher, der seine Fernbedienung selber mit Energie versorgt, Telemetrieanlagen, die an schwer zugänglichen oder an rotierenden Maschinenteilen angebracht sind und die ohne Energieversorgung nicht arbeiten können.

Von einem Handy mit 3 Watt Sendeleistung kommen nur wenige Mikrowatt bei der Feststation an. Hätte ich ein Skalarwellenhandy, das mit Resonanz funktioniert, würde eine Sendeleistung von wenigen Mikrowatt vollkommen ausreichen, um ein Telefonat quer durch die Erde zu führen. Die minimale Sendeleistung genügt, weil beim Empfänger alles ankommt, was gesendet wird - entscheidend ist, dass die Resonanzbedingungen erfüllt werden. Das heißt, beide müssen dieselbe Frequenz haben, und die entgegengesetzte Phasenlage. Zudem muss die Modulation passen, damit sich einerseits nicht mehrere Gesprächsteilnehmer in die Quere kommen. Andererseits bestünde bei reiner Grundwellenübertragung die Gefahr, dass natürliche Felder mit eingesammelt werden und die Leistung am Empfänger unzulässig hohe Werte annimmt. Dies wird durch eine entsprechend komplexe Modulation wirksam verhindert. Die Natur löst das Problem in eben dieser Art und Weise.
Handytechnik mit Skalarwellen ist natürlich noch Zukunftsmusik. Eine große Herausforderung an die Ingenieure stellt die Einstellbedingung der Gegenphasigkeit und der passenden Modulation dar, die Tesla als „Individualisierung" bezeichnet<i>. Ganz nebenbei werden die Netzbetreiber und die Telefongesellschaften ziemlich überflüssig.

Telefongebühren, so kann man in hundert Jahren in den Geschichtsbüchern vielleicht einmal nachlesen, waren der Indiz für ein Jahrhundert der rigorosen Ausbeutung von Mensch und Natur. Mit Skalarwellen ist eine direkte, mehrdimensional modulierte Informationsübermittlung direkt mit dem Gesprächspartner möglich und steht den Menschen jederzeit und überall ausreichend Energie zur Verfügung, ohne von irgendwelchen Konzernen abhängig zu sein! Diese Erkenntnis ist nicht neu, für die Machthaber aber unbequem; schon Nikola Tesla hat darüber geschrieben, aber offenbar wollte ihm keiner zuhören<ii>.

Skalarwellen, das machen die Eigenschaften deutlich, sind in der Lage, sowohl die Energietechnik als auch die Informationstechnik grundlegend zu revolutionieren. Es ist mehr als nur eine Technik für das neue Jahrhundert. Skalarwellen sind eine Chance für das ganze Jahrtausend!

---

<i>: N. Tesla: Die Übertragung elektrischer Energie ohne Drähte..., Electrical World and Engineer vom 7.1.1905; Edition Tesla Bd. 4, S. 131.

<ii>: N. Tesla, New York Times vom 15.9.1908; Edition Tesla Bd. 6, S. 241.

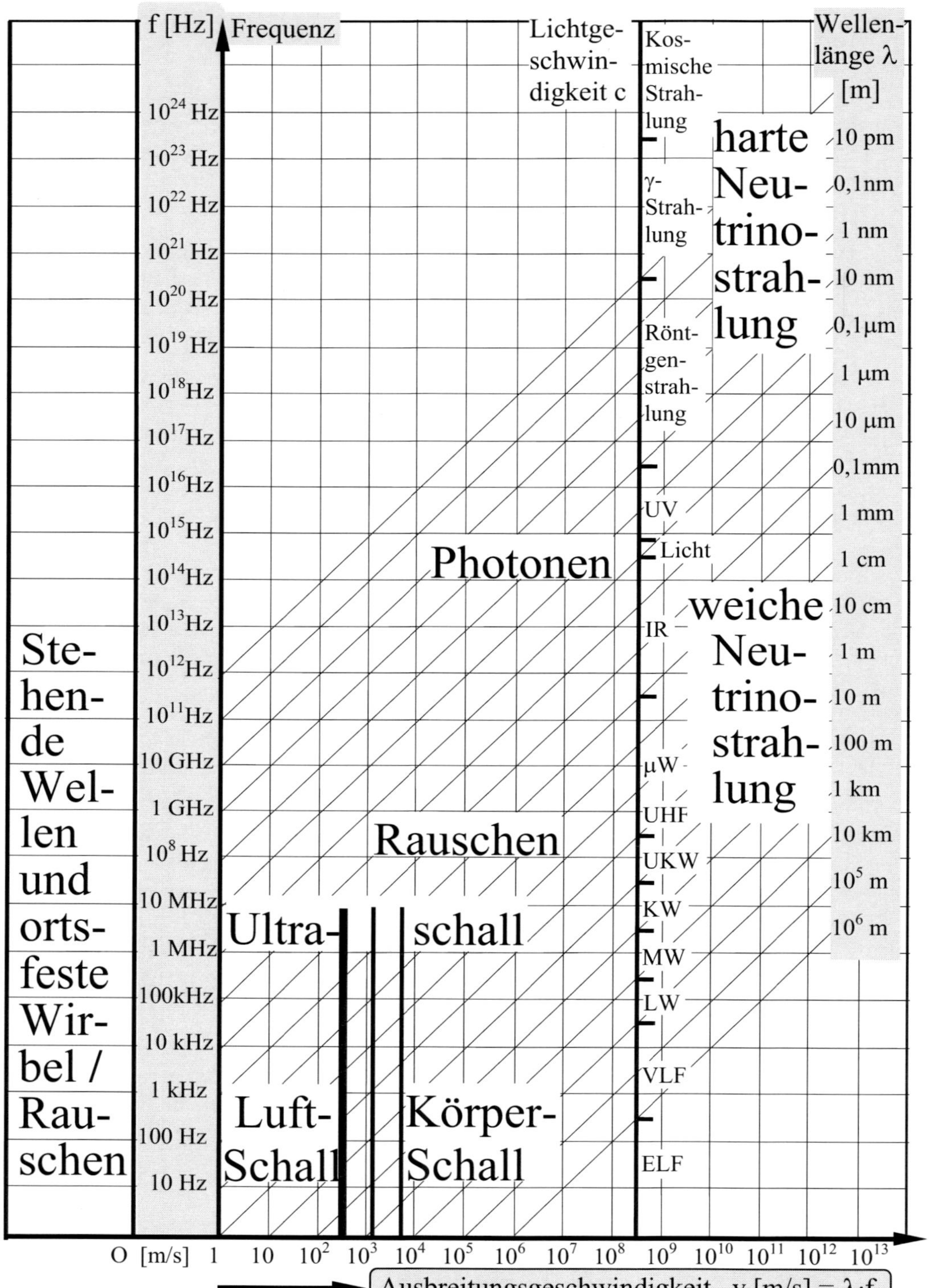


Tafel 23.1: Frequenzdiagramm longitudinaler und transversaler Wellen in Abhängigkeit von der Geschwindigkeit v.

## 23. Erforschung von Skalarwellen

Skalarwellen sind noch unerforschtes Gebiet, wissenschaftliches Neuland sozusagen. Punktuell haben sich einzelne Forscher bereits in das Gebiet vorgewagt und haben in ihrem speziellen Forschungsbereich meist auf messtechnischem Weg Eigenschaften der von ihnen untersuchten Skalarwelle beschrieben. Es fehlt ihnen in der Regel aber der physikalische Zusammenhang, wie er in diesem Buch erstmalig hergeleitet wird. Wird nicht von einzelnen Messungen, sondern von der Wellengleichung und der mathematisch-physikalischen Herleitung von Skalarwellen ausgegangen, dann haben wir die großartige Chance, einerseits das Rauschen, Photonen, Neutrinos und viele andere bekannte sowie andererseits als parawissenschaftlich bezeichnete, noch unbekannte Phänomene als etwas Zusammengehöriges zu begreifen.

Wir sollten uns in Erinnerung rufen, dass wir ohne Maxwelltheorie und die Darstellung in einem Frequenzband heute noch nicht wüssten, dass es sich bei den Rundfunkwellen (LW, MW, KW, UKW), bei Mikrowellen (μW), bei infraroter Wärmestrahlung (IR), beim Licht und bei Röntgenstrahlen um ein und dasselbe Phänomen handelt. Die graphische Darstellung beider Wellen in einem Diagramm ist an der Stelle überaus hilfreich.

### 23.1 Frequenzdiagramm

In Tafel 23.1 ist die Frequenz f über der Ausbreitungsgeschwindigkeit v aufgetragen mit der Wellenlänge $\lambda$ als Parameter. Die breite Linie bei $3 \cdot 10^8$ m/s repräsentiert die Lichtgeschwindigkeit c. Hier findet sich in der bekannten eindimensionalen Darstellung das Frequenzband der Transversalwellen wieder.

Quer dazu, etwas ungewohnt, verlaufen die Longitudinalwellen. Diese beginnen links bei ortsfestem Rauschen, über den Schall, wie er sich in Luft, in Wasser und in Metall ausbreitet, über einen großen, noch weitgehend unerforschten Bereich der Biophotonen, der Wärmewirbel und der Wünschelruteneffekte und enden jenseits der Lichtgeschwindigkeit bei den Neutrinos.

Dazwischen ist der Sonderfall angesiedelt, dass die als Skalarwelle sich ausbreitenden Teilchen, oder besser gesagt Wirbel, genau Lichtgeschwindigkeit haben. Er begründet, wie schon erwähnt, dass Licht als Welle oder als Photonenstrahlung in Erscheinung treten kann. Letztendlich besteht es nach Aussage der Wellengleichung stets aus einer Mischung beider Formen. Diese Mischung ist bei sehr hohen Frequenzen, z.B. der kosmischen Strahlung in Richtung Wirbel und deren Verteilung als Skalarwelle verschoben, bei niedrigen Frequenzen geht die Tendenz umgekehrt in Richtung Welle.

Nehmen wir einmal an, für die transversale Welle sei über alle Frequenzen ein Dutzend spezialisierter Messgeräte erforderlich und jedes von ihnen noch mehrfach im Bereich umschaltbar. Dann lässt sich hochrechnen, dass zur Erfassung der Skalarwelle einer bestimmten Frequenz über alle Ausbreitungsgeschwindigkeiten ebenfalls 12 Geräte und für das ganze, in Tafel 23.1 gezeigte Feld ungefähr 12x12 = 144 Geräte notwendig sein werden. Von diesen 144 Messgeräten stehen uns heute gerade mal 12 zur Verfügung. Es fehlen also noch 132 Stück, die es zu entwickeln gilt.

Mit diesen Messgeräten, so bin ich überzeugt, werden sich die vielen weißen Flecken in dem Diagramm bei systematischer Vorgehensweise nach und nach wissenschaftlich erschließen lassen. Meiner Wirbeltheorie wird dabei eine zentrale Bedeutung zufallen.

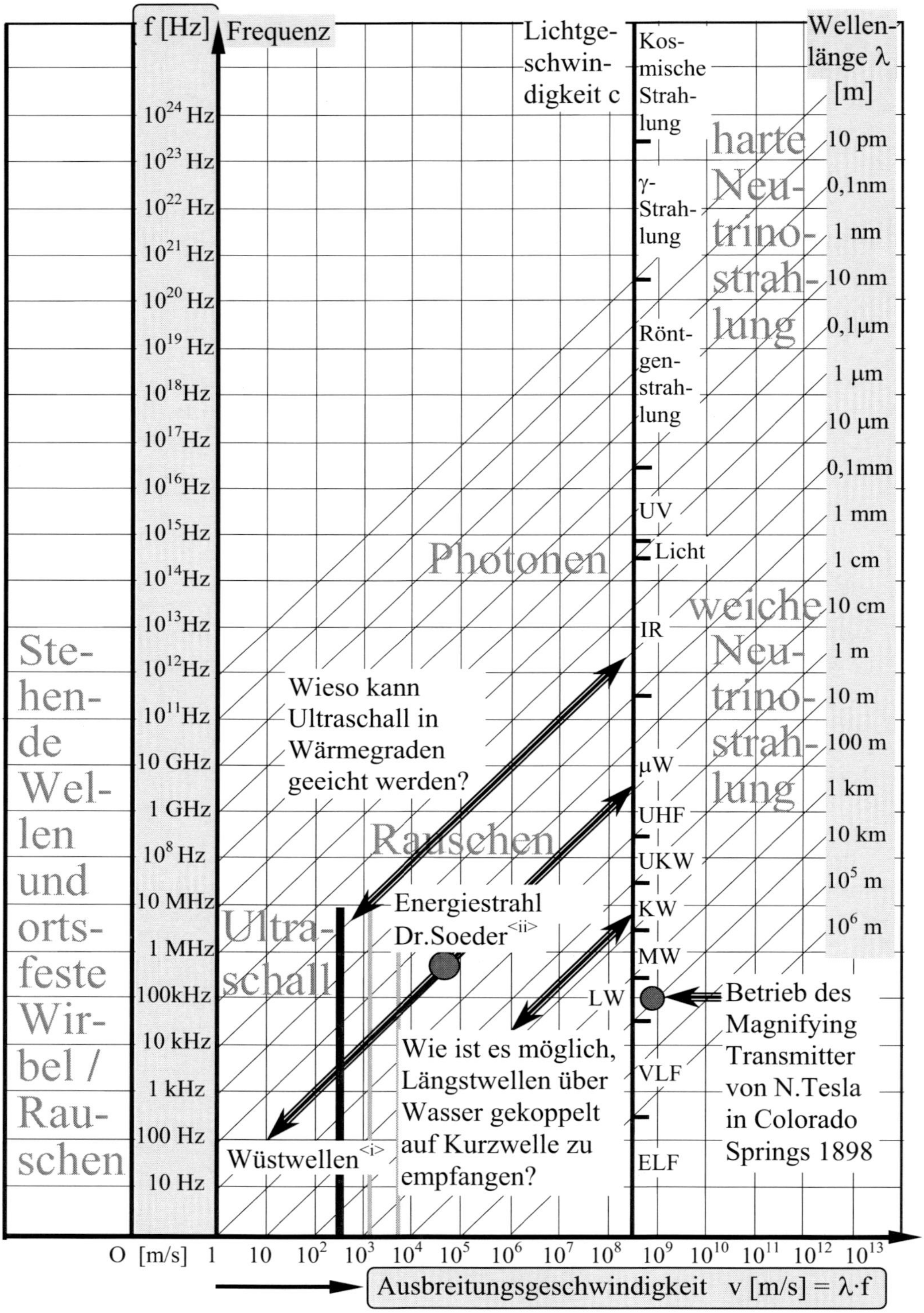


Tafel 23.2: Frequenzdiagramm mit Eintragungen zu Wüstwellen, zum Teslasender und div. unverstandenen Effekten.

## 23.2 Die Kehrseite der HF-Medaille

Das Diagramm vermag möglicherweise Streitigkeiten zu schlichten, wie den zwischen den „Wüstlingen“ und den „Hochfrequenzlern“. Der Münchner Professor Wüst hatte bereits 1934 nachgewiesen, dass die nach ihm benannten Wüstwellen eine Fortpflanzungsgeschwindigkeit in Luft von ungefähr 10 m/s haben<i>. Er untersuchte sie in dem Frequenzbereich zwischen 16 Hz ($\lambda = 60$ cm) und 500 Hz ($\lambda = 2$ cm). Die Hochfrequenztechniker haben sofort auf Lichtgeschwindigkeit umgerechnet, da sie etwas anderes nicht kennen, und haben das Phänomen kurzerhand in den Bereich der Mikrowelle zwischen 0,5 GHz ($\lambda = 60$ cm) und 15 GHz ($\lambda = 2$ cm) verlagert. In dem Diagramm lässt sich jetzt ausfindig machen, wo dieses Phänomen tatsächlich hingehört. Es handelt sich vermutlich um den gleichen „Energiestrahl“, den auch Dr. Soeder schon bei Ausbreitungsgeschwindigkeiten von 55,2 km/s und Wellenlängen um die 10 cm beobachtet und nachgewiesen hat<ii>.

Aus dem Diagramm (23.2) geht weiterhin hervor, warum Ultraschall in Wärmegraden geeicht werden kann, und warum Rundfunkempfang von Signalen aus einem ganz anderen Frequenzbereich vom Prinzip her möglich ist, wenn es bei identischer Wellenlänge zu einer von c abweichenden Ausbreitungsgeschwindigkeit kommt. Ferner ist der von Tesla benutzte Arbeitsbereich bei ca. 1,6-facher Lichtgeschwindigkeit eingezeichnet.

Auch das Rauschen ist so ein Buch mit sieben Siegeln. Es handelt sich zwar um ein festes Kapitel der Hochfrequenztechnik, aber ohne erkennbaren Bezug zu den anderen Kapiteln. Das dürfte daran liegen, dass der Zusammenhang, wie er von der Wellengleichung vorgegeben ist, unerkannt bleibt.

Jedes Hochfrequenzsignal wird von einem Rauschsignal begleitet, jede Antenne rauscht mehr oder weniger. Die HF-Technik schreibt die Maßnahmen vor, wie sich das Rauschen unterdrücken bzw. der Signal-Rausch-Abstand vergrößern lässt. Das Ziel ist, die elektromagnetische Welle derart aus dem Rauschen abzuheben, dass sie empfangbar wird. Dazu ist der Messaufbau entsprechend zu wählen, werden die Messkabel vorgeschrieben, und es ist auf Leistungsanpassung und entsprechende Abschlusswiderstände zu achten. Bei HF-richtigem Messen sollen alle Störeinflüsse mehr oder weniger verschwinden.

Was aber sind das für Störeinflüsse, die der HF-Techniker unterdrückt? Laut Wellengleichung sind es die Skalarwellenanteile, und dazu zählt auch das Rauschen. Jeder HF-Techniker kennt also die skalaren Anteile als störendes Rauschsignal. Dabei übersieht er ganz die technischen Vorteile und Chancen, die im Rauschen stecken.

Wird über eine Autokorrelationsfunktion ein Rauschsignal mit sich selber verglichen, tritt häufig eine verborgene Botschaft zutage. Im Rauschen lassen sich demnach Informationen verstecken und natürlich auch drahtlos verschicken. Dieser bedeutende Umstand ist bekannt, aber er wird kaum genutzt. Dabei sind die Rauschwirbel extrem komplex modulierbar. Es lässt sich viel mehr Information im Rauschen als Skalarwelle übertragen als mit der Rundfunkwelle.

---

<i>: J. Wüst: Physikalische und chemische Untersuchungen mit einem Rutengänger als Indikator. Weitere Hinweise in W-B-M 3/1991, S. 57.

<ii>: A. Soeder: Ohne Strom läuft neuer Energiestrahl rund um den Erdball. Raum & Zeit 59/92 Seite 62 – 67.

Tafel 23.3: Rutengänger muten eine Erzader.[i]
Aus: Speculum metallurgiae politissimum, Rössler, Dresden 1700.

<i>: Lüdeling, Hartmut: Handbuch der Radiaesthesie, Verlag Eike Hensch 1994, S. 145, ISBN 3-927407-09-7.

Die mehrdimensionale Modulierbarkeit und die Möglichkeit paralleler Bildübertragung machen Skalarwellen den Rundfunkwellen derart überlegen, dass man sich ernsthaft die umgekehrte Vorgehensweise überlegen sollte, bei der das Rauschen als Nutzsignal und die Rundfunkwelle als Störsignal aufgefasst werden.

In dem Frequenzdiagramm (23.1 und 23.2) lässt sich lesen wie in einem Tagebuch, in dem die meisten Seiten zwar noch leer sind, in dem sich zu verschiedenen Problempunkten jedoch einige höchst aufschlussreiche Randnotizen finden. Es sind meist parawissenschaftliche Phänomene, die von der Lehrbuchphysik nicht verstanden und ausgegrenzt darauf warten, in das Gebäude der Physik aufgenommen zu werden. Greifen wir als Beispiel ein umfangreiches Gebiet alternativer Forschung heraus.

## 23.3 Radiästhesie

Ein besonders breites Spektrum an Skalarwellen liefert die bereits mehrfach erwähnte ***Erdstrahlung***. Eine uralte Erfahrungswissenschaft, die sich um die Erforschung der Erdstrahlung bemüht, ist die ***Geomantie.*** Die römischen Landvermesser, die Auguren, verwendeten als Hilfsmittel eine Flachspule, wie sie auch Tesla zum Empfang von Skalarwellen eingesetzt hat. Der Lituus, wie das Gerät genannt wurde, ähnelt so sehr dem der Etrusker, dass davon auszugehen ist, dass die Technik noch viel älter ist (Tafel 16.10).
Dieser Teil der Skalarwellenforschung, auch ***Radiästhesie*** genannt, leitet sich von „radiare" ab, was mit „Strahlen aussenden" bzw. „wahrnehmen" übersetzt werden kann. Es bezeichnet die Lehre von der Strahlenfühligkeit der Menschen. Dabei nutzt der Strahlenfühlige sein eigenes Nervengerüst als Biosensor.

Es konnte die ***Nervenleitung*** als biologische Variante der Tesla-Eindraht-Übertragung hergeleitet werden, bei der ringförmige ***Potentialwirbel als Reaktionspotentiale*** in Form stehender Wellen weitergeleitet werden (Tafel 9.6). Von dieser Art sind auch die Steuerbefehle, die einen Muskel veranlassen zu kontrahieren. Werden jetzt entsprechende Wirbel über eine Wünschelrute oder ähnliche Hilfsmittel in unsere Nerven eingekoppelt, so kontrahieren die angesprochenen Muskel, da sie nicht unterscheiden können, woher der Befehl kommt. Diese unbewusste Nervenzuckung führt zu einem Rutenausschlag und zu dem bekannten Wünschelrutenphänomen.
Der Mensch kann jedoch ein technisches Messgerät nicht ersetzen. Man spricht daher von Muten und nicht von Messen. Hinzu kommt die Resonanzbedingung, die erfüllt sein muss. Da aber jeder Mensch andere Resonanzen aufbaut, sind gemutete Ergebnisse von Dritten häufig nicht reproduzierbar. Aus dieser besonderen Schwierigkeit kann jedoch nicht der Schluss gezogen werden, das Phänomen sei nicht existent und Radiästhesie sei keine Wissenschaft. Reihenuntersuchungen und statistische Auswertungen führen hier jedenfalls nicht weiter. Es sind immer nur einzelne begabte Rutengeher, die über geradezu phantastische Fähigkeiten verfügen und mit großer Treffsicherheit Wasser, Erze und sogar Erdöl finden.
Mit dem Erspüren eines physikalischen Phänomens fängt es meistens an. Der Kulturmensch pflegt seine Entdeckung als Kult, während der moderne Mensch, von dem Wunsch nach Reproduzierbarkeit und mehr Objektivität geleitet, bemüht ist, ein technisches Messwerk zu konstruieren und zu bauen. In Hinblick auf die Skalarwelle im Allgemeinen und die Radiästhesie im Speziellen sind wir noch im Stadium der Steinzeit.

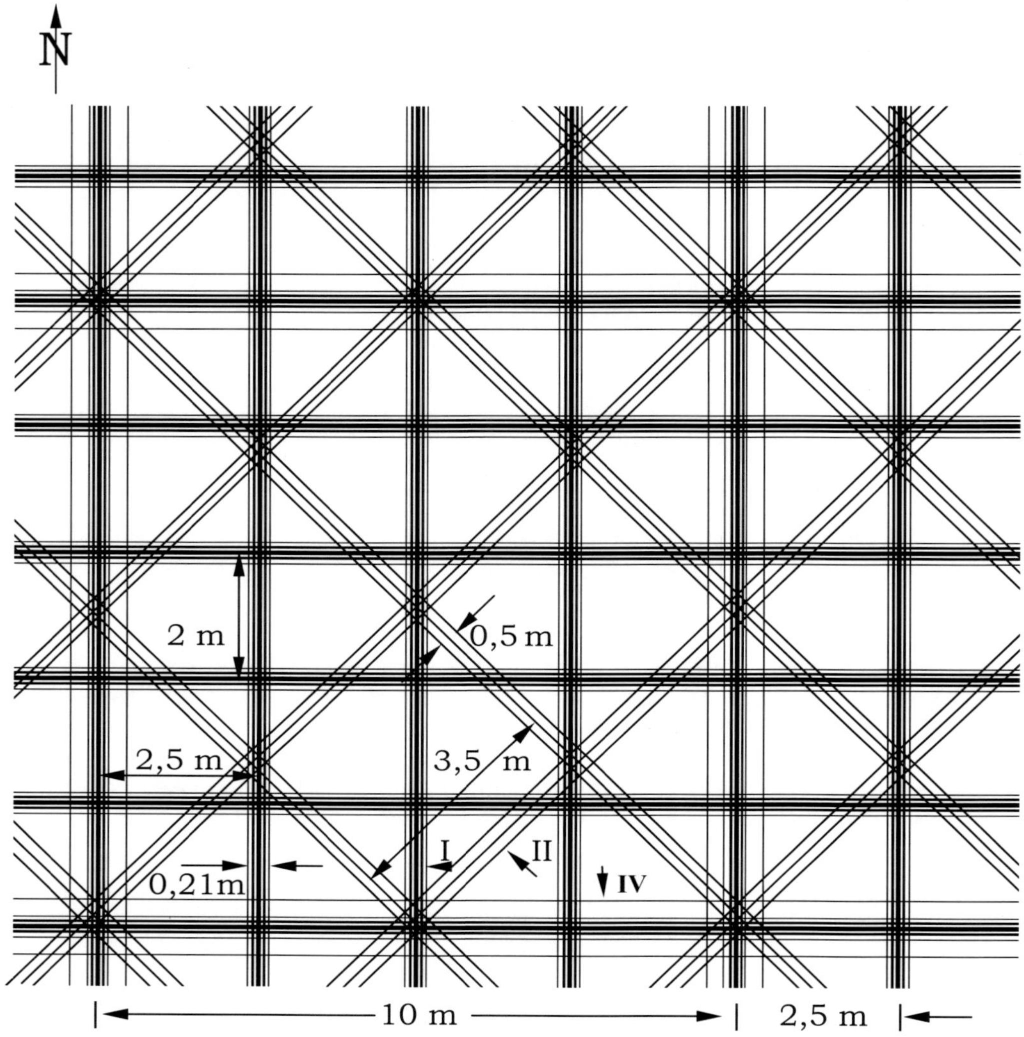


Tafel 23.4: Auf dem 49. Breitengrad gemutete Gitternetze.<i>

I. Gitter: „Globalgitter" nach Dr. E. Hartmann; Ausrichtung: N - S: 2 m Abstand und O - W: 2,5 m Abstand

II. Gitter: „Diagonalgitter" nach Dr. M. Curry; Ausrichtung: NO - SW und NW - SO: 3,54 m = 2,5 m $\cdot\sqrt{2}$

[III. Gitter: „Blitzgitter" nach R. Schneider; Ausrichtung wie I.]

[IV. Gitter nach Benker; wie I. aber: N - S: 10 m und O - W: 10 m]

[V. Sonnen-/Planetengitter nach W. Auer; mit 3,66 m Rtg. S./P.]

Nach Prof. E.G.Hensch u.a.:

<i>: Hensch: Radiaesthesie im ländlichen Bauen und Siedeln, Arbeitskreis zur Landentwicklung in Hessen, W4, Wiesbaden 1987; bzw.:
W. Auer: Erdstrahlen?... AWGEO 199, Eigenverlag 1998; bzw.:
Mayer/Winklbaur: Biostrahlen, 5. Aufl. ORAC Verlag, Wien 1989, Seite 168

## 23.4 Erdbebenvorhersage mit Hilfe von Skalarwellen

Der Stehwellencharakter der Erdstrahlung ist eine Hilfe. Gemutet werden Punkte und Linien maximaler Strahlenintensität, die die ganze Welt umspannende Gitternetze ausbilden. Einerseits haben wir es mit einem in Nord-Süd- und Ost-West-Richtung orientierten Netz (Hartmanngitter) zu tun und andererseits mit einem dazu unter 45° stehenden Diagonalnetz (Currygitter). Da sich der Winkel von 45° als Grenzwinkel aus einer Wirbelfeldberechnung ableiten lässt[<ii>], habe ich schon frühzeitig darauf hingewiesen, dass es sich hier vermutlich um ein Wirbelphänomen handelt[<iii>].
Da die Gitternetze zudem in Luft gemutet werden, müssen es Wirbel des elektrischen Feldes, sog. Potentialwirbel sein[<iii>], die hier regelmäßige Strukturen bilden. Die Entstehung von Wirbellinien und ganzen Wirbelstraßen (Kapitel 4.9), die aus unzähligen einzelnen Wirbeln zusammengesetzt sind, lässt sich folgendermaßen erklären:
Elektrische Skalarwellen breiten sich in Richtung der elektrischen Feldstärke aus und vermitteln nebenbei Feldwirbel, z.B. die Neutrinos. Trägt zu einem bestimmten Zeitpunkt der Sender eine Plus- und der Empfänger eine Minus-Ladung, werden all die Teilchen vom Sender abgestoßen und vom Empfänger angezogen, der positiv geladen ist. Alle Teilchen laufen zur gleichen Zeit auf das gleiche Ziel zu, obwohl alle vermittelten Teilchen die gleiche Ladung tragen und sie sich untereinander abstoßen! Diese Unverträglichkeit lässt sich teilweise kompensieren, indem die Wirbel umeinander drehen. Darin ist die Ursache für die Strukturbildung zu sehen, die Entstehung von irgendwelchen Linien in der Landschaft (Tafel 23.3). Die Abstände zwischen den Linien haben charakteristische Werte, die Rückschlüsse auf die Wellenlänge der Stehwellen zulassen. Es ist wohl davon auszugehen, dass sie die Strukturbildung vorgeben und sich die räumliche Wirbelverteilung nach den Bäuchen und Knoten der jeweiligen Stehwelle ausrichtet. Der Abstand zwischen den Linien, der halben Wellenlänge entsprechend, wird zum Nord- und zum Südpol der Erde hin immer kleiner, das Gitternetz immer enger. Auch soll sich das Netz vor einem Erdbeben stark verändern. Dies alles sind Hinweise auf die Herkunft der strukturbildenden Strahlung, dass die Ursache in der Erdstrahlung zu suchen ist.
Ganz am Rande sei angemerkt, dass mit Skalarwellendetektoren , die ständig die Gitternetze abtasten, eine genauso wirksame wie preiswerte Erdbebenvorhersage möglich sein sollte. Eine solche Einrichtung wäre für alle Erdbebenwarndienste eine ungeheure Erleichterung und Hilfe. Es sollte sogar eine Vorausbestimmung des zukünftigen Epizentrums möglich sein, wenn an möglichst vielen Stationen gleichzeitig gemessen wird und die jeweiligen Abweichungen verglichen werden.

Eine weitere Einflussgröße ist die Beschaffenheit des Untergrunds; z.B. beeinflussen Erze und Metalle die Erdstrahlung. Eine besondere Affinität zur Erdstrahlung zeigt Wasser. Es sammelt sie ein und gibt sie wieder gebündelt ab. Ursache ist die hohe Dielektrizität von Wasser ($\varepsilon \cong 80$), die wiederum die Ausbildung von Potentialwirbeln begünstigt[<i>].
Eine technische Nutzung dieses Effekts ist die Neutrinolyse (s. Tafel 17.6-17.8 und 18.1), die Spaltung von Wassermolekülen durch Neutrinos, wenn diese gerade den Zustand eines Elektrons einnehmen, Wasserstoff entweicht und der Sauerstoffgehalt im Wasser steigt. Zeigt sich ein Neutrino hingegen als Positron, zerstrahlt es und es entsteht ein Lichtblitz, der den „Fachleuten“ in Neutrinodetektoren heute als Nachweis dient.

<ii>: Meyl, K.: Wirbelströme, Dissertation Universität Stuttgart 1984

<iii>: Meyl, K.: Potentialwirbel Band 1, INDEL Verlagsabt. 1990

Spektroid des Strahlungsfeldes einer unterirdisch fließenden Wasserader (nach P. Schweizer)<i>:

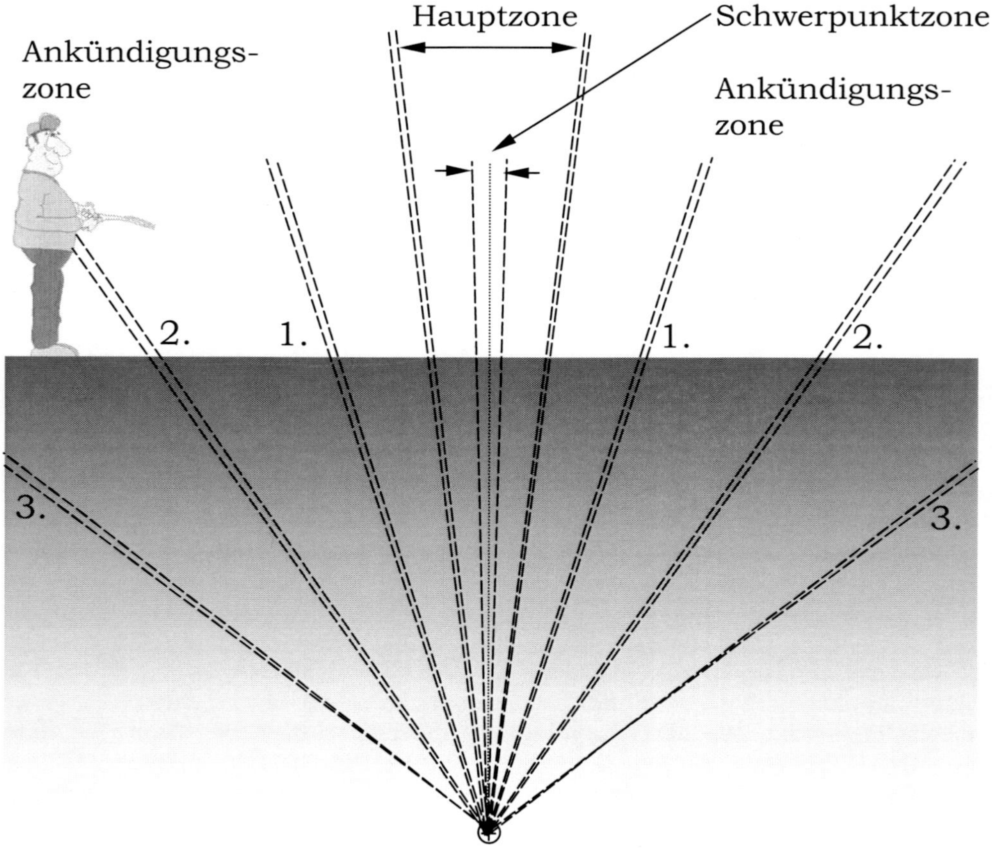


Unterirdisch fließendes Wasser,
Verwerfung, Spalte, Risse, Höhlen, etc.,
aber auch Erzadern, Erdöl, Kohle, etc.

Tafel 23.5: Radiaesthetische Wassersuche,<i>
(Mutung der Erdstrahlung)

<i>: Lüdeling, Hartmut: Handbuch der Radiaesthesie, Verlag Eike Hensch 1994, S. 145, ISBN 3-927407-09-7.

## 23.5 Wassersuche mit Hilfe von Skalarwellen

Verwerfungen der Erdkruste führen zu Spalten und Rissen im Gestein, die sich häufig mit stehendem oder fließendem Wasser füllen. Durch die hohe Dielektrizität von Wasser werden Potentialwirbel der Erdstrahlung angezogen und in abgebremster und gebündelter Form wieder abgestrahlt. Auf der Erdoberfläche lässt sich das dort ankommende Gemisch unterschiedlichster Skalarwellen als Schwerpunktzone muten. Auf Grund des breiten Strahlungsspektrums sind die Resultate geübter Rutengänger in der Schwerpunktzone häufiger deckungsgleich.
Auf beiden Seiten entstehen zudem Spektroide, die als parallel verlaufende Wirbellinien gemutet werden. Da jede Oberwelle andere Linien erzeugt und jeder Rutengeher auf andere Resonanzen anspricht, ist ein hohes Können verlangt, wenn aus dem Abstand der sog. Ankündigungszonen auf die Wassertiefe geschlossen werden soll (Tafel 23.5). Einige Spezialisten geben neben dem Ort und der Tiefe auch noch die Schüttmenge und ggf. die Wasserqualität an. Sie werten dazu die Strahlungsintensität aus, aber bedauerlicherweise überschätzen viele nur zu oft ihre Fähigkeiten.

Nach den Gitternetzen und den Linien in der Landschaft haben schon die Auguren, die Landvermesser in der Römerzeit ihre Straßen und die Kastelle ausgerichtet. Noch heute finden sich bei Ausgrabungen immer neue Beweise über die zentrale Bedeutung des Stehwellencharakters von Skalarwellen (Tafel 16.10). Da jede Skalarwelle über die Wellengleichung auch mit einer Funkwelle verkoppelt auftritt, konnten Erdstrahlen ursprünglich konventionell mit Feldstärkemessgeräten aufgespürt werden. Doch die intensive Nutzung durch Radiostationen hat dazu geführt, dass vom Kurzwellenbereich auf den UKW-Bereich und weiter auf den UHF-Bereich ausgewichen werden musste. Es waren indirekte Messungen, die leicht gestört werden konnten.
Heute arbeiten Geologen bei der Wassersuche mit Längstwellenscannern in einem Bereich zwischen 15 und 30 KHz. Sie werten die von U-Boot-Sendern abgestrahlten Signale aus, da diese von wasserführenden Schichten angezogen und verstärkt werden.
Versuche werden auch mit Rauschempfängern oder ungenutzten breitbandigen Fernsehkanälen gemacht. Andere werten Einflüsse der Erdstrahlung auf das Magnetfeld der Erde aus, doch ist bei der Methode die Aussagekraft umstritten.
Wieder andere laufen eine Strecke mit einem Szintillationszähler ab und messen ein inverses Profil, d.h. an den Stellen maximaler Erdstrahlung wird ein Minimum an Gammastrahlung gemessen. Dieser verblüffende Zusammenhang kann nur dahingehend gedeutet werden, dass der natürliche radioaktive Zerfall an diesen Stellen beschleunigt erfolgt. Das beweist:
1. dass Erdstrahlung Radioaktivität freisetzt und überhaupt erst verursacht (Kap.17.1 ff).
2. dass es sich bei Erdstrahlung tatsächlich um abgebremste Neutrinostrahlung handelt.
Aber auch dieses Verfahren arbeitet indirekt. Es funktioniert nur im Freien und auch nur bei unberührter Natur, die irgendwann einmal mit einer gleichmäßigen Schicht von radioaktivem Staub überzogen wurde. Durch Bebauung oder Bepflanzung wird die „radioaktive Schicht“ sehr häufig verändert und durchmischt, woraufhin das messbare Profil kaum noch Rückschlüsse zulässt.
Bei derartigen indirekten Messverfahren, bei denen die Messgröße in einem nicht näher bekannten Zusammenhang zu der interessierenden Skalarwelle steht, ist generell Vorsicht geboten. Zu gern wird in einer großartigen 3-D-Graphik der magnetischen Feldstärke oder der Radioaktivitätsverteilung eine Botschaft gesehen, die viel profanere Ursachen hat.

Luftlecherantenne nach W. Busscher[iii]:

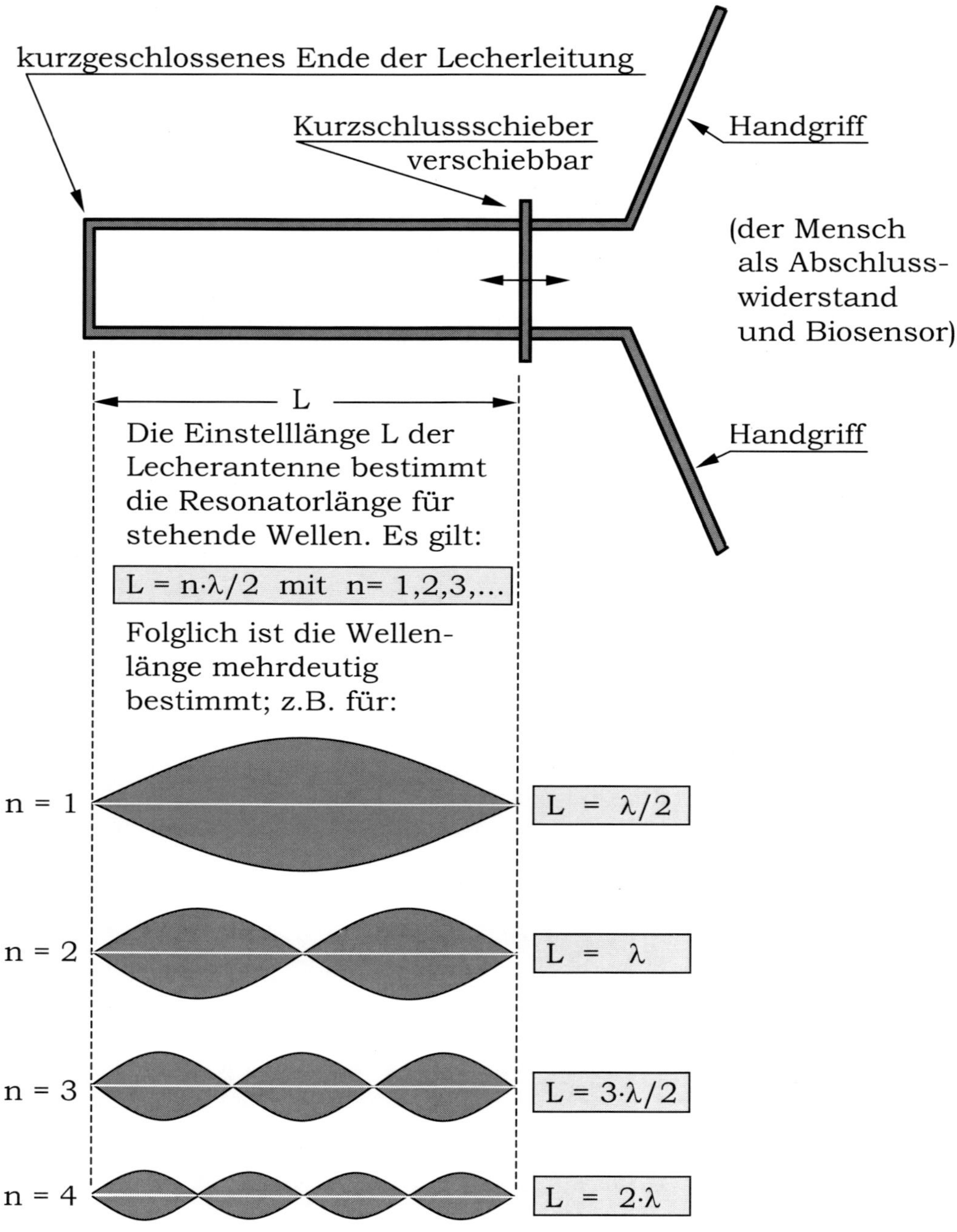


Tafel 23.6: Lecherleitung als Skalarwellenantenne.

Nachzulesen bei Prof. Dr. Ing. Christof Rohrbach:

<iii>: Rohrbach: Radiästhesie, Physikalische Grundlagen und Anwendung in Geobiologie und Medizin, Haug Verlag Heidelberg 1996, Seite 100.

## 23.6 Skalarwellenempfang mit der Lecherantenne

Bei technischen Messgeräten ist es üblich, die Frequenzeinstellung zu verändern. Dazu wird die Kapazität eines Kondensators variiert, der Teil eines Schwingkreises ist. Diese Technik ist mit den heute verfügbaren Bauelementen einfach zu realisieren. Dagegen arbeiten wir Menschen als biologische Systeme vorrangig mit einer Variation der Wellenlänge. In diesem Fall verhält sich (nach Gl. 22.1) die Frequenz direkt proportional zur Ausbreitungsgeschwindigkeit.
So liefern beispielsweise radiästhetische Mutungen Anhaltspunkte für die Wellenlänge. Die Frequenz hingegen kann nicht angegeben werden, da diese mit der Ausbreitungsgeschwindigkeit mitschwingt und für das entstehende Rauschsignal derzeit noch keine Auswertemöglichkeit existiert. Es gibt keine elektronischen Bauelemente zu kaufen, die wie eine Körperzelle zu Längenschwingungen fähig wäre. Eine Ausnahme bilden Schwingquarze und Piezoelemente, auf deren Basis ***Skalarwellendetektoren*** aufgebaut werden könnten.

In Anlehnung an die Lecherleitung sind verschiedene Formen von abstimmbaren ***Lecherantennen*** entwickelt worden, die zum Muten eingesetzt werden. Eine derartige, streng nach den Regeln der Hochfrequenztechnik entwickelte Rahmenantenne stammt von W. Busscher (Tafel 23.6)[<i>]. Mit dem Kurzschlussschieber wird eine in sich geschlossene Antennenschleife im oberen Teil auf die halbe Wellenlänge oder ein ganzzahliges Vielfaches davon eingestellt ($L = n \cdot \lambda/2$ mit $n = 1,2,3...$). Den Abschlusswiderstand für die angekoppelte Antennenschleife bildet der Mensch, der die Lecherantenne mit beiden Händen hält. Gleichzeitig verhindert er durch Dämpfung der Lecherleitung, dass eine Rückwirkung auf den abgestimmten Resonanzkreis erfolgt. Der Sinn dieser Anordnung besteht darin, dass der Mensch als „Biosensor" erspüren soll, wenn sich stehende Wellen in der Lecherantenne ausbilden, die ich als Wirbel bezeichne.
Eine Abwandlung der Luftlecherantenne ist die Lecherrute nach R. Schneider[<ii>]. Hergestellt wird sie als geätzte Platine, die eine Dielektrizität von ca. 4 aufweist. Die Ausbreitungsgeschwindigkeit und die Wellenlänge sind als Folge nur noch halb so groß. Zudem wird ein von der Bauart der Lecherrute abhängiger Verkürzungsfaktor V eingeführt[<iii>] ($L' = V \cdot n \cdot \lambda/4$ mit $V = 0{,}952$ und $n = 1,2,3...$).
Auf Tafel 23.7 sind einige veröffentlichte Einstellwerte zusammengestellt. Die Werte sind in Ermangelung entsprechender technischer Messgeräte zwar noch unbestätigt, aber sie gewähren einen gewissen Einblick in die Welt der Skalarwellen, wie sie von Wasser, von Metallen, von Erdöl oder gar von anderen Planeten, von Sonne und Mond beeinflusst und abgestrahlt werden.
Dabei bleiben einige Fragen offen: Wir wissen nicht, ob die entsprechende Wellenlänge die Grundwelle oder nur eine m-te Oberwelle betrifft. Die Angaben sind nicht nur unsicher, sie sind obendrein auch noch vieldeutig. Sind jedoch mehrere Einstellwerte L' vorhanden, bei denen Resonanz auftritt, dann kann ggf. ein ganzzahliger Teiler gesucht und die Wellenlänge bestimmt werden. Das funktioniert aber nicht immer.

---

<i>: Will Busscher: Die Luft-Lecher-Leitung als Wünschelrute. Eine Methode um die Wellenlängen zu bestimmen. Wetter-Boden-Mensch 3/1991, Seite 46-57.

<ii>: R. Schneider: Einführung in die Radiästhesie Teil II: Leitfaden und Lehrkurs ..., Oktogon-Verlag, Wertheim, 2. Aufl. (1984) S. 136.

<iii>: Rohrbach: Radiästhesie, Physikalische Grundlagen und Anwendung in Geobiologie und Medizin, Haug Verlag Heidelberg 1996, Seite 100.

| Vermutete Wellenlänge λ der gesendeten Skalarwellenstrahlung in [cm] | | |
|---|---|---|
| λ | von: | (mit den unterschiedlichen Einstellwerten L´) |
| 32 | Wasser | (L´ = 15,5$_{n/m=2}$; 10,8$_{4/3}$; 7,8$_{n/m=1}$; 3,1$_{2/5}$) |
| 18 | Verwerfung | (L´ = 12,9$_{n/m=3}$; 8,65$_{n/m=2}$; 4,3$_{n/m=1}$) |
| 13,6 | Gitter I<br>4 m = 16 x 25 cm<br>5 m = 20 x 25 cm | (L´ = 12,2$_{n/m=4}$; 9,6$_{3}$; 6,1$_{n/m=2}$; 3,05$_{n/m=1}$;<br>(N-S-Richtung) 1,7$_{n/m=1/2}$)<br>(O-W-Richtung) |
| 14,7 | Gitter II<br>7,08 m = 30 x 23,6 cm | (L´ = 11,4$_{n/m=3}$; 6,9$_{n/m=2}$; 3,5$_{n/m=1}$; 2,2$_{2/3}$)<br>(NO-SW + NW-SO-Richtung) |
| 13,2 | Gitter III | (12,6$_{4}$; 9,4$_{n/m=3}$; 8,2$_{5/2}$; 6,15$_{2}$; 4,1$_{4/3}$; 2$_{2/3}$) |
| 16,4 | Radon | (L´ = 7,8$_{n/m = 2}$) |
| 28,6 | Erdöl | (L´ = 13,5 bis 13,8$_{n/m = 2}$; 3,3 bis 3,5$_{1/2}$) |
| 17,2 | Gold | (L´ = 8,2$_{n/m = 2}$; 4,1$_{n/m=1}$; 2$_{n/m=1/2}$) |
| 13,9 | Silber | (L´ = 6,6$_{n/m = 2}$; 3,2-3,3$_{n/m=1}$; 1,6$_{n/m=1/2}$) |
| 7,20 | Quarz | (6,9$_{4}$; 4,1$_{5/2}$; 3,85$_{9/4}$; 2,9$_{5/3}$; 2,5$_{3/2}$; 2,2$_{5/4}$) |
| 4,35 | Sonne | (L´ = 4,15$_{n/m = 4}$) |
| 15,3 | Mond | (3,65$_{n/m = 1}$, thermische Spektrallinien: 11; 21 cm) |
| 4,25 | Mars | (4,05$_{n/m = 4}$, thermische Spektrallinie bei 3,14 cm) |
| 4,90 | Jupiter | (4,65$_{n/m = 4}$, therm. Spektrallinien: 3; 3,2; 3,3 cm) |
| 5,36 | Saturn | (5,1$_{n/m = 4}$, thermische Spektrallinie bei: 3,45 cm) |

Tafel 23.7: Angaben unbestätigter Wellenlängen<i>.
(abgeleitet aus Einstellwerten einer Lecherantenne
$L' = V \cdot \lambda \cdot n / 4 \cdot m$ mit V = 0,952
und n = 1,2,3... für λ/4, λ/2, 3λ/4, λ, ...
und m = 1,2,3... für 1. die Grundwelle
und die daraus abgeleitete 2., 3., ... Oberwelle)

nach:

<i>: Lüdeling, Hartmut: Handbuch der Radiaesthesie, Verlag Eike Hensch 1994, S. 161 ff. Der Verfasser (Dipl. Ing. Wasserbau) gibt den Hinweis: „Die Werte sind empirisch von verschiedenen Personen ermittelt worden und konnten überwiegend vom Verfasser und seinen Mitarbeitern bestätigt werden. Bedingt durch unterschiedliche Mutungsverfahren können jedoch immer Abweichungen auftreten. Jeder Wert sollte deshalb immer durch eigene Messungen überprüft werden.“

## 23.7 Zuordnung nach der Wellenlänge

Wie gesagt, das Verfahren der Wellenlängenbestimmung auf dem Weg über die Lecherantenne ist mehrdeutig und unzuverlässig. So soll Wasser die doppelt so große Wellenlänge haben, wie eine Verwerfung. Da sich aber in Verwerfungen häufig Wasser sammelt oder unterirdisch fließt, ist der Verdacht berechtigt, dass hier $\lambda/2$ angenommen wurde, wo in Wirklichkeit die volle Wellenlänge $\lambda$ wirkt.
Der Rest der Tabelle ist danach mit der gleichen Skepsis zu betrachten. Trotzdem ist die Tabelle nicht ganz uninteressant, da sie auf gewisse Tendenzen hinweist und Anhaltspunkte zu liefern vermag, die bei der systematischen Erforschung von Skalarwellen gegebenenfalls eine Orientierungshilfe darstellen können.
Bei den Planeten fällt auf, dass die Lecherleitung auf Werte anspricht, die mit den jeweiligen thermischen Spektrallinien korrelieren. Wenn sich letztere mit c ausbreiten, und es sich tatsächlich um die gleiche Ursache handeln sollte, die Frequenz also identisch sein sollte, dann würden die Planeten Skalarwellen abstrahlen, die schneller sind als das Licht. Beim Mars wäre die 1,35-fache Lichtgeschwindigkeit c vorhanden, beim Saturn die 1,55-fache und beim Jupiter würden die Werte zwischen 1,46c und 1,63c liegen. Beim Mond werden zwei thermische Spektrallinien gemessen, die einerseits 1,39c und andererseits 0,73c ergeben. An dieser Stelle sind noch reichlich Forschungsaufgaben zu lösen.

Bei Skalarwellen ist die Wellenlänge die wichtigste Bezugsgröße. Die Frequenz hingegen variiert ständig, was in der Elektrotechnik als Rauschen bezeichnet wird. Das wieder hängt damit zusammen, dass Frequenz und Ausbreitungsgeschwindigkeit schwingen, so dass jeweils lediglich ein mittlerer Wert angegeben werden kann. Der aber ist kaum zu messen, was die Zuordnung wiederum erschwert. So sind wir noch nicht in der Lage, die Tabellenwerte aus Tafel 23.7 in das Frequenzdiagramm von Tafel 23.1 einzutragen.

Ein technisches Messgerät für Skalarwellen ist erforderlich. Eine praktische Lösung könnte wie folgt aussehen: Ein in Frequenz und Wellenlänge durchstimmbarer Rauschsender arbeitet auf einen mitgeführten Rauschempfänger. Die Anordnung kommt damit der Tesla-Übertragungsstrecke für Skalarwellen sehr nahe. Trifft das gesendete Rauschsignal auf ein gleiches in der Umgebung, kommt es zur Überlagerung, die beim Empfänger eine Änderung des Anzeigewerts verursacht. Ob es dabei zu einer Subtraktion (Auslöschung) der Signale oder zu einer Addition (Verstärkung) kommt, ist unerheblich.
Jedenfalls sind mit dieser Anordnung Aussagen über Frequenz, Wellenlänge, Ausbreitungsgeschwindigkeit und über die Amplitude des abgetasteten Signals möglich, ohne dabei Energie abzuziehen und das Signal zu belasten<i>. Mit einem solchen Messgerät ließen sich ortsabhängige Strahlungsverhältnisse genauso messen, wie technische Geräte auf die abgestrahlten Skalarwellenanteile überprüfen (Tafel 24.1).
Ein wichtiger Einsatz wäre darüber hinaus in der medizinischen Diagnostik gegeben. Jedes Lebewesen „rauscht", würde der Techniker sagen. Es „strahlt Skalarwellen ab", würde ich sagen, während dem allgemeinen Sprachgebrauch folgend von der „Aura des Menschen" die Rede ist. Den meisten Ärzten und Therapeuten ist der Wert einer Auradiagnose noch völlig unbekannt, zumal das Abtasten der Aura derzeit nur durch Mutung möglich ist. Der Patient erwartet aber, dass ein Arzt mit einem technischen Messgerät arbeitet und nicht mit einer Wünschelrute!

---

<i>: Erste Experimente, die ich mit Studenten im Labor durchgeführt habe, sehen vielversprechend aus. Leider ruhen die Arbeiten z.Zt. aus Geldmangel.

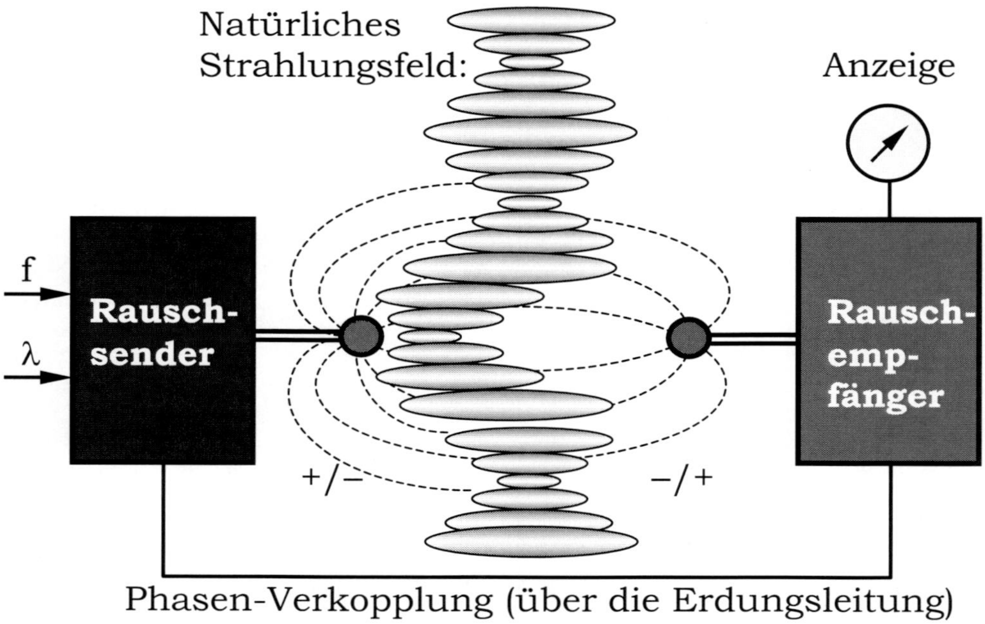


Tafel 24.1: Konzept für ein Skalarwellen-Nachweisgerät

# 24. Schwingungsmedizin

## 24.1 Informationsvermittlung mit Hilfe von Skalarwellen

Weicht bei dem besprochenen Skalarwellenmessgerät das gesendete Vergleichssignal zudem von der Sinusform ab, wird das Signal in irgend einer Weise moduliert, dann ist sogar die Übertragung von Information über das Rauschen als Skalarwelle realisierbar. Nehmen wir als Beispiel nochmals die Aura des Menschen, die mehr ist als nur irgendein Strahlungsfeld. Sie trägt Information beispielsweise über den Gesundheitszustand des Menschen. Die Kirlianphotographie ist eine Form der Sichtbarmachung (Tafel 3.6).
Nicht nur das zentrale Nervensystem von Gehirn und Rückenmark arbeiten mit Skalarwellen. Der Mensch korrespondiert auf diese Weise auch mit seinen Mitmenschen, der eine weniger, der andere mehr. Es gibt Menschen mit einer „Ausstrahlung“ und das ist im wahrsten Sinne des Wortes zu verstehen. Demgegenüber sind andere mehr „Empfängertypen“, die mehr Skalarwellenstrahlung aufnehmen als sie abgeben. Da sie aber nicht nur positive Strahlungsenergie aufnehmen, sind sie auch empfänglich für krankmachende Information. Daher ist ein gesunder Ausgleich im Austausch von Gedanken, Gefühlen und den unterschiedlichen Formen der Skalarwellen sehr wichtig. Das alles spiegelt sich in der Aura des Menschen wieder. Sind wir technisch in der Lage, die Aura des Menschen abzutasten, kann dies ein Segen für die Menschheit und für die Volksgesundheit sein.

Es darf aber auch der mögliche Missbrauch nicht übersehen werden. Wertneutrale Forschungsergebnisse, die zum Nutzen der Menschen einsetzbar sind, lassen sich in vielen Fällen auch genauso gut zu ihrem Schaden verwenden.
Ein Wandler zwischen diesen beiden Welten ist der russische Psychologe Prof. Smirnov, der öffentlich im Fernsehen vorgeführt hat, wie ein gesprochener Satz mit Hilfe eines Computerprogramms in ein Rauschsignal umgewandelt werden kann, das vom Gehirn direkt als Information aufgenommen wird[<i>]. Er ist damit in der Lage, Personen „aufzuweichen“, wie er sagt. Er kann auf diesem Weg Soldaten die Angst vor einem Kampfeinsatz nehmen und Rauschgiftsüchtigen ihre Krankheit unblutig herausoperieren. In dem Fernsehfilm wird eine derartige „Operation am offenen Unterbewusstsein“ life vorgeführt. Der Patient hört das Rauschsignal über Kopfhörer und ist bereits nach wenigen Minuten Behandlungszeit geheilt.
Wir geraten hier in den Bereich ethischer und moralischer Probleme der Skalarwellenforschung, die aber nicht dadurch gelöst werden, dass wir wegsehen und das Feld anderen überlassen. Nach den Worten von Prof. Smirnov ist das einzige, was den Forscher bremsen kann, seine eigene Moral. Mehr sagt er nicht und das ist nicht gerade beruhigend!
Man arbeitet hier mit „Schall-ähnlichen Signalen“, heißt es in dem Bericht des Zweiten Deutschen Fernsehens[<i>], mit Longitudinalwellen also, und das zeigt, dass über Skalarwellen bereits mehr Kenntnisse vorhanden sind, als der breiten Öffentlichkeit allgemein bekannt ist.
Ein anderer Weg führt über die Bioresonanz. Auch hier steht zunächst die Möglichkeit und Chance, Krankheiten zu heilen, im Vordergrund. Die Bioresonanz ist ein zentrales Hilfsmittel in dem an Bedeutung ständig zunehmenden Bereich der Schwingungsmedizin.

<i>: Die Zombies der roten Zaren (Besta Film Warschau im Auftrag d. ZDF 1998)

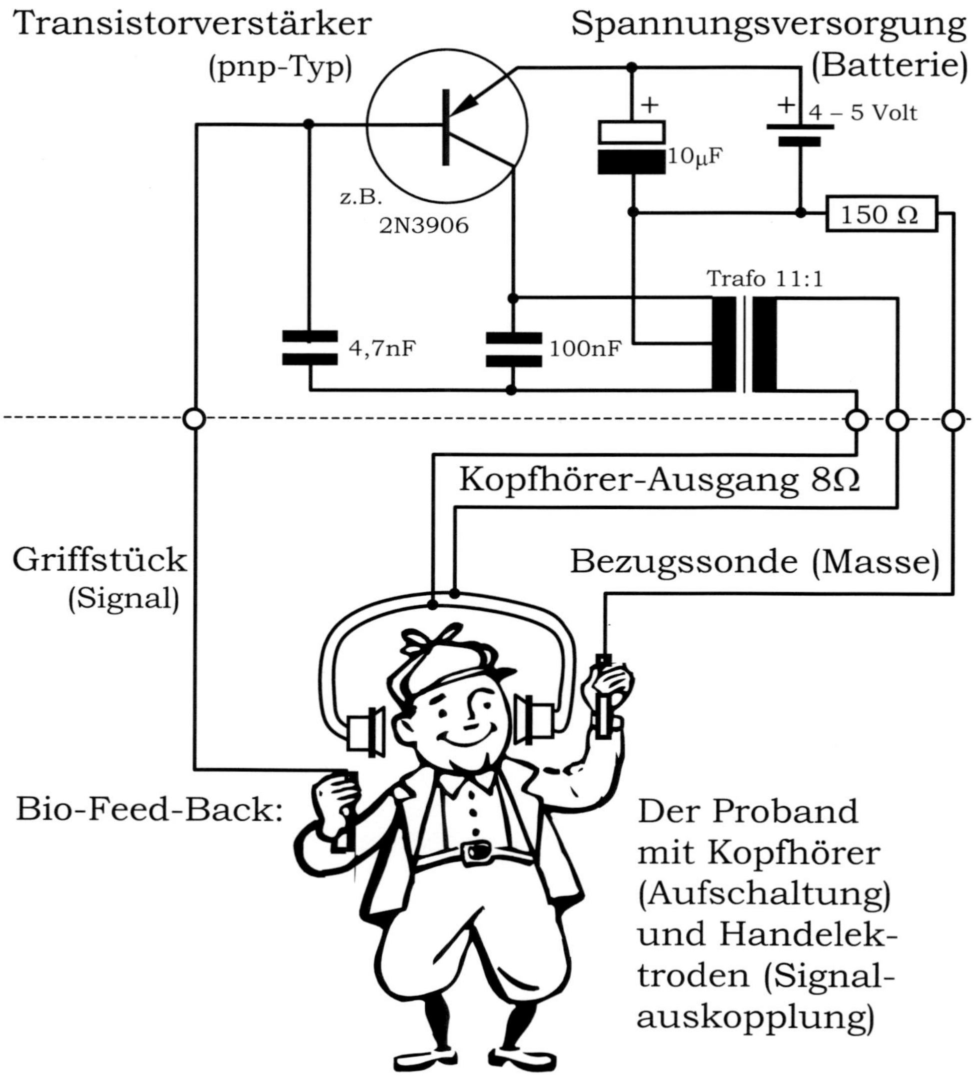


Tafel 24.2 A: Syncrometer-Schaltplan.<i>

<i>: Schaltplan entnommen aus: H. Clark: The Cure for All Cancers (1993) New Century Press, USA, dt.Übers.: Heilverfahren aller Krebsarten, Seite 434

<ii>: Flanagan: Hören mit der Haut anstatt mit den Ohren, Sonnenwind 1/97, S.13-17.

s.a.: N.Begich: Towards A New Alchemy, The Millenium Science, Earthpulse Press 1996, dt. Übers.: Auf den Spuren einer neuen Alchemie, Omega-Verlag 1997

<iii>: Dr. Bodo Köhler: Biophysikalische Informations-Therapie, Gustav Fischer Verlag (1997), Kap. 11.6 Der individuelle Grundton, S. 239 ff.

s.a.: Dr. Bodo Köhler: Die bipolare Farb-Ton-Therapie, CO´Med 2/2000, S.10 - 15

## 24.2 Positiv rückgekoppelte Systeme

Das Schwingungsfeld des Menschen ist leicht beeinflussbar, da es sich um ein Wirbelfeld handelt. Eine technische Messung mit den derzeit verfügbaren Geräten ist nahezu unmöglich und höchst ungenau. Es besteht aber die Möglichkeit, Elektroden anzulegen und den Probanden in den Schaltkreis mit einem technischen Gerät einzubinden. Beide bilden ein rückgekoppeltes System mit dem Menschen in der Rückführschleife. Der Betrieb kann auf zweierlei Art erfolgen, je nach Vorzeichen der Rückführung (Tafel 24.3):
Bei positivem Vorzeichen handelt es sich um eine ***Mitkopplung***. In diesem Fall addieren sich die vom Menschen abgegebenen Signale auf. Darum reichen bereits minimale Amplituden aus, um im Resonanzfall heftige Reaktionen hervorzurufen. Damit Resonanz eintritt, muss das System entweder selbständig die passende Frequenz und Phasenlage suchen, oder der Therapeut sucht die Resonanzpunkte.

### 24.2.1 Das Syncrometer.

Ein selbständig arbeitendes System ist z.B. das ***Syncrometer***. Über zwei Elektroden, die mit den Händen gehalten werden oder direkt am Kopf angebracht sind, wird das vom Menschen abgestrahlte Rauschsignal abgegriffen und einem breitbandigen Verstärker zugeführt. Das verstärkte Signal wiederum hört der Proband über Kopfhörer, so dass der Kreis geschlossen ist.
Scheinbar unspezifisch und dennoch reproduzierbar treten im Betrieb bestimmte, zu einer Resonanz befähigte Signale stärker hervor, indem sie sich verstärken und aufschaukeln. Die Aura beginnt sich aufzuweiten. Mit den Worten eines Strahlenfühligen ausgedrückt, erhöht sich der sogenannte Reaktionsabstand. Darunter versteht er die Entfernung zur Rauschquelle, in der er eine erste Rutenreaktion feststellt.
Der Proband erhöht jetzt seine eigene Ausstrahlung, so lässt sich dieses Verfahren beurteilen. Indem er seine Ausstrahlungskraft stärkt, arbeitet er mehr als Sender und weniger als Empfänger für Skalarwellen. In letzterem Punkt scheint der therapeutische Nutzen zu liegen, denn dadurch kann der Patient Resonanzen zu irgendwelchen unliebsamen Personen oder zu technischen Sendern, die ihn belasten, loswerden. Das Gerät wird folglich auch als Gegenmittel oder Schutz gegen Elektrosmog angepriesen.
Das verstärkte Signal kann auch anstelle der Kopfhörer direkt über die Haut eingekoppelt werden, und dennoch „gehört" werden. Die Berichte reichen von harmonisierender und ausgleichender Wirkung bis zu „elektronischer Telepathie" und rauschähnlichen Zuständen des Probanden[<ii>].

### 24.2.2 Die Tontherapie.

Die gesteuerte Variante dieses Verfahrens ist beispielsweise die ***Tontherapie***. Jetzt stammen die Töne, die der Patient über Kopfhörer aufnimmt, nicht von ihm selber, sondern aus einem Tongenerator. Der Therapeut geht die Tonleiter durch und versucht herauszufinden, bei welchem Ton die Aura aufschwingt. Ist die Eigenfrequenz gefunden, kann sich der Patient selber therapieren, indem er immer wieder seinen Eigenton spielt oder summt[<iii>].
Es geht an dieser Stelle im Übrigen nur um eine physikalische Erklärung zu den Wirkmechanismen derartiger, in der alternativen Medizin in steigendem Maße angebotenen Verfahren und nicht darum, ob und in welchem Umfang das gesteckte Ziel auch erreicht wird und Heilungserfolge tatsächlich möglich sind.

| **Ton** gleichschwebend | **Frequenz** [Hz] | **Wellenl.** [cm] | **Farbe** | **Wellenlänge** [nm] |
|---|---|---|---|---|
| Fis´´ | 740 | 46,4 | (Purpur) | - |
| F´´ | 698 | 49,1 | (Rotviolett) | - |
| E´´ | 659 | 52,0 | (Violett) | - |
| Dis´´ | 622 | 55,1 | Indigo | 421 |
| D´´ | 587 | 58,4 | Blau | 446 |
| Cis´´ | 554 | 61,9 | Türkis | 472 |
| C´´ | 523 | 65,6 | Grün | 500 |
| H´ | 494 | 69,5 | Gelbgrün | 530 |
| Ais´ | 466 | 73,6 | Gelb | 562 |
| A´ Kammerton | 440 | 78,0 | Orange | 595 |
| Gis´ | 415 | 82,6 | Orangerot | 630 |
| G´ | 392 | 87,5 | Rot | 668 |

Tafel 24.2 B: Tonleiter der Farbskala.<i>

| **Farbe** | **Chakra** | **Sinnesorgan** | **Planeten-Typ** |
|---|---|---|---|
| Purpur | 7. (Kronench.) | Epiphyse | Jupiter |
| Indigo | 6. (Stirnchakra) | Hypophyse | Saturn |
| Blau | 5. (Kehlkopfch.) | Hören | Mars |
| Grün | 4. (Herzchakra) | Tasten | Sonne |
| Gelb | 3. (Solarplexus) | Sehen | |
| Orange | 2. (Sakralch.) | Schmecken | Venus |
| Rot | 1. (Wurzelch.) | Riechen | Mond |

Tafel 24.2 C: Zuordnung von Farben zu Chakren u. Planeten.<i>

| **Farbe** | | **Metalle** | **Edelsteine (Auswahl):** |
|---|---|---|---|
| Purpur | 7. | Zinn | Amethyst, Fluorit |
| Indigo | 6. | Blei | Indigo-Saphir, Azurit |
| Blau | 5. | Eisen | Saphir, Lapislazuli |
| Grün | 4. | Gold | Smaragd, Malachit, Jade, gr.Turmalin |
| Gelb | 3. | | Topas, Bernstein, Zitrin |
| Orange | 2. | Kupfer | Karneol, Feueropal |
| Rot | 1. | Silber | Rubin, Koralle, Granat, roter Jaspis |

Tafel 24.2 D: Zuordnung zu einer Auswahl an Edelsteinen.<i>

<i>: Dr. Bodo Köhler: Biophysikalische Informations-Therapie, Gustav Fischer Verlag (1997), Kap. 11.6 Der individuelle Grundton, S. 190 – 194

### 24.2.3 Die Farbtherapie.

Analog zur Akustik lassen sich auch Farben jeweils einer Wellenlänge zuordnen. Auch hier lässt sich feststellen, dass jeder Mensch auf bestimmte Farben, sprich Wellenlängen, besonders reagiert, die seine Aura in resonante Schwingungen versetzen können. In der Praxis werden Ton- und Farbtherapie häufig gekoppelt eingesetzt[<i>]. Es gelingt mehr oder weniger sogar eine direkte Zuordnung. Das führt in letzter Konsequenz zu einer ***„Tonleiter der Farbskala“*** (Tafel 24.2 B)[<ii>]. Ein Patient, der auf eine bestimmte Farbe anspricht, soll nach Aussage der behandelnden Ärzte auch auf die entsprechenden Töne reagieren und umgekehrt.

### 24.2.4 Die Aromatherapie.

Wenn es demnach weniger darauf ankommt, ob Töne oder Farben verwendet werden, sondern die Wellenlänge einer Schwingung entscheidend ist, dann sollte auch über die restlichen Sinnesorgane eine Anregung möglich sein, z.B. über die Nase, die Zunge oder die Haut. Schließlich konnte der Geruch bereits als Wirbelinformation identifiziert werden (Tafel 9.0). Wohlgerüche natürlicher Essenzen können den Gemütszustand erheblich beeinflussen. Solange wir allerdings die dahinter stehende Physik noch nicht verstanden haben, sind wir technisch kaum in der Lage, äquivalente Wirbelmodulationen künstlich zu generieren.

### 24.2.5 Die Edelsteintherapie.

Schon die heilige Hildegard von Bingen (1098-1179) kannte und nutzte die heilsame Wirkung von Edelsteinen. Physikalischer Hintergrund auch dieser zunächst rein empirischen Therapieform sind die charakteristischen Eigenfrequenzen der Steine, die als Anregung über die Haut aufgenommen werden. Da Edelsteine i.d.R. ein Gemisch aus unterschiedlichen Molekülen darstellen, überlagern sich die Schwingungen in der Atomhülle. Überlagerungs- und Schwebungsfrequenzen mit Wellenlängen in biologisch relevanten Bereichen können auftreten. Es können sogar Modulationen entstehen, die informationstragend sind. Die Wirksamkeit ist wiederum an die Resonanzbedingung geknüpft, die zwischen dem Edelstein und seinem Träger erfüllt sein muss.

### 24.2.6 Meditation und Eigentherapie.

Es gibt sogar Menschen, die benötigen überhaupt kein technisches Hilfsmittel, um unliebsame Resonanzen loszuwerden. Die einen meditieren und gehen mit sich selber in Resonanz. Andere ziehen es vor eine Person zu lieben, zu der sie sich „hingezogen“ fühlen oder mit der sie „auf einer Wellenlänge“ liegen. Sie gehen mit dieser Person in Resonanz.

In der katholischen Kirche zum Beispiel dürfen die Priester nicht heiraten, da sie in einer Resonanz zur Kirche und zu Gott stehen sollen.

---

<i>: Dr. Bodo Köhler: Die Coloroma-Therapie, Der außergewöhnliche Einsatz von Aromen, Co´Med 4/2000, S. 48-52

<ii>: Cousto: Die kosmische Oktave, Synthesis Verlag Essen 1984

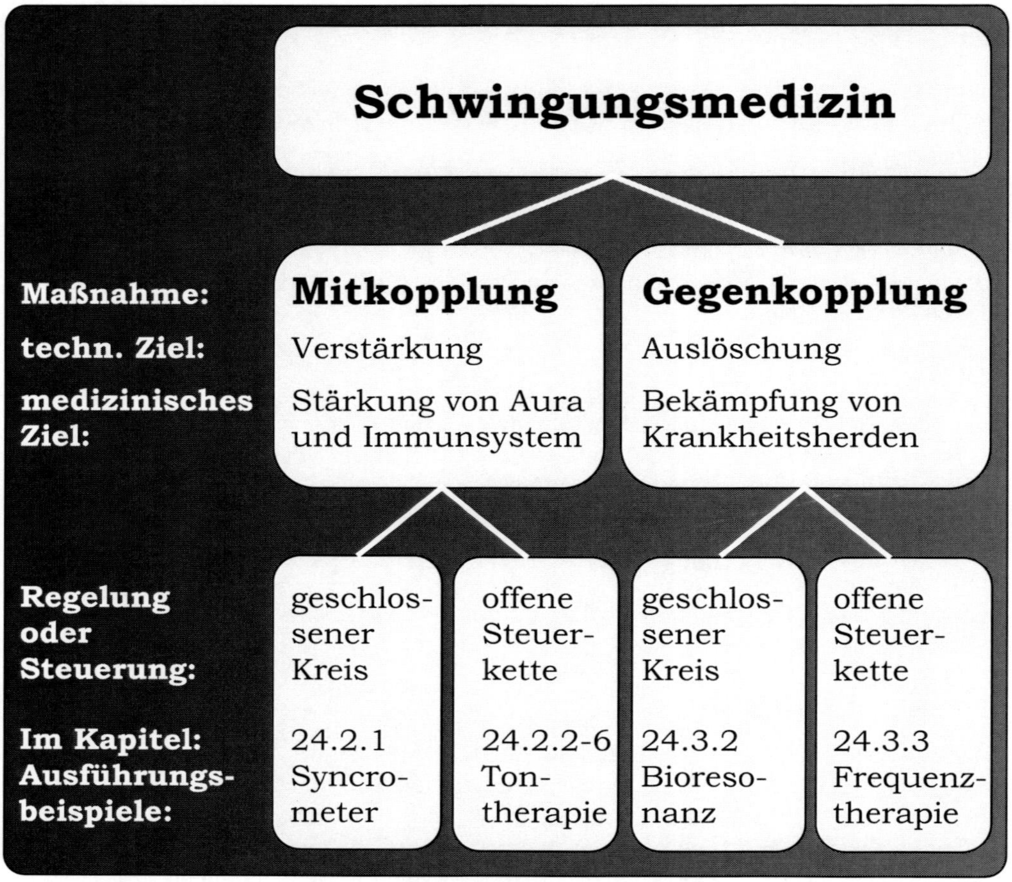


Tafel 24.3 A: Gliederung zur Schwingungsmedizin

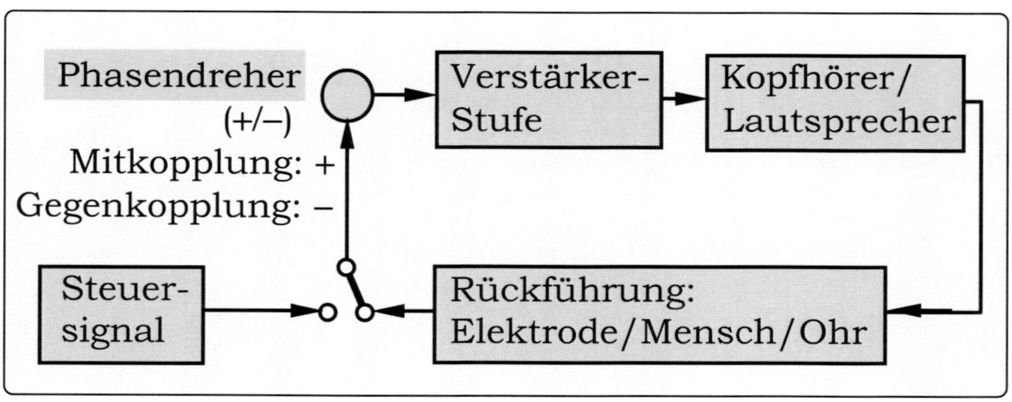


Tafel 24.3 B: Regelung oder Steuerung?
Mit- oder Gegenkopplung?

### 24.3 Gegengekoppelte Systeme

Bei negativem Vorzeichen handelt es sich um eine ***Gegenkopplung***. In diesem Fall subtrahieren sich die Signale. Die vom Menschen abgegebenen Signale werden ihm gegenphasig wieder aufgespielt. Dieses Verfahren ist das ursprüngliche Konzept der Bioresonanz gewesen, die sich allerdings im Laufe der Zeit weiterentwickelt und von den Wurzeln entfernt hat. An dieser Stelle wird nur das veraltete Originalkonzept besprochen.

#### 24.3.1 Die Homöopathie

Das ursprüngliche Konzept, das die Schwingungsmedizin bei der Bioresonanz verfolgt, geht in der Richtung, dass schädliche oder krankmachende Schwingungen ausgelöscht werden sollen. Nicht die unmittelbare, sondern eher die indirekte Stärkung des Immunsystems steht im Vordergrund, die durch eine Entlastung erreicht werden soll. Die Vorgehensweise verfolgt damit das gleiche Ziel wie die Pillenmedizin. An Substanzen gebundene Schwingungen werden dem Körper zugeführt und so die gewünschte Heilwirkung erzielt.
Nachteil der Verabreichung von Pillen ist die häufig toxische Wirkung der Trägersubstanz. Der deutsche Arzt Samuel Hahnemann (1755-1843) hat einen Weg aufgezeigt, der durch Verdünnen mit Wasser und durch Schütteln dazu führt, dass die für den Körper hilfreiche und wichtige Information von der Trägersubstanz auf das Wasser übergeht. Die Wassermoleküle schwingen jetzt im Takt der Trägermoleküle.
Interessanterweise geht dabei nicht einmal die Information verloren. Die Modulation bleibt erhalten. Durch ständiges Schütteln kommt es sogar zu einer Verstärkung oder zu einem „Potenzieren“, wie sich Hahnemann ausdrückte, da jetzt jedes Trägermolekül unzählige Wassermoleküle erreicht und moduliert, und so die informierte Wassermenge größer ist als die des ursprünglichen chemischen Substrats.

Bei der Homöopathie wird Gleiches mit Gleichem behandelt. Verursacht beispielsweise ein Gift bei einem Gesunden bestimmte Beschwerden, dann hilft in „homöopathischer“ Verabreichung diese Information einem Kranken mit ähnlichen Beschwerden. Es erfolgt also eine gegenphasige Störgrößenaufschaltung, wie sich der Ingenieur auszudrücken pflegt. Trotz einer weitverbreiteten Skepsis scheint das Verfahren der Homöopathie in der Tat zu funktionieren, und es hat sich in unzähligen Fällen bewährt.

#### 24.3.2 Die Bioresonanz

Eine technische Realisierung stellt die Bioresonanz dar. Dazu werden körpereigene Schwingungen über ein EKG (Elektrokardiogramm), ein EEG (Elektroenzephalogramm) oder ein MEG (Magnetoenzephalogramm) an der Oberfläche der Haut abgegriffen. Das technische Gerät dreht dann die Phase um 180 Grad und verstärkt das Signal in dem Maße, dass bei rückwärts gerichteter Einspeisung pathologische Frequenzen ausgelöscht werden. Dieses sehr einsichtige theoretische Konzept ist in der Praxis natürlich nur so leistungsfähig, wie die empirisch ermittelten pathologischen Frequenzen für eine Krankheit ursächlich sind und nicht nur ein unwichtiges Symptom als Begleiterscheinung darstellen.

Dazu gesellen sich technische Probleme. Prof. Heine macht die ständig wechselnde Reaktionsvielfalt und das thermische Rauschen dafür verantwortlich, dass das „Frequenzspektrum ständig fluktuiert“, wie er schreibt[i]. Dadurch ist die erforderliche Phasenumkehr kaum realisierbar. Wir wissen mittlerweile, dass Wirbel ein fluktuierendes

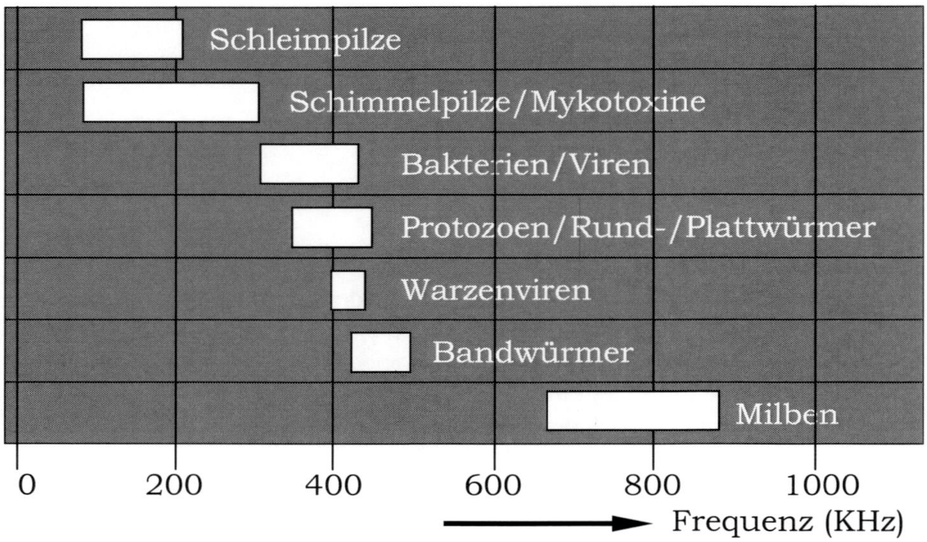


Tafel 24.3 B: Frequenzspektrum von Parasiten nach Clark.<iii>

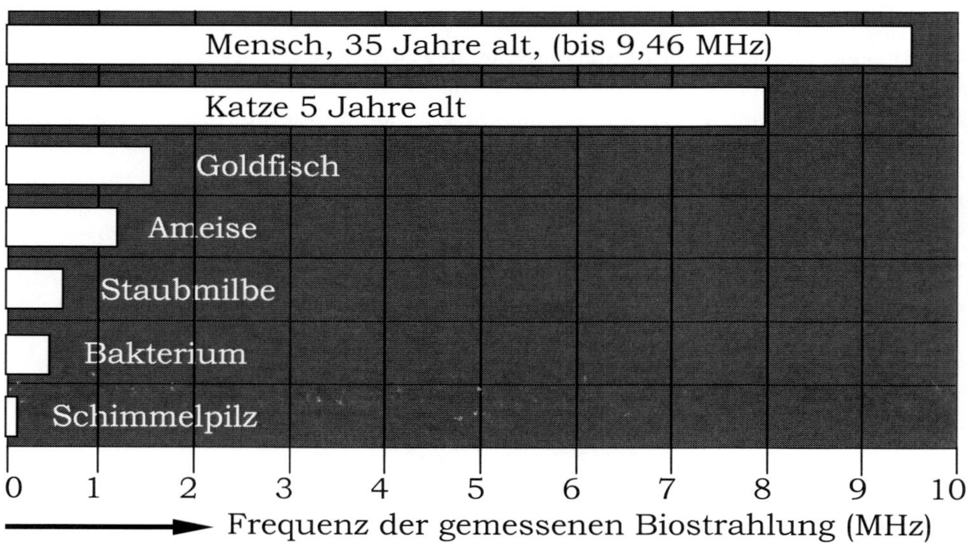


Tafel 24.3 C: Bandbreitendiagramm für einige Lebewesen.<iii>

<i>: Prof. Dr. H. Heine: Grundregulation und Extrazelluläre Matrix – Grundlagen und Systematik, Lehrbuch der biologischen Medizin, (1991) 2.Aufl. Hippokrates Verlag Stuttgart, Seite 63

<ii>: U. Warnke: Bioresonanztherapie – Wunsch und Wirklichkeit. Medizin transparent Nr.2 (1996) S. 36-37

<iii>: Dr. Hulda Clark: The Cure For All Diseases (1995), dt. Übers.: Heilung ist möglich (1997) Knaur Verlag, Seite 604-643

Frequenzspektrum haben. Bei den Biosignalen handelt es sich um derartige Feldwirbel, die ein frequenzunspezifisches Rauschsignal ergeben. Als Folge dieser Erkenntnis sind moderne Bioresonanzverfahren erheblich verbessert worden, verbunden mit einem im Allgemeinen unbemerkt gebliebenen Verabschieden vom ursprünglichen Konzept.

Ein weiteres Problem, das Heine anspricht, ist nicht von der Hand zu weisen[<i>]: „Für kommunikative Molekülschwingungen ist der Mikrowellenbereich von 1 GHz bis oberhalb von 10 000 GHz entscheidend. Ein Abgreifen von körpereigenen Störschwingungen in diesem Bereich ist mit Hilfe gängiger Elektroden nicht möglich“[<ii>]. Es könnte also passieren, dass wesentliche Frequenzen, die in einem unmittelbaren Zusammenhang zu einer Krankheit stehen, erst gar nicht erfasst und als Folge auch nicht behandelt werden. Es besteht sogar die Gefahr, dass Informationen eingespielt werden, die das Immunsystem zusätzlich belasten anstelle es zu entlasten, so dass es dem Patienten nach einer Behandlung schlechter geht als zuvor. Der Arzt oder Therapeut lädt sich eine große Verantwortung auf, wann, wie und bei wem er ein derartiges Verfahren der Bioresonanz einsetzt oder besser darauf verzichtet. Aus den genannten Gründen spielt die Methode in der Therapie nur eine untergeordnete Rolle. Die Bioresonanz wird hingegen recht häufig und mit großem Erfolg in der Diagnose von Unverträglichkeiten oder Allergien eingesetzt (Nosoden). Bei der Bioresonanz ist der Übergang von Diagnose zur Therapie jedoch fließend.

### 24.3.3 Die Frequenztherapie

Beim Einsatz einer Frequenztherapie sind die Probleme ähnlich gelagert. Trennen wir den geschlossenen und gegengekoppelten Kreis einer Bioresonanz auf und bilden eine offene Steuerkette, bestehend aus einem technischen Steuergerät und dem Patienten, dann erhalten wir die Struktur, wie sie bei einer Frequenztherapie zum Einsatz kommt. Das Ziel ist noch immer das gleiche: es sollen das Immunsystem beanspruchende und belastende Parasiten oder Krankheitserreger bekämpft werden.
Ein Nachteil jeder offenen Steuerkette ist jedoch, dass wegen der fehlenden Rückmeldung oder Rückführung die Behandlung zunächst blind erfolgt.

Die Naturheilkundlerin Dr. Hulda Clark hat als Hilfestellung unter dem Mikroskop die unterschiedlichsten Erreger und Parasiten untersucht, während sie beim gleichzeitigen Anlegen einer niedrigen Spannung die Frequenz variiert hat. Dabei konnte sie das Absterben von Bakterien und Parasiten bei bestimmten Frequenzen beobachten. Dementsprechend gibt sie Tabellen heraus, in denen die für die Einzeller jeweils „tödlichen“ Frequenzen aufgelistet sind[<iii>].
Ohne jedoch den Erfolg einer Behandlung im lebenden Organismus nachprüfen zu können, geht sie davon aus, dass durch das Anlegen einer niedrigen Spannung (5-10 Volt), wie sie am Ausgang eines handelsüblichen Frequenzgenerators ansteht, bei Einstellung eines sinusförmigen Signals mit der entsprechenden Frequenz genau die zugeordneten Parasiten und Egel zerstört werden. Dabei ist ein fester Rhythmus von Pausen- und Behandlungszeiten einzuhalten[<iii>].

Die mit dieser besonders preiswerten Methode behandelnden Ärzte und Therapeuten berichten von erstaunlichen Resultaten, wie von unerklärlichen Krebs-Spontanheilungen. Da sich das Verfahren der Frequenztherapie häufig als relativ unspezifisch herausstellt, werden jedoch die Grenzen einer glaubwürdigen und verantwortbaren medizinischen Nutzung in der Praxis schnell erreicht. Der klinische Forschungsbedarf ist sehr groß.

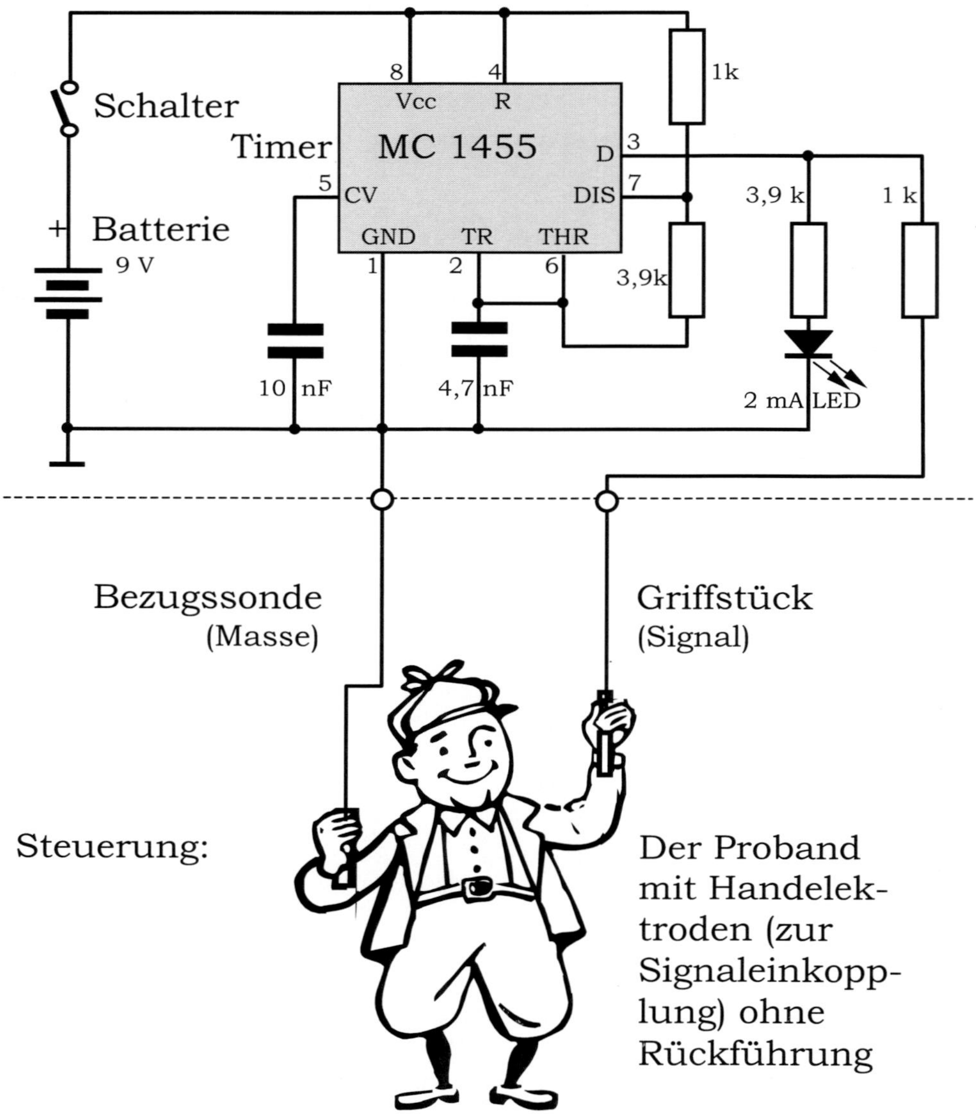


Tafel 24.4: Der Zapper-Schaltplan.<i>

Schaltplan entnommen aus:

<i>: H. Clark: The Cure for All Cancers (1993) New Century Press, USA, dt.Übers.: Heilverfahren aller Krebsarten, Seite 507, bzw.:

Dr. Hulda Clark: The Cure For All Diseases (1995), dt. Übers.: Heilung ist möglich (1997) Knaur Verlag, Seite 48

## 24.4 Der Zapper

Aus der Sicht der heutigen Physik darf die Frequenztherapie eigentlich gar nicht funktionieren. Die elektromagnetischen Wellen dringen bei den verwendeten Frequenzen nur wenige Millimeter in die Haut ein und hätten nicht die geringste Chance, einen Parasiten zu erreichen, der sich irgendwo im Körper aufhält. Dabei soll die Heilung von Fußpilz möglich sein, indem der Patient die Elektroden in die Hand nimmt. Da stellt sich doch die Frage, woher das Signal des Funktionsgenerators weiß, wo es hin soll.
Es handelt sich ganz offensichtlich um ein Resonanzphänomen. Der ebenfalls abgestrahlte Skalarwellenanteil tunnelt ungedämpft an die Stellen im Körper, mit denen er eine Resonanz aufbauen kann. Das sind bei richtiger Einstellung die ungeliebten Parasiten. Die Skalarwellenstrahlung bündelt sich am resonanten Empfänger. Trotz der niedrigen Sendeleistung wird als Folge der Bündelung die Energiedichte beim Parasit folglich sehr hoch. Er geht daraufhin an seiner eigenen Resonanzfähigkeit zugrunde. Ist er erst einmal vernichtet, geht der nächste in Resonanz, wird ebenfalls zerstört usw. Auf diese Weise werden die Parasiten der Reihe nach vernichtet und nicht etwa alle auf einmal. Daher macht der vorgeschriebene Behandlungszyklus Sinn.
Die Kupferelektroden sollen nicht direkt in die Hand genommen werden, empfiehlt Frau Dr. Clark, sondern vorher mit feuchtem Papier umwickelt werden. Durch diese Isolierschicht, so lautet meine Interpretation, reduziert sich der konventionelle Wellenanteil, bei dem die Haut als Wellenleiter fungiert, während sich der gewünschte Skalarwellenanteil erhöht. Derartige Maßnahmen tragen entscheidend zum Erfolg einer Therapiemethode bei, auch wenn sie rein empirisch ermittelt wurden.

Will man jeden in Frage kommenden Parasiten einzeln ansteuern, dauert die Behandlung dementsprechend lange. Schickt man dagegen alle relevanten Frequenzen auf einmal ab, indem man sie überlagert, so lässt sich die Behandlung auf die Dauer einer Sitzung abkürzen. Geht der Therapeut noch weiter und ersetzt das Sinus- durch ein Rechtecksignal, so stecken unendlich viele Sinusfunktionen in ihm, wie eine Fourier-Analyse zeigt. Mit dem Rechtecksignal eines Zappers erwischt man sozusagen alles, Gutes wie Böses. Da verenden hilfreiche Darmbakterien genauso wie die Übeltäter.

Die Behandlung mit dem Zapper ist einfach, preiswert und genauso umstritten. Es ist der Schuss mit der Schrotflinte in den Wald. Irgendetwas trifft man immer. Dennoch stellt sich die Frage, warum trifft man nur Parasiten und Bakterien und nicht die lebenswichtigen Organe? Werden diese nicht mit geschädigt?
Nun, das Signal des Funktionsgenerators ist unmoduliert; es trägt keine Information. Daher sind auch nur Einzeller und solche Parasiten zu einer Resonanz fähig, die keinen Informationsaustausch kennen. Menschliche Zellen und erst recht ganze Organe arbeiten dagegen mit komplexen Modulationen, die jede Resonanzbildung mit der technisch erzeugten Grundwelle wirksam verhindern, womit die Frage soweit beantwortet wäre.

Das bedeutet aber auch, dass Immunreaktionen zu erwarten sind: Ist die erste Behandlung mit der Frequenztherapie erfolgreich, konnten alle einfachen Parasiten getroffen werden. Höherentwickelte Parasiten, die ihre Information modulieren, sind allerdings verschont geblieben. Sie vermehren sich jetzt und können bei weiteren Sitzungen nicht mehr erreicht werden. Das Verfahren funktioniert plötzlich nicht mehr, stellt der Therapeut fest. Der Körper ist offenbar immun geworden.

| Tonleiter: | | diatonisch | chromatisch | spiralisch |
|---|---|---|---|---|
| Ton: | | •1/C = | gleichschwebend | (mittelalterl.) |
| Oktave | C´ | 2/1 = 2,0 | 2,00 → | 2/1 = 2 |
| | | 1,07 = 16/15 | | 1,33 = 4/3 |
| Septime | H | 15/8 = 1,88 | 1,89 | 3/2 = 1,5 |
| | | 1,125 = 9/8 | | 1,125 = 9/8 |
| Sexte | A | 5/3 = 1,67 | 1,68 | 4/3 = 1,33 |
| | | 1,11 = 10/9 | | 1,07 = 16/15 |
| Quinte | G | 3/2 = 1,5 | 1,5 | 5/4 = 1,25 |
| | | 1,125 = 9/8 | | 1,04 = 25/24 |
| Quarte | F | 4/3 = 1,33 | 1,33 | 6/5 = 1,2 |
| | | 1,07 = 16/15 | | 1,03 = 36/35 |
| Terz | E | 5/4 = 1,25 | 1,26 | 7/6 = 1,17 |
| | | 1,11 = 10/9 | | 8/7 = 1,14 |
| Sekunde | D | 9/8 = 1,13 | 1,12 → | 9/8 = 1,125 |
| | | 1,125 = 9/8 | | 10/9 = 1,11 |
| Prime | C | 1/1 = 1,0 | 1,00 | 11/10 = 1,1 |

→ geht gegen 1!

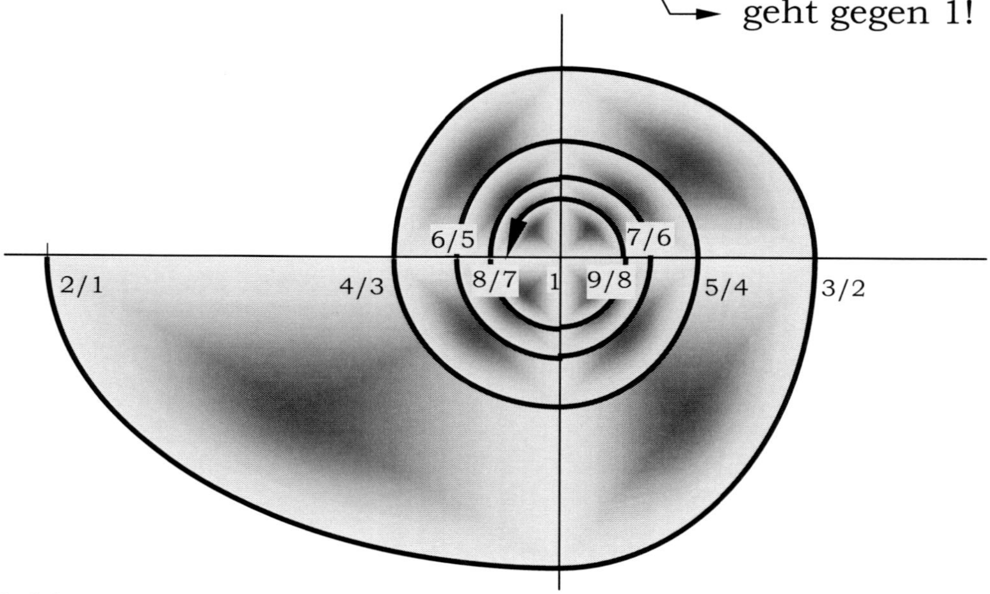


Tafel 24.5: Harmonische Spirale aufgebaut auf der ersten Gregorianischen Tonleiter.<i>

<i>: Dr. Manfred Doepp: Naturgemäße Frequenztherapien, Die Harmonie der Spirale, CO´Med 10/2000, S. 46 - 49

## 24.5 Diskussion zur Schwingungsmedizin

Die Schulmedizin stützt sich in ihren Erklärungen und Behandlungsmethoden auf die Modelle, die sie messen und analysieren kann und die sie versteht. Dadurch wird der Mensch und das ganze Naturgeschehen auf eine Hand voll chemischer Reaktionsformeln reduziert. Die ganze Pharmaindustrie lebt von diesem Irrweg, der sich längst als Sackgasse offenbart hat, medizinisch wie finanziell. Dieses Gesundheitswesen ist nicht mehr bezahlbar. Es stellt sich die Frage, ob es das Geld überhaupt wert ist, wenn mit elektrischen Signalen minimaler Leistung vergleichbare Wirkungen erzielbar sind wie mit der Pillenmedizin.

Wir brauchen eine neue, eine Potentialwirbelmedizin. Zuerst einmal wäre zu erforschen, wie ein Organismus seinen Energiebedarf deckt und wie er kommuniziert. Da führt kein Weg an den Skalarwellen und den neu entdeckten Potentialwirbeln vorbei. Chemische Prozesse, wie sie beobachtet werden, treten nebenbei auf, das steht außer Zweifel. Aber sie sind keinesfalls die Ursache. Daher darf von Pillen und anderen chemischen Mitteln allenfalls eine Symptombehandlung und eine Linderung von Begleiterscheinungen, aber keine Heilung von einer Krankheit erwartet werden. Wird die Potentialwirbelmedizin erst einmal systematisch erforscht und in der Praxis eingesetzt, sind Heilungserfolge zu erwarten, die wir uns gegenwärtig noch gar nicht vorstellen können.

Die erstaunlichen Resultate, die von einigen Ärzten mit der Schwingungsmedizin heute bereits erzielt werden<i>, geben die Richtung für die Schulmedizin vor. In der Frage, welche Schwingungsart oder welche „Tonfolge" (Tafel 24.5) die richtige ist, besteht noch erheblicher Forschungsbedarf.

Einige Ärzte arbeiten sogar schon mit meiner neuen Theorie. Deren Publikationen zitieren ganze Passagen aus meinen bisherigen Veröffentlichungen zu diesem Thema<ii>. Es bleibt zu hoffen, dass die Zahl an solchen Publikationen weiter steigen möge.

---

<i$_a$>: Dr. Bodo Köhler: BITsyn, der neue Weg in der Informations-Medizin, Jubiläums-Schrift der Internationalen Ärzte-Gesellschaft für Biophysikalische Informations-Therapie, Bad Nauheim den 6.-8.10.2000, Seite 48 – 56.

<i$_b$>: Bioenergetische Messverfahren in Theorie und Praxis, Vortragsband der Gesellschaft für Energetische und Informationsmedizin e.V., Universität Stuttgart am 17.7.1999.

<ii$_a$>: Dr. Johann Lechner: Störfelddiagnostik, Medikamenten- und Materialtest, Teil 2 aus der Reihe: Praxis der Ganzheitlichen Medizin und Zahnmedizin, Verlag Dr. E. Wühr (2000), Kap. 2.4.2 Berührungslose skalarwellentragende Informationsübertragung S. 173 ff., bes. Kap. 2.4.2.3 Seite 175, 176.

<ii$_b$>: Dr. Reichwein, Peters: Zelluläre Elektromagnetische Systemsteuerung, Der Freie Arzt 5 (2000) im Wissenschafts-Forum (Anhang, S. IV - XXIII).

<ii$_c$>: Dr. M. Doepp: Tesla-Wellen, Neue Studien, CO´Med 5/2000, S. 94 - 95

Frequenzspektrum des menschlichen Organismus:

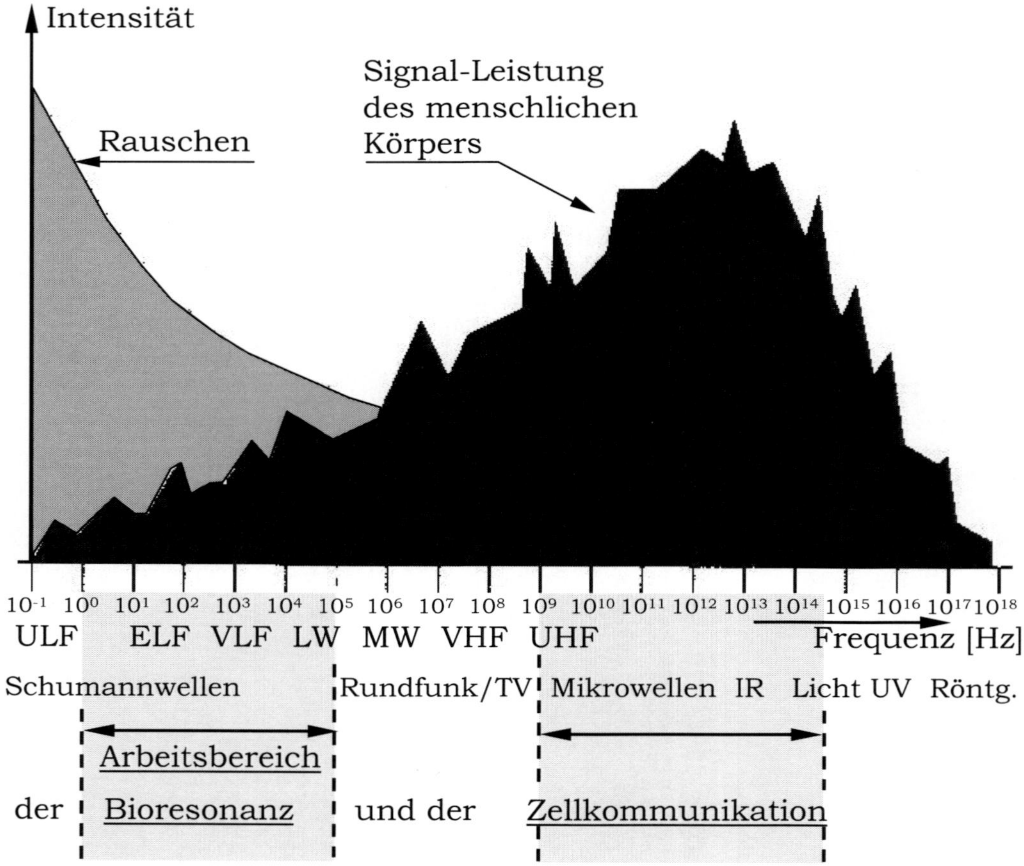


Tafel 25.1: Das gemessene Frequenzspektrum des Menschen.<i>

<i>: Dr. P. Bembenek: Akupunktur und (Bio-) Resonanz, CO`med 6/98, S. 50-58

## 25. Diskussionsbeiträge zur informationstechnischen Nutzung

Die medizinische Forschung erfolgt überwiegend mit den Methoden der Statistik. Dies dürfte sich grundlegend ändern, wenn erst die physikalischen Wirkzusammenhänge erkannt und deren Ursachen herausgefunden sind. Erst dann wird auch im Bereich der Medizin eine Grundlagenforschung möglich sein, wie sie in anderen Disziplinen heute schon üblich ist.
In diesem Kapitel geht es um die Frage der medizinischen Grundlagen im Allgemeinen, und im Speziellen um die Frage der Verwendung der neu entdeckten Potentialwirbel in biologischen Systemen. Dabei wird ganz bewusst versucht, die gängige medizinische Sicht hinten anzustellen und die Antworten aus der Perspektive des Ingenieurs und des Physikers abzuleiten. Diese Vorgehensweise wird für einige Schulmediziner zunächst ungewohnt sein. Sie wird sich aber als sehr hilfreich erweisen. Außerdem braucht die Medizin neue Impulse. Das rechtfertigt einen unkonventionellen Ansatz aus gänzlich neuem Blickwinkel.
Gerne wird in diesem Zusammenhang auf den Vergleich von biologischen mit technischen Systemen zurückgegriffen, obwohl hier prinzipielle und grundlegende Unterschiede bestehen. Es ist zu erwarten, dass die Natur bereits entsprechende Strategien zur Lösung bestimmter Aufgaben entwickelt hat, wie sie auch in der Technik gelehrt und in der Praxis eingesetzt werden. An dieser Stelle profitiert nicht nur die Medizin von neuen Einsichten, auch umgekehrt kann die Technik von der Natur lernen, denn deren Optimierungsstrategien sind schon sehr viel älter und dementsprechend perfektioniert.

### 25.1 Fenster der sinnlichen Wahrnehmung

Zur Erklärung der inneren Vorgänge im Menschen betrachten wir seine Sinnesorgane, die als Schnittstelle zur Außenwelt fungieren. Technisch gesehen handelt es sich bei den Sinnesorganen um Messwandler zur Aufnahme und Aufbereitung bestimmter physikalischer Werte in unserer Umwelt und deren Anpassung an die Informationsweiterleitung über die Nervenbahnen. Dabei sind die Messwandler mehr oder weniger aufwendig gebaut. Das hängt damit zusammen, dass die Messgrößen, die ein Lebewesen zur Orientierung und zum Überleben braucht ganz unterschiedlich sind.

Es handelt sich um kleine Fenster innerhalb des in Tafel 23.1 gezeigten Frequenzspektrums, die auszuwerten sind. Eines davon ist das sichtbare Frequenzfenster. Der Mensch interpretiert es mit einer Zuordnung zu den Farben, weil in diesem Bereich das Sonnenlicht bis zur Erdoberfläche gelangen kann und die Ionosphäre keine übermäßige Dämpfung ausübt (Tafel 2.8).

Das akustische Fenster richtet sich nach der Schallausbreitung in Luft, während Delphine mit Ultraschall arbeiten, der in Wasser eine wesentlich größere Reichweite hat. Die zugehörigen Messwandler, das Ohr und das Auge besitzen einen sehr komplizierten Aufbau. Der lässt darauf schließen, dass hier das aufgenommene Signal in ein andersartiges physikalisches Messsignal umgeformt werden muss. Die wahrnehmbaren Signale sind von anderer Natur als die Signale, die unsere Nervenbahnen weiterleiten können.

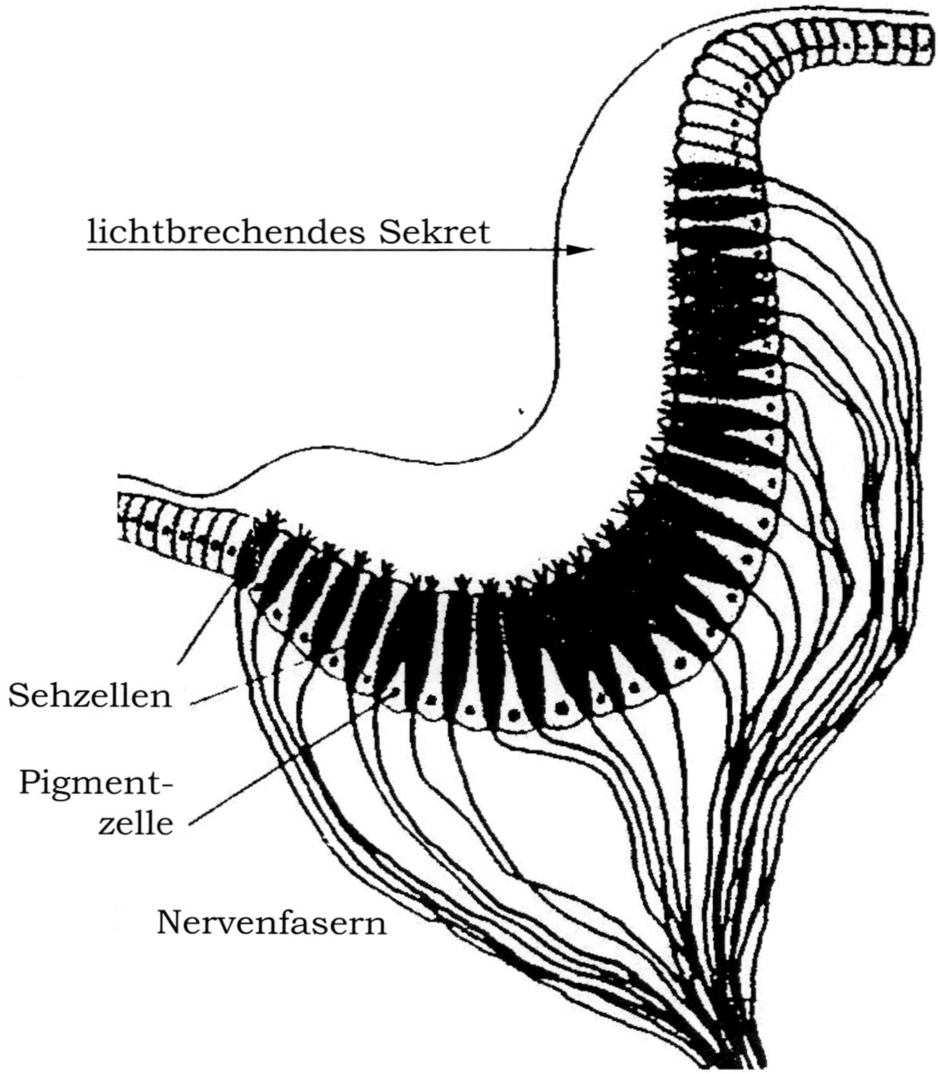


Tafel 25.2: Das Grubenauge der Schnecke

## 25.2 Die Sinnesorgane (Nase, Auge, Zunge)

Wenn wir etwas über die Natur der Nervensignale erfahren wollen, sollten wir ein Sinnesorgan näher betrachten, das möglichst einfach aufgebaut ist. In dem Fall könnte es sein, dass gar keine Signalumwandlung mehr notwendig ist, weil die wahrnehmbare Größe von genau der Natur ist, wie sie die Nerven verarbeiten können.

Das primäre und vielleicht urtümlichste Sinnesorgan der Lebewesen ist die ***Nase***. Sie ist extrem einfach aufgebaut. Einerseits ist es laut Lexikon ein chemischer Sinn zur Wahrnehmung von Geruchsstoffen. Andererseits kann der Mensch mehrere tausend Düfte unterscheiden. Dazu wäre eine riesige Analysefabrik mit entsprechend vielen Rezeptoren erforderlich, die man in der Nase zwischen den Riechhärchen und den Nervenbahnen vergeblich sucht. Wir schließen daraus, dass Duft aus Partikeln besteht, die mit den Reaktionspotentialen weitgehend identisch sind. Es wird sich also um Potentialwirbel handeln. Diese Ringwirbel des elektrischen Feldes wiederum sind moduliert und tragen Information, die unser Kopf nach einer Lernphase zu analysieren vermag.

Solche Zusammenhänge waren Platon bereits vor 2400 Jahren bekannt, entsprechend der Herleitung im Kapitel 9.0. Der Schluss lag nahe, dass Geruch ***Wirbelinformation*** ist, die nach der Erklärung von Platon beim Übergang von Wellen in Potentialwirbel und umgekehrt entsteht. Bei den Naturphilosophen im Altertum schließt sich der Kreis der Erkenntnisse. Die heutige Wissenschaft ist eben noch nicht so weit.

Ein anschauliches Beispiel ist das Grubenauge der Schnecke (Tafel 25.2). Es fungiert sowohl als Nase als auch als Auge. Dieses sehr urtümliche Kombi-Organ weist auf eine relativ enge Verwandtschaft zwischen beiden Messfühlern hin. Möglicherweise haben sich im Zuge der Evolution beide Organe aus einer derartigen gemeinsamen Urform entwickelt.

Tatsächlich erinnern beim Menschen die mit den etwa 2 Mikrometer langen Riechhärchen besetzten Riechstäbchen an die Stäbchen und Zäpfchen im Auge, mit denen Photonen eingefangen werden. In beiden Fällen, so können wir uns die Wirkungsweise modellmäßig erklären, legen sich die Ringwirbel um die Stäbchen und laufen als Reaktionspotentiale über die Nervenbahn weiter zum Gehirn, das die Modulation dann analysiert.

Bei dem hochentwickelten menschlichen ***Auge*** müssen die Lichtstrahlen zunächst den gallertigen Glaskörper und anschließend eine Pigmentschicht durchlaufen, ehe sie die Stäbchen und Zäpfchen erreichen. Auf diesem Weg müssen sich die elektromagnetischen Wellenanteile zu Wirbeln aufrollen, da unsere Nerven nur Wirbel weiterleiten können. Die Photonen konnten als entsprechende Wirbel interpretiert werden.

Vergleichen wir das Auge mit einer ***Nebelkammer***, in der die Bahnen ionisierter Teilchen als dünne weiße Nebelstreifen beobachtet und photographiert werden können. Hier lässt sich in Stoßexperimenten beweisen, dass es sich um impulstragende Teilchen handelt und nicht um Wellen. Mit dem Messaufbau ist aber keineswegs beantwortet, ob es sich auch vor Eintritt in die Nebelkammer bereits um Teilchen gehandelt hat, oder ob sich diese erst in Gegenwart der übersättigten Dämpfe spontan gebildet haben.

Es wäre naheliegend, wenn bei unserem Auge das unter dem Augeninnendruck stehende Kammerwasser die Funktion der Nebelkammer übernehmen und für das Aufrollen der Lichtwellen in Lichtquanten sorgen würde.

Wir können optisch keinen Unterschied feststellen, wenn das Licht beim Durchgang durch eine dicke Glasscheibe seinen Anteil an Photonen erhöht. Spätestens im Auge wird sowieso alles Licht in Photonen und verwertbare Wirbel umgeformt, so dass wir keinen

Beispiel Zunge:

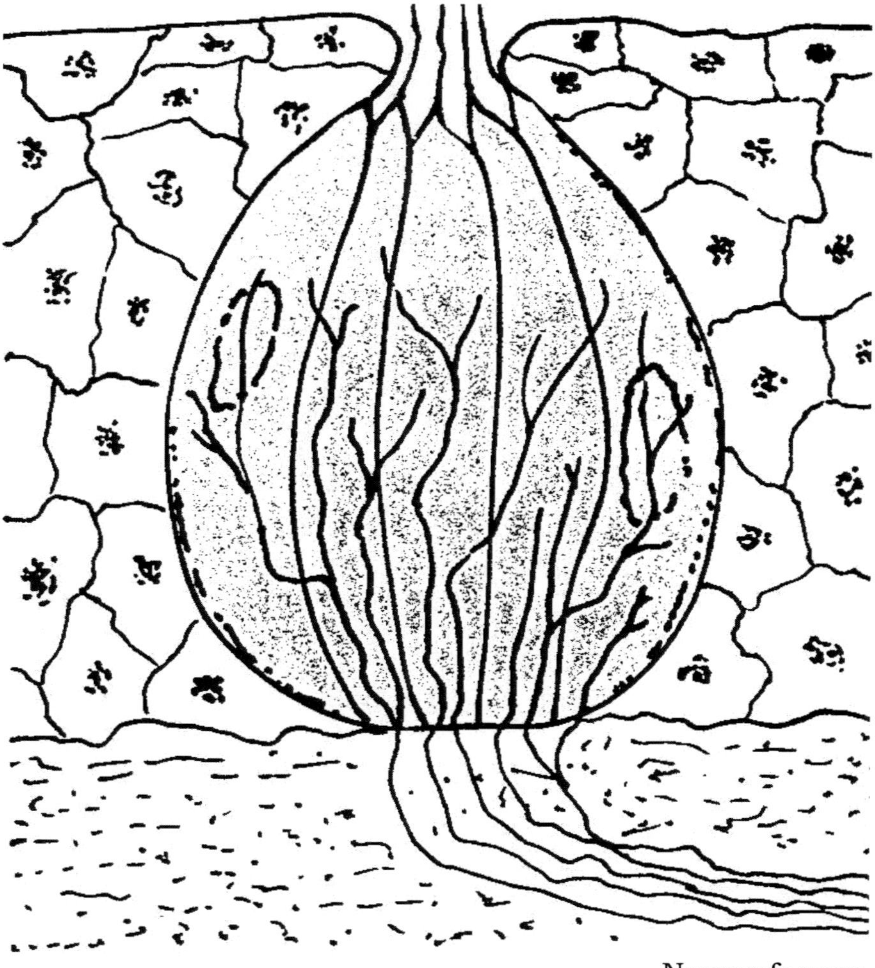


Tafel 25.3: Geschmacksknospe der menschlichen Zunge

Verlust an Helligkeit bemerken. Die Glasscheibe erscheint uns durchsichtig, auch wenn das Sonnenlicht seine Zusammensetzung und seine biologische Qualität ändern sollte, wenn es die Scheibe passiert.

Wenn die ***Zunge*** beim Schmecken auf gelöste Substanzen anspricht, so braucht es noch lange kein chemischer Reiz zu sein. Statt dessen dienen wie bei der Nase feine Haare, die Schmeckhaare bzw. Sinnesstifte als Empfänger (Tafel 25.3). Der ähnliche Aufbau der Rezeptoren als auch der Umstand, dass bei den meisten wirbellosen Tieren Geschmacks- und Geruchssinn gar nicht voneinander unterscheidbar sind und aus denselben primären Sinneszellen bestehen, legen nahe, dass die Zunge nicht die Chemie als solche, sondern nur das ***molekulare Schwingungsmuster*** analysiert, dass auch der Geschmack nichts anderes ist als Wirbelinformation!

## 25.3 Die Nervenleitung

Für das Einfangen der Potentialwirbel und Absaugen von deren Information spielen feine Härchen in den Sinneszellen offensichtlich eine zentrale Rolle. Sie sind mehr oder weniger direkt mit dem Ende einer Nervenbahn verbunden und leiten die Information ohne große Umformung weiter. Sogar in den Gleichgewichtsorganen arbeiten Sinneshärchen.

Aus dem Vergleich mit der von Nikola Tesla entwickelten Technik konnte ich zeigen, dass es sich bei der Nervenleitung um eine ***Eindrahtübertragung*** handelt, eine Art Wellenleiter, bei dem der Transport der Reizinformation in der Isolationsschicht erfolgt und nicht im Leiter selber (Tafel 9.6). Als Beweis habe ich angeführt, dass die Dicke der Isolation die Ausbreitungsgeschwindigkeit bestimmt, dass bekanntlich die Nervenleiter mit dicker Fettschicht ihre Aktionspotentiale schneller weiterleiten als die mit dünner Isolation.

Besonders interessant ist die Beobachtung, wie die Fettschicht in festen Abständen eingeschnürt ist wie bei Wiener Würstchen (Tafel 25.4 A). Diese ***Schnürringe*** beweisen, dass nur Longitudinalwellen transportiert werden. Das sind Stehwellen mit Knoten und Bäuchen, wenn der Abstand von Knoten zu Knoten dem von einem Schnürring zum nächsten exakt entspricht. Damit ist die Natur mit der Nutzung der Potentialwirbel unserer Elektrotechnik mit ihren Leiterströmen weit voraus. Die Nerven-Kabel bestimmen mit ihrem Aufbau, welches Signal transportiert wird und welches nicht!

Die technischen Kabel hingegen sind dumm und leiten alles, das Nutzsignal genauso gut wie jedes beliebige Störsignal. Jeder, dem der Computer alle Nase lang abstürzt, weiß ein Lied davon zu singen.

Der Mensch kann sich einen Absturz seines Denkcomputers nicht leisten. Es wäre für ihn tödlich. Sein Nervenkostüm verträgt sogar Kurzschlüsse. Die ***Akupunktur*** ist eine solche Kurzschlusstechnik über elektrisch leitfähige Nadeln. Es ist sogar ein therapeutischer Nutzen und eine für den Körper entspannende Wirkung gegeben.

Selbst durchtrennte Nervenstränge können sich teilweise wieder regenerieren, auch ohne dass ein durchtrennter Nerv direkt mit seinem zugehörigen Ende zusammenwächst. Die Nervenleiter sind so intelligent konstruiert, dass nur die richtige Information am Ende ankommt, indem Informationen von einer Bahn auf die entsprechende, mit passendem Knotenabstand weitergereicht werden.

A. **Nervenleitung** mit Schnürringen (zur Stehwellenübertragung):

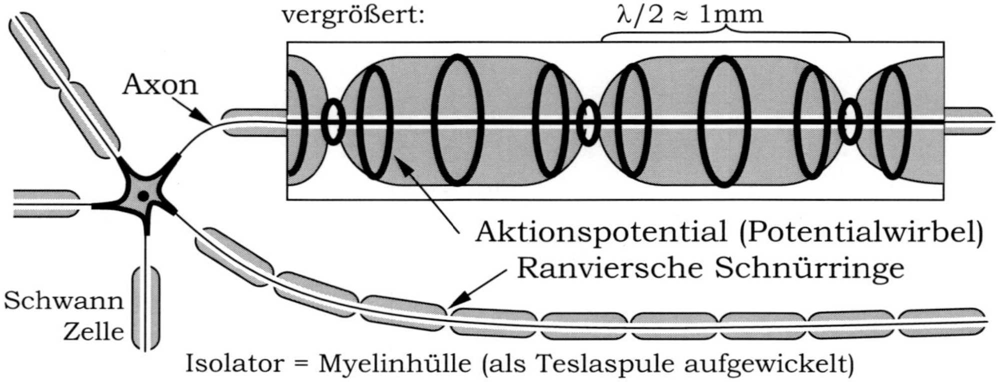


B. **Eindrahtübertragung** nach Nikola Tesla<i>:

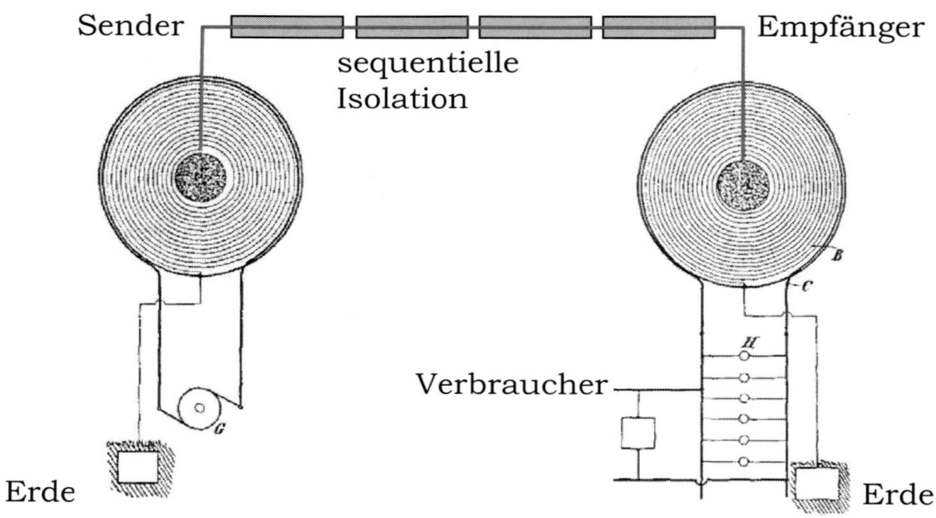


Tafel 25.4: Selektive Skalarwellen-Signalübertragung

***Das Gehirn arbeitet mit Skalarwellen!*** *Für die These spricht:*

1. ***Fehlen eines Signalumformers*** *zwischen den Nerven und dem Gehirn.*
2. ***Hohe Leistungsdichte*** *des Denkapparats.*
3. *Die mit dem* ***EEG*** *von außen messbare* ***Gehirnaktivität****.*
4. ***Funkenbildungen und Coronaentladungen*** *bei offener Schädeldecke.*
5. *Bei* ***Epileptikern*** *auftretender* ***Isolationsdefekt****.*

<i>: Originalzeichnung von Tesla befindet sich im Nikola Tesla Museum, Belgrad.

Nerven repräsentieren eine intelligente und zugleich störsichere Verkabelung, die jeder technischen Lösung weit überlegen ist. Stellen Sie sich doch einmal vor, was passieren würde, wenn Sie einen Kabelstrang Ihres Computers akupunktieren. Sie werden wenig Freude daran haben.

Nikola Tesla war auch in diesem Punkt schon seiner Zeit voraus. Er hat mit einer Einleitertechnik experimentiert, bei der die Isolationsschicht wie bei einem Nervenstrang eingeschnürt ist (Tafel 25.4 B). Wir werden lernen müssen, in Zukunft mit derartigen Hilfsmitteln umzugehen, wenn wir in der Technik von der Natur lernen und ebenfalls Informationen als Skalarwelle verschicken wollen. Ein gewöhnliches Stromkabel leitet wie gesagt alles, Nutz- wie auch Störsignale. Soll hingegen das Signal im Rauschen untergebracht werden, ist ein selektives Kabel erforderlich, das nach dem Vorbild der Nervenleiter aufzubauen wäre. Für die Einführung und erfolgreiche Nutzung einer Skalarwellentechnik sind demnach ganz andere Kabel, Koppelelemente, Verstärker und sonstige Bauelemente zu entwickeln. Die Mühe sollte sich lohnen bei den Chancen, die uns diese großartige Technologie zu bieten hat!

## 25.4 Das Gehirn, ein Skalarwellencomputer

Die Gehirnzellen (Neurone) sind von der gleichen Art wie die Zellen des peripheren Nervensystems. Daher können die von den Nerven an den Kopf übermittelten Informationen direkt weiterverarbeitet werden. Auf einen Signalumformer kann verzichtet werden. Daraus folgt, dass auch das Gehirn ausnahmslos mit Potentialwirbeln arbeitet. Für diese These spricht einiges:

1. Wie gesagt, das ***Fehlen eines Signalumformers***.
2. Die ***hohe Leistungsdichte*** des Denkapparats. (Als Folge des Konzentrationseffekts der Potentialwirbel ist die Leistungsfähigkeit des menschlichen Gehirns derart hoch konzentriert im Vergleich zu dem viel mehr Platz beanspruchenden, auf der Basis von Strömen funktionierenden Computer).
3. Die mit dem ***EEG*** von außen messbare ***Gehirnaktivität***.
4. ***Funkenbildungen und Coronaentladungen*** bei offener Schädeldecke. (Gehirnchirurgen können von derartigen Beobachtungen berichten).
5. Der bei ***Epileptikern*** auftretende ***Isolationsdefekt***. (Während eines Anfalls kommt es zu instabilen Potentialschwingungen der Nervenzellen, die in starken elektrischen Überschlägen münden).

Mit den „erregenden" und den „hemmenden" Synapsen als Trennstelle zwischen den Neuronen ist sowohl eine „high-aktive" als auch eine „low-aktive" Betriebsweise und damit eine redundante, besonders störsichere Signalübertragung möglich.

Störsicherheit ist nicht nur in der Natur sehr wichtig. In der Betriebsanleitung eines PC steht: „nur bei Zimmertemperatur betreiben, vor Nässe schützen, nicht werfen oder stoßen, für ausreichend Kühlluft sorgen, Gerät erden, Netzspannung beachten, usw". Ein Vergleich mit dem Arbeitsbereich des Menschen grenzt an Hohn.

Trotzdem sind die Konsequenzen bei auftretenden Fehlern ganz ähnlich: ein Garagentor, dass sich öffnet, wenn ein Handy eingeschaltet wird, ist auf biologischer Ebene durchaus vergleichbar mit einer Lichterscheinung, die wir nach einem Schlag auf das Auge wahrnehmen.

*Zur Signaltechnik:*

| Der **Vergleich** von | **Mensch** und | **Technik** |
|---|---|---|
| Signalleitung: | **Nerven** | **Kabel** |
| Übertragung: | selektiv<br>(Schnürringe) | wahllos<br>(mit Störungen) |
| von:<br>durch: | Skalarwellen<br>Potentialwirbel | Strömen<br>Ladungsträger |
| Leitungsführung:<br>über: | 1-Draht-Technik<br>Wellenleiter | 2-Leiter-Technik<br>Hin- und Rückleiter |
| Signaltransport: | im Isolator | im Leiter |
| Signalform: | konzentriert | expandiert |
| Der Leiter: | bleibt kalt | wird heiß |
| Folge, Übertragung: | verlustfrei | verlustbehaftet |
| **Fehlersignal:** | Muskelkrampf | Fehlschaltungen |
| Metallstifte<br>bewirken: | **Akupunktur**<br>Entspannung | **Kurzschluss**<br>Zerstörung |
| gerichtetes Signal<br>(direktional) durch: | Synapsen | Dioden/<br>Verstärker |
| Redundanz durch: | erregende und<br>hemmende<br>Synapsen | high-aktive und<br>low-aktive<br>Leitungstreiber |
| Schutzmaßnahme:<br>durch: | Hautwiderstand<br>Salz | Abschirmung<br>Metallgehäuse |
| Strategie: | Wirbelzerfall | Feldverdrängung |

Tafel 25.5: Vergleich der Signaltechnik

## 25.5 Zur Signaltechnik

Über den Weg einer technischen Analyse biologischer Zusammenhänge ergeben sich auch für das Krankheitsgeschehen ganz neue Interpretationen. Wir sind ständig und überall von Rauschsignalen umgeben, aber sie können uns in der Regel nichts anhaben, da der Körper perfekte Strategien zur Abwehr entwickelt hat. Die Schnürringe auf den Nervenfasern sind hier genauso hilfreich wie die Diodenwirkung der Synapsen. Über den Salzgehalt und den Hautwiderstand steuert der Körper zudem die Aufnahme von Potentialwirbeln aus seiner Umgebung, indem er ausnutzt, dass der Wirbelzerfall von der Leitfähigkeit bestimmt wird.

Die Besonderheiten der von Menschen genutzten Signaltechnik treten besonders im Vergleich mit der in der technischen Welt benutzten Kabeltechnik deutlich zu Tage (Tafel 25.5). So wird mit nur einem Draht anstelle mit Hin- und Rückleiter gearbeitet, werden Potentialwirbel statt Ladungsträger vermittelt. Die Übertragung erfolgt verlustfrei im Isolator und nicht in einem elektrischen Leiter, der als Folge heiß wird und Stromwärmeverluste produziert. Nerven stellen dank ihres Selektionsvermögens eine intelligente Form der Signalübertragung dar, indem sie mithelfen, die gefragte Information aus dem Rauschen auszufiltern. Dies ist sicher auch notwendig, da mit Kabeln, die wahllos jedes Signal übertragen, eine Nutzung von Skalarwellen noch nicht gelungen ist. Wir sollten versuchen, von der Natur zu lernen!

Eine besondere Herausforderung ist der Schutz gegen Fehlersignale. Eine passive Schirmung durch ein Metallgehäuse ist jedoch nicht möglich. Skalarwellen lassen sich prinzipiell nicht abschirmen, so dass die Schutzmaßnahme aktiv über die Leitfähigkeit vorzunehmen ist. Daher schwitzen wir Salz mit aus, wenn wir uns körperlich anstrengen, wobei die vom Salzgehalt abhängige Leitfähigkeit der Körperflüssigkeiten den Wirbelzerfall bestimmt. Im Falle einer schwitzenden Tätigkeit baut der Körper seine Leitfähigkeit ab, damit die benötigte Potentialwirbelenergie auch die Zellen erreicht.

Kann sich der Körper einmal nicht gegen Störsignale zur Wehr setzen, sind Fehlfunktionen oder krankhafte Reaktionen eine mögliche Folge. Beim Baden zum Beispiel kann es zu einem Muskelkrampf kommen, wenn der Körper sich nicht schnell genug oder ausreichend gegen die hohe Potentialwirbelaktivität im Wasser zur Wehr setzt. Jetzt können Wirbel in die Nervenbahnen einkoppeln, die von der gleichen Art sind wie die vom Kopf ausgesandten, nur dass beide Muskel, Beuger und Strecker gleichzeitig ein Kontraktionssignal erhalten. Das Resultat ist eine Verkrampfung beider Muskel.

Auch das Gehirn hat intelligente Strategien entwickelt, sich vor eingestreuten Fehlinformationen zu schützen. Es wichtet die einlaufenden Signale und vergisst alle unwichtigen mehr oder weniger schnell wieder. Wir sprechen von der Fähigkeit zu lernen, und das bedeutet, dass Signale in der Bewertungsskala steigen und damit länger gespeichert werden, je häufiger sie wiederholt von unserem Kopf aufgenommen werden. Störsignale, so setzt diese Strategie voraus, lassen sich nicht vernetzen und treten nur sporadisch auf, weshalb sie als unwichtig eingestuft und schnell wieder vergessen werden. Ein PC hingegen besitzt keine derartige Eigenschaft. Er merkt sich alles wahllos und stürzt irgendwann vor Überlastung ab, wenn nicht der Nutzer ihn ständig pflegt und den zur Verfügung stehenden Speicher verwaltet. Der heutige PC ist und bleibt eben dumm.

*Zur Störfestigkeit:*

| Der **Vergleich** von | **Mensch** und | **Technik** |
|---|---|---|
| im | **Gehirn** | **Computer** |
| steuerungstechnische Störsignale: | Lichterscheinungen | Fehlsteuerung, Programmstörung |
| Schutzmaßnahmen: | aktiv, d.h. Wichtung der Info durch Lernen (Wiederholung) | passiv, d.h. Abschirmung. (Keine Wertung der Eingabewerte) |
| Unwichtiges (Störsignal) | wird vergessen | wird gespeichert |
| Gefahr besteht bei | wiederkehrenden Störmustern (s. Mobilfunk) | Störsignalen aller Art (s. EMV-Normung) |
| Abhilfe: | Selbstheilung (Auskurieren) | Neustart (Reset) |

*Zur Verschleiß-Problematik:*

| Der **Vergleich** von | **Mensch** und | **Technik** |
|---|---|---|
| Reparatur | Eigenreparatur | in der Werkstatt |
| durch: | Zellteilung permanent | Austauschteile bei Wartung bzw. im Schadensfall |
| erforderl. Baustoffe: | Nahrung | Material / Öl |
| Abfall: | Kompost | Müll |

Tafel 25.6: Strategien gegen Störsignale, bei betriebsbedingten Schäden und bei Verschleiß.

## 25.6 Störfestigkeit und Reparaturmechanismen

Die in unserer natürlichen Umgebung vorhandenen Störsignale sind in der Regel stochastisch verteilt, nicht aber künstliche Störsignale wie sie Sendeanlagen ausstrahlen. Treten beispielsweise beim Mobilfunk immer wieder identische Signalmuster auf und nimmt eine Person diese wahr, dann wird wegen der ständigen Wiederholungen eine hohe Wichtigkeit vorgetäuscht und wertvoller Speicherplatz im Kopf belegt. Dies trifft in besonderem Maße für die permanenten Stand-by-Signale zu, die auch dann von digitalen Handys und von schnurlosen Telefonen (nach dem DECT-Standard) abgestrahlt werden, wenn gar nicht telefoniert wird. Dabei wären derartige Fehlentwicklungen ohne weiteres technisch vermeidbar!
Wenn noch keine Messgeräte zur Verfügung stehen und als Folge weder Richtlinien noch Grenzwerte für die Strahlenexposition von Skalarwellen existieren, dann müssen solche Geräte eben entwickelt und gebaut werden. Bei der geforderten elektromagnetischen Umweltverträglichkeit sollte nicht die Technik, sondern der Mensch im Mittelpunkt stehen!
Wenn sich Tunnelkatastrophen in letzter Zeit häufen, so ist das kaum verwunderlich. Die EMV-Grenzwerte gelten schließlich immer nur für jedes einzelne Handy. Fahren aber viele Fahrzeuge und Busse in einen Tunnel ein, dann gehen Hunderte von Handys gleichzeitig in den Suchlauf über, weil sie den Kontakt zur nächsten Basisstation verloren haben. Sie arbeiten dabei mit voller Sendeleistung und stressen völlig unkontrolliert die Bordelektronik und die Fahrer gleichermaßen. Man könnte zu dem Schluss kommen, wer einerseits die Welle nutzen will, sich andererseits aber weigert, sich wissenschaftlich mit der Wellengleichung auseinander zu setzen, handelt verantwortungslos.

Werfen wir noch einen kurzen Blick auf die Verschleißproblematik. Die meisten technischen Geräte finden den Weg in die Werkstatt erst, wenn sie bereits defekt sind. Manche werden prinzipiell nicht mehr repariert und gleich zum Müll befördert. Sie sind verschlissen und eine Reparatur lohnt angeblich nicht mehr, während andere, meist teure Systeme regelmäßig gewartet werden, indem alle Verschleißteile ausgewechselt werden.

Die Natur hat letzteres Prinzip perfektioniert. Sie gewährt dem Körper eine permanente Wartung, indem sie ständig neue Zellen herstellt und verbrauchte ersetzt. Sie erreicht damit eine wesentlich höhere Betriebsdauer und ist sogar in der Lage, Wunden zu heilen. Man stelle sich einmal vor, Beulen in unseren Autos würden nach wenigen Wochen von selbst verschwinden und die Karossen würden wie neu aussehen. Eine derart optimale Wartung ist aufwendig, und sie hat ihren Preis.
Durch die Zellteilung wird der Bauplan für die Ersatzteile kopiert. Die Aufgabe hingegen wird „per Funk“ über Hohlleiter-Kanäle an die neuen Zellen übermittelt, wie die übereinstimmende Struktur von Skalarwelle und Hohlleiter beweist (Kap. 21.12 und Tafel 25.7). Die Zellen besitzen daher eine Art „dezentrale Intelligenz“, die technischer Materie ganz und gar abgeht. Ein Vergleich mit der Technik gibt dennoch Sinn, denn Verschleiß tritt bei allen Systemen im Dauerbetrieb auf. Also sind Strategien zu entwickeln, für die erforderlichen Betriebsstoffe, Baustoffe und Austauschteile zu sorgen.

Durch Ausmessen der hyperboloiden Strukturen der Matrixkanäle sollte es möglich sein, die Wellenlänge der Skalarwellen zu bestimmen, um sie in das Frequenzdiagramm (23.1) einzutragen.

Tunnelstruktur der Grundsubstanz nach Prof. Heine<i>:

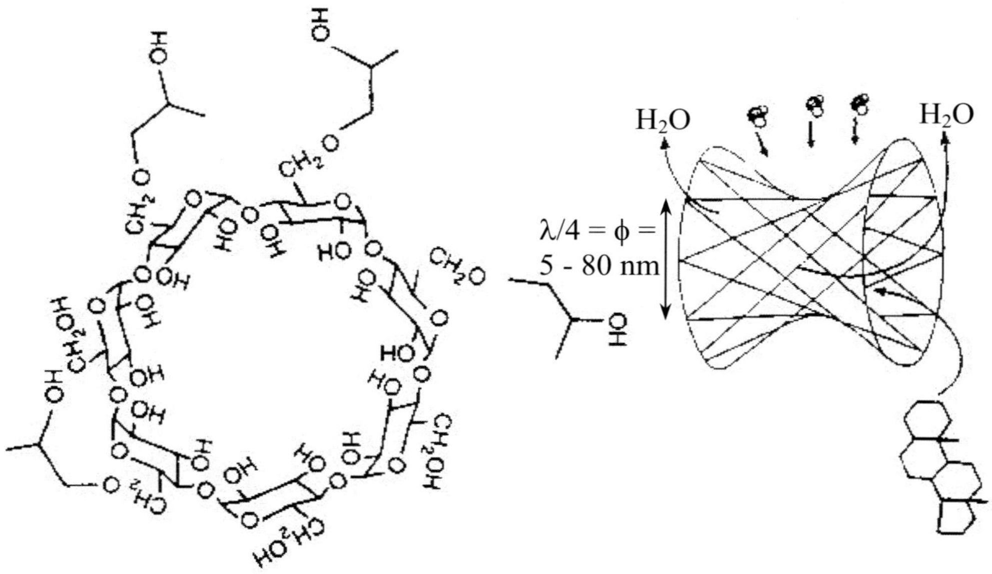


Tafel 25.7: Informationskanäle in der interzellulären Matrix.<i>

<i>: Hartmut. Heine: Lehrbuch der biologischen Medizin. Grundregulation und Extrazelluläre Matrix, 2. Aufl. 1997, Hippokrates Verlag Stuttgart, S. 56

<ii>: H. Mayer, G. Winklbaur: Biostrahlen, Verlag ORAC, Wien 1989, 5. Auflage S. 97: Messung von der DNS eines Gurkenkeims abstrahlenden Photonen.

<iii>: A.F. Popp: Neue Horizonte in der Medizin, 2.Aufl. Haug Verlag Heidelberg 1987

## 25.7 Das Mikrowellenfenster

Es fehlt noch eine Information über die Frequenz oder die Ausbreitungsgeschwindigkeit, um die Zellinformation spezifizieren und in die Grafik 23.1 eintragen zu können. Nehmen wir das Buch über „Biostrahlen“ zur Hand[<ii>]. Hier wird dargelegt, wie bei einzelnen Zellen die Aussendung elektromagnetischer Signale bereits gemessen werden konnte, die als zirkularpolarisierte Wellen interpretiert werden (Tafel 21.10 A). Ihre Polarisationsebene soll dabei mit Lichtgeschwindigkeit drehen, während sich die Welle selber in longitudinaler Weise relativ langsam und den Autoren zu Folge mit ***Schallgeschwindigkeit*** ausbreitet.
Die Beschäftigung mit der Potentialwirbeltheorie lässt in der Erklärung sofort den Wirbel wiedererkennen, denn dieser dreht als aufgerollte Welle mit Lichtgeschwindigkeit im Kreis (Tafel 21.10). Ist er mit geschlossenem Wirbelzentrum an die umgebende Materie gebunden, ist zu erwarten, dass eine Ausbreitung tatsächlich mit der Geschwindigkeit von Körperschall erfolgt.
Es könnte sich um die gleichen Signale handeln, die Prof. A. Popp als ***Biophotonen*** bezeichnet und in lebenden Organismen messtechnisch nachweist[<iii>]. Er betrachtet das Phänomen bei gleicher Wellenlänge allerdings mit Lichtgeschwindigkeit und landet auch dann bei Lichtfrequenzen, wenn nichts sichtbar leuchtet! Es stellt sich die Frage: Handelt es sich um die Frequenz des Lichts oder nur um die entsprechende Wellenlänge oder tatsächlich um beides, also um Licht, wie in der Bezeichnung Biophotonen zum Ausdruck kommt?
Die Photomultiplier, die Prof. Popp als „Lichtverstärker“ verwendet, lassen sich aber nur auf bestimmte Wellenlängen und nicht auf Frequenzen einstellen. Auch wenn die nachgewiesenen Biophotonen die Wellenlänge des Lichts haben, wird trotzdem nichts leuchten, wenn die Ausbreitungsgeschwindigkeit und als Folge auch die Frequenz von der des Lichts um mehrere Zehnerpotenzen abweichen. Bei der enormen Zahl an Zellen müsste sich auch die Zahl der Photonen entsprechend addieren und der Körper als Ganzes anfangen zu leuchten. Das ist nicht der Fall.

Die der Zellkommunikation dienenden Hohlleiter in der interzellulären Matrix, die Prof. H. Heine mikroskopisch beobachtet, haben Wellenlängen zwischen 20 und 300 Nanometern, was dem Bereich der ultravioletten Strahlung entspricht[<i>]. Wenn aber die Ausbreitung um 6 Zehnerpotenzen langsamer ist als das Licht, dann wird auch die Frequenz nur ein Millionstel betragen und in den Bereich der ***Mikrowellen*** fallen. Hier scheint ein biologisches Fenster vorhanden zu sein, auf das wir aus Gründen der elektromagnetischen Umweltverträglichkeit unser Augenmerk richten sollten!

Die thermische Strahlung, die von der Sonne und den Planeten die Erde erreicht, liegt in dem Mikrowellenbereich zwischen 2 und 20 cm. Wenn uns die Sonne gut tut und wir die Strahlung brauchen, könnte das an der identischen Frequenz liegen. Das bedeutet aber auch, dass die Sonne und die Planeten in der Lage sind, auf die Zellkommunikation einzuwirken. Sie können beispielsweise als Taktgeber für das Herz fungieren.

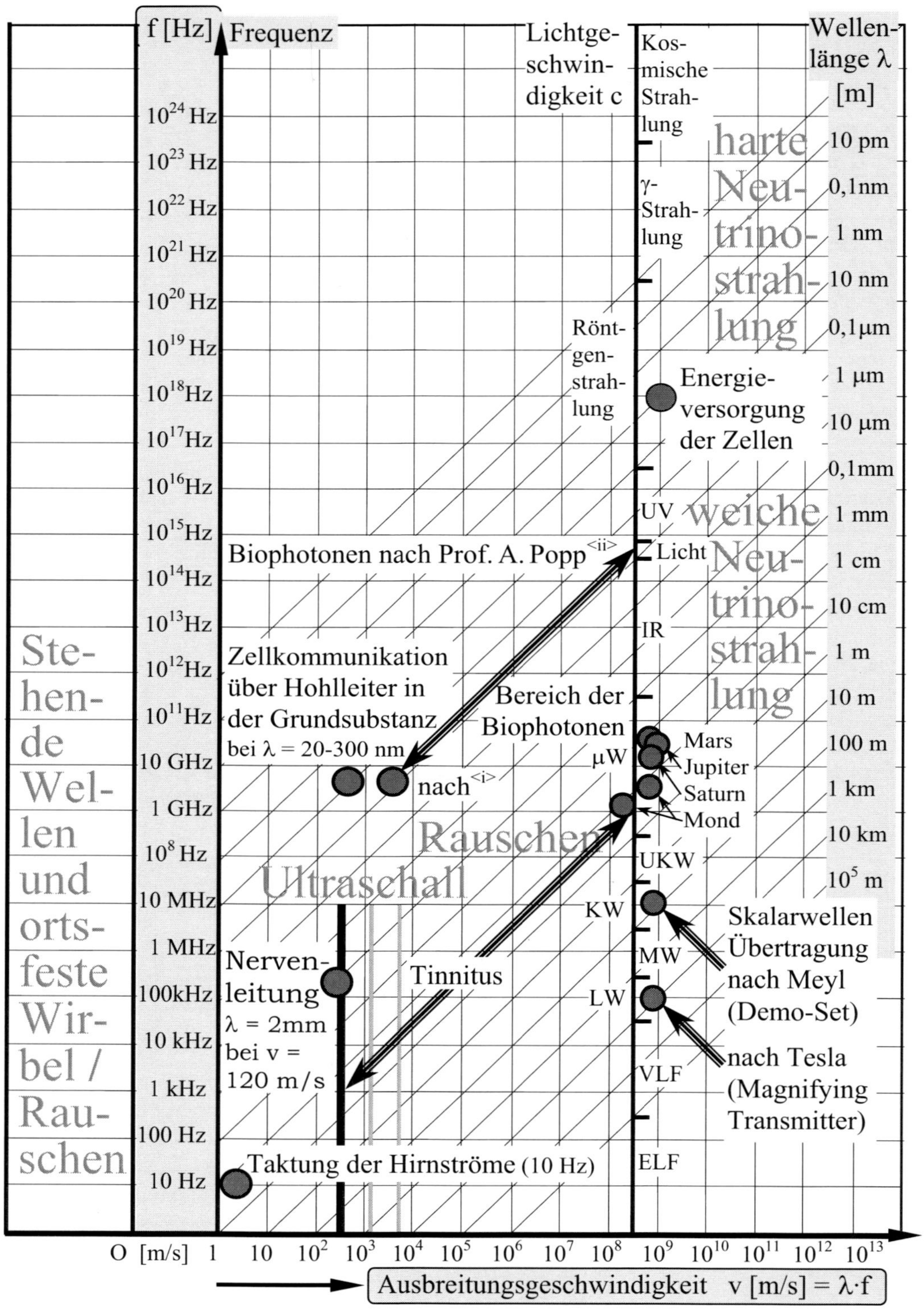


Tafel 25.8: Frequenzdiagramm mit Eintragungen zu biologisch relevanten Bereichen (Tinnitus, Nervenleitung, etc.).

### 25.8 Diskussion zur Skalarwellenmedizin

In den sensiblen Bereich des vermuteten Mikrowellenfensters fallen aber auch die Mobiltelefone und deren Oberwellen, die besonders beim gepulsten Betrieb in digitalen Netzen ein breites Spektrum einnehmen. Das D-Netz beispielsweise hat eine Wellenlänge von 32 cm, das E-Netz liegt bei der Hälfte. Doch welcher Frequenz entspricht dies bei Schallgeschwindigkeit? Nun, die Frequenz ist 6 Zehnerpotenzen kleiner und liegt jetzt bei 1 kHz bzw. 2 kHz. Hinzu kommen die zahlreichen Oberwellen, die ein Rauschsignal bilden und oberhalb davon liegen. Damit fallen diese Signale vollständig in den Hörbereich, dort, wo unsere Ohren am empfindlichsten sind!
Dieser Ursache verdanken wir wahrscheinlich die moderne Zivilisationskrankheit ***„Tinnitus“***. Jedes geladene Teilchen wird dieser elektromagnetischen Schwingung folgen und entsprechende Schallschwingungen erzeugen, die nicht etwa „Kranke“, sondern ganz im Gegenteil „gesunde“ Menschen hören können, die daraufhin möglicherweise krank werden. Der Einwand, in diesem Bereich sei auch kosmische Strahlung beispielsweise von den Planeten vorhanden, ist berechtigt. Doch ist zu bedenken, dass sich Planeten auch wieder von der Erde entfernen. Durch die Erddrehung liegt zudem eine tageszeitliche Schwankung vor, während die Mobilfunkmasten in unserer Nachbarschaft im Dauerbetrieb strahlen.

In diesem Frequenzfenster erfolgt bei 10 Hz fatalerweise die Taktung der Hirnströme. Meine Empfehlung wäre, den akustisch relevanten Bereich zwischen 2 cm (bei 16 kHz) und 3 m Wellenlänge (100 Hz) für jegliche technische Nutzung zu sperren. Der Betrieb eines Senders in einem biologischen Fenster schadet jedem Menschen und ist von keiner Institution zu verantworten.

Es ist weiter zu berücksichtigen, dass die biologischen Fenster der Pflanzen und Tiere in der Regel mit denen des Menschen übereinstimmen, aber manchmal erheblich nach oben oder unten in der Wellenlänge verschoben sind. Es steht uns nicht zu, die Natur zu richten. BSE-Krise und Maul-und-Klauen-Seuche machen deutlich, dass das Immunsystem der Tiere offenbar die Grenze der Belastbarkeit erreicht hat. Auch das des Menschen scheint nicht mehr das zu sein, was es ursprünglich einmal war.
Wir müssen davon ausgehen, dass viele Krankheiten (Krebs[<4i>]) sowie Therapieverfahren direkt oder indirekt etwas mit Skalarwellen zu tun haben. Wer die Erforschung von Skalarwellen weiter behindert, handelt unverantwortlich und verstößt gegen die Menschenrechte.

---

<i>: H. Mayer, G. Winklbaur: Biostrahlen, Verlag ORAC, Wien 1989, 5. Auflage, S. 97: Messung von der DNS eines Gurkenkeims abstrahlenden Photonen.

<ii>: A. Popp: Neue Horizonte in der Medizin, 2. Aufl. Haug Verlag Heidelberg 1987

<iii>: Hartmut Heine: Lehrbuch der biologischen Medizin. Grundregulation und Extrazelluläre Matrix, 2. Aufl. 1997, Hippokrates Verlag Stuttgart, S. 56

<4i>: K. Meyl: Skalarwellenstrahlung. Welche Bedeutung haben Skalarwellen für die Medizin? GNP-Vortrag am 29.04.2001, Rhein-Main-Halle Wiesbaden, s.a. Co´med Fachzeitschrift für Komplementärmedizin Juni/2001, S. 55 - 60.

# I. Nach der **Maxwell-Theorie**:

1. Induktionsgesetz:

$$\text{rot}\,\mathbf{E} = -\,\delta\mathbf{B}/\delta t \qquad (26.1)$$

mit $\mathbf{E} = \mathbf{E}(\mathbf{r},t)$
und $\mathbf{H} = \mathbf{H}(\mathbf{r},t)$ :

$$\mathbf{B} = \mu \cdot \mathbf{H} \qquad (26.2)$$

$$-\,\text{rot rot}\,\mathbf{E} = \mu \cdot \delta(\text{rot}\,\mathbf{H})/\delta t \qquad (26.3)$$

2. Durchflutungsgesetz:

$$\text{rot}\,\mathbf{H} = \mathbf{j} + \delta\mathbf{D}/\delta t \qquad (26.4)$$

mit:

Ohmsche Gesetz: $\mathbf{j} = \sigma \cdot \mathbf{E}$ (26.5)

Dielektrische Verschiebung: $\mathbf{D} = \varepsilon \cdot \mathbf{E}$ (26.6)

Relaxationszeit: $\tau_1 = \varepsilon/\sigma$ (26.7)

$$\text{rot}\,\mathbf{H} = \varepsilon \cdot (\mathbf{E}/\tau_1 + \delta\mathbf{E}/\delta t) \qquad (26.8)$$

3. Einsetzen von Gleichung 26.8 in 26.3:

$$-\,\text{rot rot}\,\mathbf{E} = \mu \cdot \varepsilon \cdot (1/\tau_1 \cdot \delta\mathbf{E}/\delta t + \delta^2\mathbf{E}/\delta t^2) \qquad (26.9)$$

mit der Abkürzung: $\mu \cdot \varepsilon = 1/c^2$ (26.10)

4. Feldgleichung einer gedämpften Transversalwelle:

$$\underbrace{-\,\text{rot rot}\,\mathbf{E} \cdot c^2}_{\text{Transversal-}} = \underbrace{\delta^2\mathbf{E}/\delta t^2}_{\text{Welle}} + \underbrace{(1/\tau_1) \cdot \delta\mathbf{E}/\delta t}_{\text{Wirbeldämpfung}} \qquad (26.11)$$

Tafel 26.1: Herleitung der Wellendämpfung durch Wirbelbildung!<i>

<i>: s.a. EMUV, Teil 1, Kapitel 5.3, 2.Grenzfall.

## 26. Zusammenfassung aus der Sicht der Lehrbuchphysik

Nachdem mittlerweile unzählige Mosaiksteinchen als anregende Diskussionsbeiträge für das informationstechnische Seminar angesammelt wurden, ist es an der Zeit, die Ideen zu sortieren und die Steinchen zu einem Gesamtbild zusammenzusetzen.
Zweifler und orthodoxe Wissenschaftler lassen sich nur überzeugen, indem von der Lehrbuchphysik ausgegangen und auf Postulate vollständig verzichtet wird. Diese Forderungen werden erfüllt!

### 26.1 Die übliche Fehlinterpretation der Antennenverluste

Die mathematische Beschreibung physikalischer Zusammenhänge führt zu den bekannten Gesetzen, die nicht mehr in Zweifel zu ziehen sind, sobald sie als richtig erkannt sind. Wie aber steht es mit der Interpretation? Obwohl ein Gesetz diese vorgibt und keine Wahlmöglichkeit besteht, da Gesetze einzuhalten sind, verstoßen dennoch Lehrbücher hin und wieder gegen die mathematisch vorgeschriebene Interpretation, ein Umstand, der nicht zu akzeptieren ist. Ich möchte dies an einem Beispiel erläutern.

Nehmen wir an, der gemessene Wirkungsgrad einer Sendeantenne betrage 80 Prozent. Es gibt noch bessere, aber auch deutlich schlechtere Antennen, nur habe ich keine bestimmte Bauform im Auge. Die Aussage lautet schlicht und einfach, von der eingespeisten HF-Leistung wird 80% in Hertz'sche Wellen umgesetzt. Es tritt also ein 20 prozentiger Leistungsverlust auf. Es schließt sich die Frage an: Woraus bestehen diese 20 %?

Die unter Fachleuten übliche und von Lehrbüchern gestützte Antwort lautet: der Antennendraht wird heiß und auch die Luft um die Antenne herum wird durch dielektrische Verluste erwärmt. Kurzum, es entsteht Wärme.
Ich muss aber darauf hinweisen und werde Beweise anführen, dass diese Interpretation primär falsch ist! Sie ist jedenfalls nicht im Einklang mit den Maxwellschen Gesetzen. Wer nämlich die Gesetze befolgt, kommt zu einem ganz anderen Resultat!

Eine kurze Herleitung bringt es ans Licht (Tafel 26.1).
Wir gehen von der lehrbuchmäßigen Formulierung des Induktionsgesetzes aus (26.1), wenden die Rotor-Operation auf beide Seiten der Gleichung an (26.3) und setzen an die Stelle von rot **H** das Durchflutungsgesetz ein (26.4-26.8). Das allgemein bekannte Ergebnis beschreibt eine gedämpfte elektromagnetische Welle (26.11)[<i>].
Es ist einerseits eine Transversalwelle, die 80% der Antennenleistung bei unserem Beispiel repräsentiert. Andererseits findet sich in der Gleichung ein Dämpfungsterm, der offensichtlich den gesuchten 20% entspricht. Damit wäre die Antwort auch schon gefunden. Wir stellen fest, dass auf Grund einer Dämpfung der Welle 20% Antennenverluste auftreten, bei denen es sich keinesfalls um Wärme handeln kann, denn der Dämpfungsterm in der Gleichung hat nichts mit Thermodynamik gemein. In der Gleichung steht überhaupt nichts über Wärme!
Ein folgenschwerer Irrtum!

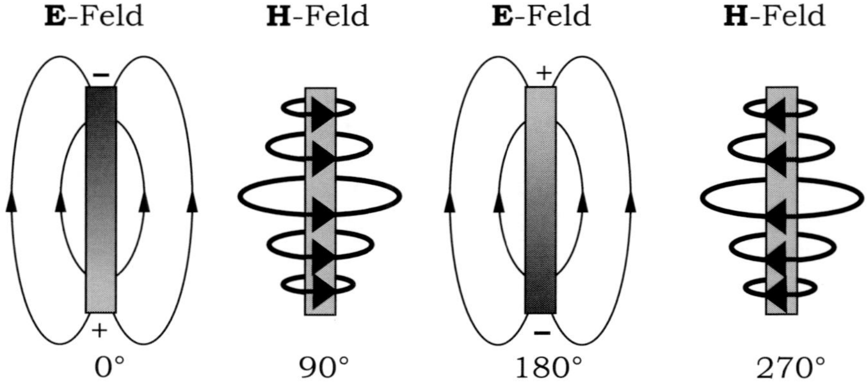


Tafel 21.8 A: Die Felder der schwingenden Dipolantenne<i>.

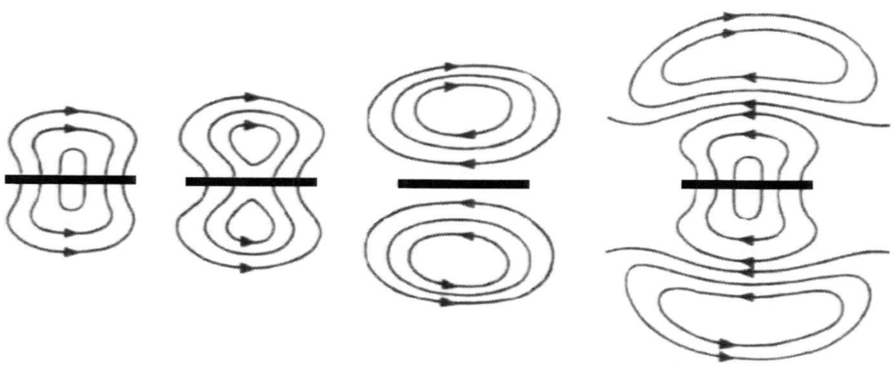

Tafel 21.9 A: Die Ablösung der elektrischen Feldlinien vom Dipol.

<i>: Wiederholung zu Kapitel 21

## 26.2 Wellendämpfung durch Feldwirbel

- **Mathematisch betrachtet** beschreibt der Dämpfungsterm Wirbel des elektromagnetischen Feldes. Dieser Term bildet beispielsweise die Grundlage aller Wirbelstromberechnungen<ii>.

- **Physikalisch betrachtet** rollen sich einige Wellen - in unserem Beispiel sind es 20 Prozent - zu Feldwirbeln auf, womit die Wellendämpfung und die Antennenverluste erklärt wären.

Von den generierten Wirbeln werden im Laufe der Zeit ein Großteil zerfallen. Diese produzieren dabei Wirbelverluste in Form von Wärme. Letztendlich entsteht also doch Wärme – einverstanden. Die Kritik an den Lehrbüchern besteht eben darin, dass keineswegs davon auszugehen ist, dass alle Wirbel spontan zerfallen und eine vollständige Umsetzung in Wärme erfolgen wird. Zudem findet der Vorgang mit einer zeitlichen Verzögerung statt. Die Zeitkonstante $\tau_1$ gibt diesbezüglich Auskunft. Es wird Feldenergie im Wirbel zwischengespeichert, wobei einige Wirbel sehr lange leben und nicht auszuschließen ist, dass einige wenige sogar beliebig lange existieren.

Um Näheres über diese Feldwirbel und ihr Verhalten in Erfahrung zu bringen, muss man tief in die Wirbelphysik einsteigen, über die leider in den Lehrbüchern nichts zu finden ist. Der Irrtum hat System. Das folgende Kurzkompendium soll die Lücke schließen helfen:

- **Mathematisch betrachtet** zeigt sich ein in sich geschlossener elektromagnetischer Feldwirbel als **Skalar**. Solche Feldwirbel, die von einem skalaren Feld vermittelt werden, breiten sich genauso wie geladene Teilchen in longitudinaler Weise als **Skalarwelle** aus.

- **Physikalisch betrachtet** hat ein geschlossener Feldwirbel Teilchencharakter. Wenn ein Teilchen das nächste anstößt, wird ein Impuls vermittelt. Es kommt zu einer **Stoßwelle**, einer longitudinalen Wellenbewegung der Teilchen.

Aus wirbelphysikalischer Sicht klingt jetzt die Interpretation des Antennenbeispiels ganz anders:
Die in einem Antennendraht hochfrequent schwingenden Ladungsträger bilden eine longitudinale Stoßwelle aus. Zwischen Strom und Spannung besteht üblicherweise eine Phasenverschiebung von $90^0$. Die von diesen Ladungsträgern hervorgerufenen Felder formen in unmittelbarer Nähe der Antenne, dem sogenannten Nahfeldbereich, ein Skalarwellenfeld aus, das ebenfalls longitudinale Feldkomponenten enthält und eine Phasenverschiebung von $90^0$ zwischen elektrischem und magnetischem Feld aufweist (Tafel 21.8 A). Wie in Lehrbüchern durch Feldlinien verdeutlicht, formen die generierten Felder tatsächlich Wirbel, wobei eine Struktur die nächste anstößt (Tafel 21.9 A).

Die Wirbel im Nahbereich einer Antenne bestehen aus stehenden Wellen, die sich offenbar mit zunehmender Entfernung wandeln. 80% davon rollen sich bei unserem Beispiel ab und gehen über in transversale Wellen, wobei der charakteristische Phasenwinkel zwischen **E**- und **H**-Feld bei der Gelegenheit zu Null wird.
Wenden wir uns wieder dem 20-prozentigen Verlustanteil zu.

<ii>: s.a.: K. Meyl: Wirbelströme, Diss. Uni. Stuttgart 1984, INDEL Verlagsabt.

# I. Nach der **Maxwell-Theorie**:

Die konsequente Anwendung der Lehrbuchphysik

- Longitudinalwellen laufen in Richtung eines Feldzeigers.
- Der Feldzeiger schwingt, der Geschwindigkeitsvektor schwingt mit!
- Bei relativistischen Geschwindigkeiten unterliegen Feldwirbel der Lorentzkontraktion
- Je schneller der schwingende Wirbel unterwegs ist, umso kleiner wird er.
- Der Wirbel ändert ständig seinen Durchmesser (s. Tafel 21.10 B).
- Mit dem Durchmesser nimmt die Wellenlänge ab (s. Tafel 22.4).
- Die Wirbelgeschwindigkeit ist konstant (= Lichtgeschwindigkeit c)
- Eigenfrequenz des Wirbels schwingt gegenphasig zur Wellenlänge.
- Die **Wirbel arbeiten als Frequenzwandler!**
- Das messbare Frequenzgemisch wird **Rauschen** genannt.

führt zu der Aussage:

- Das Antennenrauschen entspricht den Antennenverlusten!

---

# II. Mathematische Beschreibung einer Welle durch die inhomogene **Laplace-Gleichung**:

$$\underbrace{\Delta \mathbf{E} \cdot c^2}_{\text{Laplace Operator}} = \underbrace{- \operatorname{rot} \operatorname{rot} \mathbf{E} \cdot c^2}_{\text{Transversal- (Rundfunkwelle)}} + \underbrace{\operatorname{grad} \operatorname{div} \mathbf{E} \cdot c^2}_{\text{Longitudinal- (Skalarwelle)}} = \underbrace{\delta^2 \mathbf{E} / \delta t^2}_{\text{Welle}} \qquad (26.12)$$

Divergenz **E** ist ein Skalar!
Der entsprechende Term begründet eine Skalarwelle.

Tafel 26.3: Mathematische Beschreibung einer Welle nach Laplace

## 26.3 Laplace contra Maxwell

Longitudinalwellen kennen bekanntlich keine feste Ausbreitungsgeschwindigkeit. Da sie in Richtung eines schwingenden Feldzeigers laufen, wird auch der Geschwindigkeitsvektor schwingen. Bei sogenannten relativistischen Geschwindigkeiten im Bereich der Lichtgeschwindigkeit c unterliegen die Feldwirbel der ***Lorentzkontraktion***. Das heißt, je schneller der schwingende Wirbel unterwegs ist, umso kleiner wird er. ***Der Wirbel ändert*** als impulstragender Vermittler einer Skalarwelle ***ständig seinen Durchmesser***.
Da es sich bei den Wirbeln um aufgerollte Wellen handeln soll, wird die Wirbelgeschwindigkeit weiterhin c sein, mit der die Welle jetzt um das Wirbelzentrum im Kreis herumläuft. Daraus folgt, dass bei kleiner werdendem Durchmesser die Wellenlänge des Wirbels ebenfalls abnimmt, während die Eigenfrequenz des Wirbels dementsprechend zunimmt.
Schwingt der Wirbel im nächsten Augenblick zurück, nimmt die Frequenz wieder ab. Der ***Wirbel arbeitet als Frequenzwandler!*** Das auf diese Weise entstandene Gemisch hochfrequenter Signale über ein breites Frequenzband verteilt, wird ***Rauschen*** genannt. Ein Rauschsignal wird in der Tat von außen mit Hilfe breitbandiger Empfänger gemessen. Wir sprechen auch vom ***Antennenrauschen*** und können mit dieser Erkenntnis die 20% Antennenverluste weiter präzisieren: Die Antenne erzeugt 20 % Rauschen, was gleichzusetzen ist mit den generierten Wirbeln auf Grund der Wellendämpfung.

An dieser Stelle lässt uns die Maxwelltheorie gar keinen Interpretationsspielraum. Wenn in den Lehrbüchern der Eindruck erweckt wird, als sei das Rauschen eine eigenständige Disziplin, so trifft dies keinesfalls zu. Wie sehr das Rauschen mit den elektromagnetischen Wellen verknüpft ist, beweist ein kurzer Blick auf die Wellengleichung.

Die in den meisten Lehrbüchern anzutreffende ***Wellengleichung hat die Form einer inhomogenen Laplace-Gleichung.*** Der berühmte französische Mathematiker Laplace hat schon wesentlich früher als Maxwell eine umfassende und bis heute als gültig anerkannte Formulierung von Wellen gefunden und mathematisch formuliert (Gl. 26.12).

Auf der einen Seite der Wellengleichung steht der Laplace-Operator, der die räumliche Feldverteilung beschreibt, und der nach den Regeln der Vektoranalysis in zwei Anteile zerlegbar ist. Auf der anderen Seite findet sich als inhomogener Term die Beschreibung der Zeitabhängigkeit der Welle.

Wird die Wellengleichung nach Laplace (26.12) mit der verglichen, die uns die Maxwell-Gleichungen beschert haben (26.11), dann treten zwei Unterschiede deutlich hervor:

1. In der Laplace-Gleichung fehlt der Dämpfungsterm. Sie beschreibt keine Entstehung von Wirbeln, und das heißt, es gibt gar keine Wirbel, oder vorhandene Wirbel waren von Anfang an mit dabei.
2. Mit Divergenz **E** taucht eine skalare Größe in der Wellengleichung auf, die eine Skalarwelle begründet.

An dieser Stelle entbrennen sofort hitzige Diskussionen um die Frage nach der Existenz von Skalarwellen. Doch diese Frage wurde mit der Wirbelbetrachtung bereits klar beantwortet. Da auch mit der Plasmawelle eine anerkannte Beschreibung longitudinaler und skalarer Wellen existiert und sich diese auf direktem Weg ohne Postulat aus dem Term der Wellengleichung ableiten lässt (Kapitel 21.4/21.5), der Skalarwellen begründet, sind für deren Existenz noch weitere Argumente vorhanden.

## I. Nach **Maxwell**:

$$\underbrace{- \text{rot rot } \mathbf{E} \cdot c^2}_{\text{Transversal-}} = \underbrace{\delta^2\mathbf{E}/\delta t^2}_{\text{Welle}} + \underbrace{(1/\tau_1) \cdot \delta\mathbf{E}/\delta t}_{\text{Wirbeldämpfung}} \qquad (26.11)$$

Beschreibung elektromagnetischer Wellen mit Wirbeldämpfung
Beispiel: Sonnenlicht und die Dämpfung in der Ionosphäre (blauer Himmel).

---

## II. Nach **Laplace**:

$$\underbrace{\Delta\mathbf{E} \cdot c^2}_{\text{Laplace Operator}} = \underbrace{- \text{rot rot } \mathbf{E} \cdot c^2}_{\text{Transversal- (Hertz)}} + \underbrace{\text{grad div } \mathbf{E} \cdot c^2}_{\text{Longitudinal- (Tesla)}} = \underbrace{\delta^2\mathbf{E}/\delta t^2}_{\text{Welle}} \qquad (26.12)$$

Beschreibung transversaler elektromagnetischer Wellen (Hertz´sche Wellen) und longitudinaler Skalarwellen (Teslastrahlung).
1. Beispiel: Lichtausbreitung als Welle oder als Teilchen.
2. Beispiel: Nutzsignal oder Rauschsignal einer Antenne.

---

## III. **mathematisch** betrachtet (Koeffizientenvergleich):

$$\underbrace{(1/\tau_1) \cdot \delta\mathbf{E}/\delta t}_{\text{Wirbel}} + \underbrace{\text{grad div } \mathbf{E} \cdot c^2}_{\text{Skalar}} = 0 \qquad (26.13)$$

---

## IV. **physikalisch** betrachtet
(aus dem Vergleich von Gleichung 26.12 mit Gleichung 26.11):

Wirbel breiten sich longitudinal als Skalarwelle aus!

Tafel 26.4: Vergleich der beiden Wellenbeschreibungen.

## 26.4 Fehlerterm in der Wellengleichung

Aus dem Koeffizientenvergleich beider Wellenbeschreibungen folgt noch mehr:

- **Mathematisch gesehen** ist der Dämpfungs- bzw. Wirbelterm nach Maxwell gleichzusetzen mit dem Skalarwellenterm nach Laplace.
- **Physikalisch gesehen** formen und begründen die generierten Feldwirbel eine Skalarwelle.

Auch hier besteht kein Interpretationsspielraum, solange mit der Laplace'schen Wellengleichung gearbeitet wird und gleichzeitig an der Maxwelltheorie festgehalten wird. Wird der Skalarwellenanteil hingegen zu Null gesetzt, wie in den Lehrbüchern üblich, dann darf es als Konsequenz weder Wirbel noch Rauschen geben. Das aber widerspricht jeder messtechnischen Erfahrung! Da jede Antenne mehr oder weniger rauscht, geben die Lehrbücher offenbar nur die halbe Wahrheit wieder. Die Wissenschaft hingegen strebt nach der ganzen Wahrheit und die gilt es zu ergründen.

Beträgt bei dem Antennenbeispiel der Wirbelanteil 20%, dann ist dies gleichbedeutend mit 20% Skalarwellenanteil, bzw. 20% Rauschen. Der Skalarwellenanteil bildet in Hinblick auf die Hertz´sche Nutzwelle so etwas wie einen Fehlerterm in der Wellengleichung. Der Anteil ist definitiv zu groß, als dass er zu Null gesetzt werden dürfte. Trotzdem fehlt in den Lehrbüchern jede Fehlerbetrachtung, wenn der Skalarwellenterm zu Null angenommen wird. Das verstößt gegen alle Regeln der Physik und der gelehrten Wissenschaftsmethodik.

In der Praxis verhält es sich so, dass ein Nutzsignal im Rauschen untergeht und ein Empfang nicht mehr möglich ist, sobald der Skalarwellenanteil überhand nimmt. Selbst in diesem Fall, bei dem der Wirkungsgrad gegen Null tendiert, ist es noch immer üblich, den über alles dominierenden Fehlerterm zu Null zu setzen. Wer in diesem Punkt aber den Lehrbüchern folgt, missachtet damit die Wellengleichung und kann sich dabei keineswegs darauf berufen, dass alle Kollegen denselben Fehler machen.

Das Gebäude der Physik verhält sich wie ein Kartenhaus, bei dem sich die Karten gegenseitig Halt geben. Vielleicht ist das der tiefere Grund, warum diejenigen, die eine gezinkte Karte entdeckt haben, sie nicht umgehend herausziehen. Sie werden zudem von den selbsternannten Hütern der „reinen Lehre" daran gehindert. Jeder weiß, was mit dem Kartenhaus passiert, wenn die gezinkte Karte herausgezogen wird. Nur wollen und können wir damit auf Dauer leben? Ist es vielleicht eine Lösung des Problems, wenn die sog. Fachleute unter den Physikern und Technikern wegschauen und sich mit den Grundlagen ihres Fachs nicht mehr beschäftigen? Wenn Universitäten ihre Grundlagen-ausbildung gegen die Wand fahren, und jeden Widerspruch bereits im Keim ersticken?

Gestatten Sie, dass ich die gezinkte Karte jetzt herausziehe und auf den Tisch lege!

Es geht um die Frage, wie die Feldwirbel geartet sind, die eine Skalarwelle im Raum ausbilden. Wirbelströme in den Eisenteilen der Antenne sind mit den Feldgleichungen erklärt, nicht aber das Rauschen, welches vornehmlich in der Luft gemessen wird. Wenn eine Antenne einerseits Feldwirbel und als Folge Wirbelverluste und andererseits dielektrische Verluste erzeugt, dann ist davon auszugehen, dass neben den Wirbelströmen im Leiter auch Wirbel im Dielektrikum existieren müssen. Gehen wir auf die Suche!

**Zwischenbilanz** (Gegenüberstellung von Argumenten):

| | |
|---|---|
| Auf der einen Seite schreiben die Maxwell-Gleichungen vor, dass als Ursache für eine Wellendämpfung nur Feldwirbel in Betracht zu ziehen sind. | Auf der anderen Seite beschreiben dieselben Gesetze lediglich Wirbelströme, die nur in den elektrisch leitfähigen Teilen der Antenne auftreten können. |
| Einerseits ermöglicht die Feldwirbelinterpretation das Rauschen einer Antenne perfekt zu erklären. | Andererseits tritt das Rauschen in der Antennenumgebung, also in der Luft in Erscheinung und nicht in den Eisenteilen! |
| Die mathematische Formulierung offenbart, wie Welle und Wirbel, bzw. Rauschen zusammenwirken, und wie man sich die Umwandlung der einen Form in die andere vorzustellen hat. | Auf der anderen Seite fehlt in der Feldphysik eine brauchbare Beschreibung elektrischer Feldwirbel in einem Dielektrikum, die das Rauschsignal begründen könnten. |

Tafel 26.5: Argumente und Gegenargumente.

## 26.5 Zwischenbilanz

Es sollte kein Nachteil sein, physikalische Gesetze konsequenter zu interpretieren als üblich, auch wenn im vorliegenden Fall die orthodoxe Wissenschaft damit zunächst in eine tiefe Krise stürzen sollte. Ob der Weg sich lohnt, wird sich erst am Ziel zeigen.
Versuchen wir einmal in Form einer Gegenüberstellung von Argumenten die Widersprüche herauszuarbeiten (Tafel 26.5):

- Auf der einen Seite schreiben die Maxwell-Gleichungen vor, dass als Ursache für eine Wellendämpfung nur Feldwirbel in Betracht zu ziehen sind.
  - Auf der anderen Seite beschreiben dieselben Gesetze lediglich Wirbelströme, die nur in den elektrisch leitfähigen Teilen der Antenne auftreten können.
- Einerseits ermöglicht die Feldwirbelinterpretation das Rauschen einer Antenne perfekt zu erklären.
  - Andererseits tritt das Rauschen in der Antennenumgebung, also in der Luft in Erscheinung und nicht in den Eisenteilen!
- Die mathematische Formulierung offenbart, wie Welle und Wirbel, bzw. Rauschen zusammenwirken, und wie man sich die Umwandlung der einen Form in die andere vorzustellen hat.
  - Auf der anderen Seite fehlt in der Feldphysik eine brauchbare Beschreibung elektrischer Feldwirbel in einem Dielektrikum, die das Rauschsignal begründen könnten.

Die naheliegendste unter allen denkbaren Lösungen ist wohl die, dass von einer Existenz dielektrischer Feldwirbel, sog. **Potentialwirbel** auszugehen ist. Wir sind aufgefordert, eine entsprechende Beschreibung zu suchen. Sollte die Suche erfolgreich sein, dann wären die Widersprüche überwunden. Zudem winken eine ganze Reihe vereinfachender Erklärungen von diversen Phänomenen im Dielektrikum (s. Tafel 26.5 und Tafel 26.7).

Das Phänomen des Rauschens wird zu einem Teilaspekt der Wellenphysik, das mehr ist als nur eine Feldstörung, die den Empfang der Nutzwelle erschwert. Ist der Skalarwellencharakter erst erkannt, sind Applikationen vorstellbar, bei denen das Rauschen als Nutzsignal Verwendung findet. Dadurch, dass der skalare Anteil in der Wellengleichung nicht mehr zu Null gesetzt werden muss um Widerspruchsfreiheit zu erreichen, sind über die Berechnung des Anteils sogar Optimierungen von Antennen oder Kondensatoren möglich in Hinblick auf deren dielektrischen Verluste.

Neu jedenfalls ist die Vorstellung, die dielektrischen Verluste eines Kondensators seien Wirbelverluste und kein Materialfehler des Isolierstoffes. Damit entsprechen die Kondensatorverluste einer generierten Rauschleistung. Wir können auch sagen, jeder Kondensator rauscht mehr oder weniger! Die elektrischen Feldlinien zeigen von einer Kondensatorplatte zur anderen. Strahlt die eine Platte als Sender ab und fungiert die andere Platte als Empfänger, dann erfolgt die Feldausbreitung in Richtung des elektrischen Feldzeigers und das wieder ist die Bedingung für eine Longitudinalwelle. Hier schließt sich der Kreis in der Feststellung, das Kondensatorfeld vermittle dielektrische Feldwirbel, die den Feldlinien folgend auf Grund ihres skalaren Charakters eine Skalarwelle begründen. Die Erwärmung des Kondensators resultiert dann aus dem Wirbelzerfall.

**Potentialwirbel** erklären div. Phänomene im Dielektrikum:

1. Das **Rauschen** wird nicht länger aus der Feldtheorie ausgeklammert.
2. Der skalare (Rausch-) Anteil in der Wellengleichung muss nicht länger zu Null gesetzt werden (div $\mathbf{E} \neq 0$).
3. Die Wellenbeschreibungen nach Maxwell (26.11) und nach Laplace (26.12) sind beide gültig, konsistent und widerspruchsfrei.
4. Die dielektrischen Verluste einer Antenne sind physikalisch begründbar und mit der Wellengleichung sogar berechenbar.
5. **Auch die dielektrischen Verluste** eines Kondensators sind **Wirbelverluste** (und kein Materialfehler des Isolierstoffes).
6. Die **Kondensatorverluste** entsprechen einer generierten **Rauschleistung**.
7. Die **Dielektrizitätskonstante** $\varepsilon$ muss zur Begründung der auftretenden Verluste nicht wie bisher komplex angeschrieben werden, wodurch der innere Widerspruch entfällt, der in einer komplexen Konstante steckt. Es sei nur an die Definition der Lichtgeschwindigkeit $c = 1/\sqrt{\varepsilon\mu}$ (Gl. 26.10) und an die unüberwindbaren Probleme in den Lehrbüchern erinnert, die ein komplexes $\varepsilon$ mit sich bringt!
8. Die Feldlinien zeigen von einer Kondensatorplatte zur anderen. Strahlt die eine Platte als Sender ab und fungiert die andere Platte als Empfänger, dann erfolgt die Feldausbreitung in Richtung des elektrischen Feldzeigers und das wieder ist die Bedingung für eine **Longitudinalwelle**.
9. Das Kondensatorfeld vermittelt dielektrische Feldwirbel, die den Feldlinien folgend auf Grund ihres skalaren Charakters eine **Skalarwelle** begründen.
10. Als Bewohner eines Dielektrikums zwischen zwei Kondensatorplatten (Erde u. Ionosphäre) ist auch der **Mensch** ein Produkt dieser Feldwirbel.
11. Skalarwellen sind mehrdimensional modulierbar und als **Träger von Information** nutzbar, wie Prof. Sheldrake mit seinem Nachweis der Existenz morphogenetischer Felder bewiesen hat[<i>].

Tafel 26.6: Vorteile einer um Potentialwirbel erweiterten Feldbeschreibung.

<i>: Rupert Sheldrake: Sieben Experimente, die die Welt verändern könnten. Goldmann Verlag 1994

## 26. 6 Versagen der Maxwell-Theorie

Sollte es sich bei Kondensatorverlusten oder beim Antennenrauschen um dielektrische Verluste handeln im Sinne eines Wirbelzerfalls von Potentialwirbeln, die in der Maxwelltheorie gar nicht vorkommen, dann sehen wir uns mit einem massiven Widerspruch konfrontiert:

- Einerseits bietet uns die Maxwell-Theorie zur Beschreibung der Verluste nur Feldwirbel an und die auch nur im leitfähigen Medium.
    - Andererseits treten dielektrische Verluste im Nichtleiter und in der Luft auf.
- In Leitermaterialien treten Wirbelfelder auf, im Isolator hingegen sind die Felder wirbelfrei. Das kann nicht sein, denn am Übergang vom Leiter zum Isolator gelten die Gesetze der Feldbrechung und diese verlangen nach Stetigkeit! Daher kommt es im Dielektrikum zum Versagen der Maxwell-Theorie (Tafel 26.7).
    - Folgerichtig ist die Existenz von Wirbelfeldern im Dielektrikum, sind sog. Potentialwirbel zu fordern!

In der Elektrodynamik wird behelfsweise ein Vektorpotential **A** angesetzt, das zu einer komplexen Formulierung der Dielektrizität $\varepsilon$ führt und auf diese Weise ermöglicht, die dielektrischen Verluste eines Kondensators über den sich aufspannenden Lastwinkel in der komplexen Ebene mathematisch zu beschreiben. Doch welchen physikalischen Wert hat diese Vorgehensweise? Wie soll jetzt der innere Widerspruch erklärt werden, der in einer komplexen Materialkonstanten steckt? Es sei nur an die Definition der Lichtgeschwindigkeit $c = 1/\sqrt{\varepsilon\mu}$ (Gl. 26.10) in ihrer Abhängigkeit von $\varepsilon$ erinnert. Hier ergeben sich bei komplexem $\varepsilon$ in den Lehrbüchern unüberwindbare Probleme.
Aus der Sicht der Mathematik mag die Einführung des Vektorpotentials zunächst eine Hilfe darstellen. Die genannten Widersprüche lassen jedoch schnell Zweifel an der Modellvorstellung aufkommen. Diese führt aus physikalischer Sicht letztendlich sogar zu Fehlern, wenn die Lichtgeschwindigkeit nicht mehr konstant und sogar komplex sein soll.

Diese Überlegungen sollten als Motiv ausreichen, Potentialwirbel zu fordern, auch wenn zu ihrer Beschreibung Hand an die lehrbuchmäßige Feldtheorie gelegt werden muss. Ergänzend sei noch auf folgende Punkte hingewiesen:

- Als Bewohner eines Dielektrikums zwischen zwei Kondensatorplatten ist auch der Mensch ein Produkt dieser Feldwirbel.
- Skalarwellen sind mehrdimensional modulierbar und als Träger von Information nutzbar, wie Prof. Sheldrake mit seinem Nachweis morphogenetischer Felder bewiesen hat[<i>].

Auf einen Nenner gebracht liefern dielektrische Wirbel nebenbei eine Erklärung für das Naturgeschehen. Sie bilden den Schlüssel zu zahlreichen Disziplinen der Naturwissenschaft, von der Physik über die Biologie bis zur Medizin.

# Problem der Stetigkeit bei Wirbelablösung

Beispiel: Hochspannungskabel

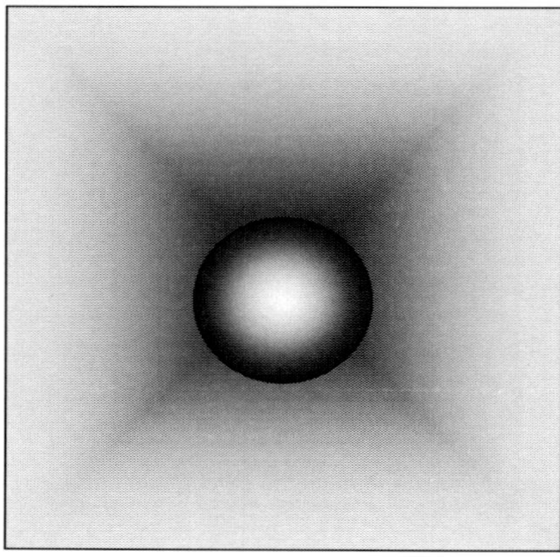

*In **Leitermaterialien** treten **Wirbelfelder** auf, im **Isolator** hingegen sind die Felder **wirbelfrei**. Das kann nicht sein, denn am Übergang vom Leiter zum Isolator gelten die **Gesetze der Feldbrechung** und diese verlangen nach **Stetigkeit!** Daher kommt es im Dielektrikum zum **Versagen der Maxwell-Theorie!***

**Fazit:** ♦ Laut Maxwelltheorie gibt es keine Wirbel des elektrischen Feldes *(keine Potentialwirbel)*, und folglich auch *keine Skalarwellen.*

♦ Ohne Theorie ist es unmöglich ein brauchbares *Skalarwellenmessgerät* zu konstruieren und den *Nachweis* zu führen.

⇒ **Klassischer Ringschluss:**

♦ Das Fehlen eines wissenschaftlichen Nachweises wiederum „beweist" die Annahme der Wirbelfreiheit und „bestätigt" die Richtigkeit der Maxwelltheorie.

♦ **Daher kann nicht sein, was nicht sein darf!**

Tafel 26.7: Begründung für die Notwendigkeit einer Erweiterung der heutigen Maxwelltheorie

## 26.7. Zur Beweislage

In der Frage, ob ein physikalisches Phänomen als solches anzuerkennen ist, sind ***experimentelle, mathematische und physikalische Beweise*** vorzulegen. Im Falle der Potentialwirbel, der Wirbel des elektrischen Feldes und deren Ausbreitung als ***Skalarwelle***, können die historischen Versuche von **Nikola Tesla**[i] und deren moderne Nachbauvariante als **experimenteller Nachweis** gewertet werden[ii].

Mit der bekannten ***Wellengleichung*** ist eine **mathematische Beschreibung** für dieses Phänomen angegeben und diskutiert worden[iii]. Es wird gezeigt, dass in der Wellengleichung sowohl transversale als auch longitudinale Wellenanteile nebeneinander enthalten sind, d.h. sowohl Rundfunkwellen nach Hertz als auch Skalarwellen nach Tesla. Dabei sind die auf mathematischem Weg ermittelten Skalarwelleneigenschaften identisch mit dem experimentellen Befund!
Vom Typ einer inhomogenen Laplace-Gleichung ist die Wellengleichung die erste und älteste Beschreibung von Skalarwellen. Dabei ist unerheblich, ob der berühmte Mathematiker **Laplace** selber diesen Umstand schon erkannt und diskutiert haben mag oder nicht. Die Beschreibung passt perfekt und darauf kommt es an!

An dieser Stelle soll der dritte Punkt auf die Tagesordnung gesetzt werden, der **physikalische Beweis**. Dieser ist sehr eng verknüpft mit der Frage nach einer geeigneten Feldtheorie und die wiederum basiert auf einem entsprechenden Ansatz.

---

<i>: N. Tesla: Apparatus for Transmission of Electrical Energy, US-Patent-No.: 649,621, New York 1900, Dr. Nikola Tesla: Complete Patents pp318-321.

<ii>: Johannes von Buttlar im Gespräch mit Prof. Dr. Konstantin Meyl: Neutrinopower, Argo-Verlag, Marktoberdorf, 1. Aufl. 2000.

<iii>: K. Meyl: Scalar Waves: Theory and Experiments, Journal of Scientific Exploration, Vol. 15, No. 2, pp. 199-205, 2001

### * * * Arbeitsplan * * *

1. **Neutrino**strahlung ⇒ **Energie**strahlung!
   (lt. Pauli: ν sorgt für fehlende Energie beim ß-Zerfall)
2. Hohe **Neutrino**dichte ⇒ hohe **Energie**dichte!
3. Neutrino = Teilchen **ohne** Ladung oder Masse (Mittelwert),
   aber wegen Oszillationen: Effektivwert von Ladung und Masse ≠ Null!
4. Wechselwirkung nur bei **Resonanz** (z.B. schwache WW)!
   (gleiche Frequenz, 180° Phasenverschiebung)
5. Neutrinostrahlung ist eine nutzbare Energiequelle
   (keine Frage der Physik, nur Frage der Technologie!)
6. Teilchenstrahlung (Neutrino) ⇒ Stoßwelle (wie Schall)
   ⇒ Longitudinalwelle
   ⇒ Skalarwelle (mathem.)
7. WW/Resonanz der Neutrinos = Skalarwellenproblem
8. Skalarwellen sind ein Problem der Feldtheorie!
9. Maxwelltheorie vernachlässigt Skalarwellen:

⇒ zu Punkt 9:

- Frage: Worin besteht die Maxwell-Näherung?
- Suche nach einem neuen Ansatz (Kap. 27.8)
- Faraday statt Maxwell
- Herleitung der Maxwell-Gleichungen als Sonderfall (Kap. 27.9)
- Herleitung von Skalarwellen (Kap. 27.13)
- Herleitung der Gravitation u.v.m. (Kap. 28)

Tafel 27.1: Arbeitsplan zum 27. Kapitel

## 27. Faraday contra Maxwell

Zahlreiche Phänomene des elektromagnetischen Feldes werden durch die Maxwell-Gleichungen hinreichend genau beschrieben, so dass diese in der Regel als universelle Feldbeschreibung angesehen werden. Bei genauerem Hinsehen jedoch entpuppt sie sich als reine Näherung, welche zudem weitreichende physikalische und technologische Konsequenzen nach sich zieht. Wir müssen uns fragen:

- Worin besteht die Maxwell-Näherung?
- Wie könnte ein neuer und erweiteter Ansatz aussehen?
- Faraday statt Maxwell, welches ist das allgemeinere Induktionsgesetz?
- Lassen sich die Maxwell-Gleichungen als Sonderfall herleiten?
- Sind auch Skalarwellen aus dem neuen Ansatz herleitbar?
- Ist die Gravitation ebenfalls herleitbar und vieles andere mehr?

Es geht einerseits um die große Suche nach einer einheitlichen physikalischen Theorie und andererseits um die Chancen neuer Technologien, die mit einer erweiterten Feldtheorie verbunden sind. Als zwingende Folge der Herleitung, die streng in der Lehrbuchphysik fußt und ohne Postulat auskommt, treten Skalarwellen auf, die vielfältig nutzbar sein sollten. In der Informationstechnik sind sie als mehrdimensional modulierbare Trägerwelle geeignet und in der Energietechnik reicht die Bandbreite von der drahtlosen Übertragung bis hin zum Einsammeln von Energie aus dem Feld.

### 27. 1 Energie aus dem Feld

Neutrinos, von Pauli als masselose aber Energie tragende Teilchen eingeführt, um die Energiebilanz beim Betazerfall erfüllen zu können, sind beispielsweise solche Feldkonfigurationen, die sich als Skalarwelle durch den Raum bewegen. Nichts wäre naheliegender, die Neutrinostrahlung als Energiequelle technisch zu nutzen.
Allerdings ist für eine technische Nutzung eine brauchbare Modellbeschreibung der Teilchen und deren Wechselwirkung unerlässlich. Der Einfachheit halber stellen wir uns das Neutrino als oszillierendes Teilchen vor, das zwischen den Zuständen eines Elektrons und eines Positrons ständig hin- und herschwingt. Damit wechselt die Polarität von Plus nach Minus und zurück und die Ladung ist im zeitlichen Mittel Null. Wegen des Wechsels vom Materiezustand zu dem eines Antiteilchens ist auch so gut wie keine Masse mehr messbar.
Ein in Resonanz betriebener technischer Schwinger, der mit gleicher Frequenz aber entgegengesetzter Ladung oszilliert, wird mit dem Teilchen wechselwirken und eine schwingende elektromagnetische Wechselwirkung aufbauen, die uns als schwache Wechselwirkung im Nahbereich eines Neutrinos bereits geläufig ist.

## Röhrenförmige Wirbel

- Beispiele: Abflusswirbel (Badewannenwirbel)
  Wind- und Wasserhose, Tornado (Bild).

Tafel 21
Tornado
(NOAA-Photo)

| | |
|---|---|
| Innen: | expandierender Wirbel |
| Außen: | kontrahierender Gegenwirbel |
| Bedingung | für Wirbelablösung: gleich mächtige Wirbel |
| Kriterium: | Viskosität (bei Strömungswirbeln) |
| Folge: | röhrenförmige Struktur |

Tafel 27.2: Wirbel und Gegenwirbel - ein physikalisches Grundprinzip

<i>: Lugt: Wirbelströmung in Natur und Technik, G. Braun Verlag Karlsruhe 1979, Bild „Tornado" von Tafel 21, Seite 356

Die Ausbreitung einer Teilchenstrahlung als longitudinale Stoßwelle ist jedoch mit der gängigen Feldtheorie und den Maxwellgleichungen nicht beschrieben, so dass die Feldtheorie an dieser Stelle nachgebessert werden muss. Dabei schließt sich die Frage an, was hier schwingt, eine Frage die häufig mit einem wie immer gearteten Äther beantwortet wird. Ich spreche von Feldwirbeln und bezeichne den Äther als eine Eigenschaft des Feldes. Damit verlagert sich die Problematik in den Bereich der Wirbelphysik.

### 27.2 Wirbel und Gegenwirbel

Im Auge eines Wirbelsturms herrscht dieselbe Windstille wie in großer Entfernung, weil hier ein Wirbel und sein Gegenwirbel gegeneinander arbeiten. Im Innern befindet sich der expandierende Wirbel und außen der kontrahierende Gegenwirbel. Der eine bedingt die Existenz des anderen und umgekehrt. Schon Leonardo da Vinci kannte beide Wirbel und hat die dualen Erscheinungsformen beschrieben (Kapitel 3.4).

Bei Strömungswirbeln entscheidet die Viskosität über den Durchmesser der Wirbelröhre an dem es zur Wirbelablösung kommt. Saugt sich ein Tornado beispielsweise über dem offenen Meer mit Wasser voll, dann dominiert der kontrahierende Potentialwirbel und die Energiedichte steigt bedrohlich an. Läuft er aber über Land und regnet aus, dann wird er wieder größer und ungefährlicher.

Ähnlich sind die Verhältnisse beim Abflusswirbel z.B. in der Badewanne. Hier besteht der expandierende Wirbel aus Luft, der kontrahierende hingegen aus Wasser. In der Strömungslehre sind die Zusammenhänge verstanden. Sie sind meist auch gut sichtbar und ohne weitere Hilfsmittel beobachtbar.

Anders in der Elektrotechnik: hier bleiben Feldwirbel unsichtbar und unverstanden. Nur so konnte die Maxwelltheorie eine Anerkennung erlangen, obwohl diese nur den expandierenden Wirbelstrom mathematisch beschreibt, und seinen Gegenwirbel ignoriert. Ich nenne den kontrahierenden Gegenwirbel „Potentialwirbel“ und weise darauf hin, dass jeder Wirbelstrom den Gegenwirbel als physikalische Notwendigkeit nach sich zieht.
Da die elektrische Leitfähigkeit die Größe der sich ausbildenden Strukturen bestimmt, sind die aus beiden zusammengesetzten Wirbelringe in Leitermaterialien riesig groß, während sie sich im Nichtleiter bis auf atomare Dimensionen herunter kontrahieren können. Nur in halbleitenden Stoffen und Widerstandsmaterialien sind mitunter die Strukturen direkt beobachtbar (Tafel 4.8).

## Kugelförmige Wirbel

| Beispiele: | expandierender Wirbel | kontrahierender Wirbel |
|---|---|---|
| • Quanten physik | Stoßprozesse (mehrere Quarks) | Gluonen (Postulat!) |
| • Kern- physik | Abstoßung gleichnamig geladener Teilchen | starke Wechselwirkung (Postulat!) |
| • Atom- physik | Fliehkraft der Hüll- elektronen | elektrische Anziehung Schrödinger-Gleichung |
| • Astro- physik | Fliehkraft (Massenträgheit) | Gravitation (nicht herleitbar?!) |

Beispiel: Elementarteilchen als elektromagnetische Feldwirbel

| | |
|---|---|
| Innen: | expandierender Wirbelstrom (Skineffekt) |
| Außen: | kontrahierender Gegenwirbel (Potentialwirbel) |
| Bedingung | für Wirbelablösung: gleich mächtige Wirbel |
| Kriterium: | elektrische Leitfähigkeit (bestimmt Durchmesser) |
| Folge: | kugelförmige Struktur (Folge des Vakuumdrucks) |

Tafel 27.3: Kugelstrukturen als Folge sich kontrahierender Potentialwirbel<i>.

Demokrit (460-370 v.Chr.) setzte den Wirbelbegriff mit „Naturgesetz" gleich!
= der erste Versuch zur Formulierung einer einheitlichen Physik.

<i>: s.a. Teil 1, Kapitel 4.3

## 27.3 Wirbel im Mikro- und Makrokosmos

Die Näherung, die in den Maxwell-Gleichungen steckt, besteht also darin, dass der zum Wirbelstrom duale Gegenwirbel vernachlässigt wird. Es kann schon sein, dass diese Näherung zulässig ist, solange es nur um Vorgänge innerhalb von Leitermaterialien geht. Beim Übergang zu Isolierstoffen hingegen wird die Maxwell-Näherung zu erheblichen Fehlern führen und nicht mehr haltbar sein.

Nehmen wir als Beispiel den Blitz und fragen nach dem Entstehen des Blitzkanals: Welcher Mechanismus steckt dahinter, wenn die elektrisch isolierende Luft kurzfristig zu einem Leiter wird? Aus der Sicht der Wirbelphysik liegt die Antwort auf der Hand: Der in Luft dominierende Potentialwirbel kontrahiert sehr stark und presst dabei alle für eine Leitfähigkeit verantwortlichen Luftladungsträger und Luftionen auf kleinstem Raum zu einem Stromkanal zusammen.

Der kontrahierende Potentialwirbel übt also einen Druck aus und formt damit die Wirbelröhre. Neben der Zylinderstruktur ist noch eine weitere zu erwarten. Es ist die einer Kugel, die als einzige Form einem mächtigen Druck standhalten kann, wenn der aus allen Richtungen des Raumes gleich wirkt. Man denke nur an den Kugelblitz. Tatsächlich findet sich in Mikro- bis Makrokosmos meistens die Kugelstruktur. Betrachten wir dazu einige Beispiele und suchen dabei nach den expandierenden und den kontrahierenden Kräften (Tafel 27.2).

- In der Quantenphysik stellt man sich den Aufbau der Elementarteilchen aus Quarks zusammengesetzt vor. Ungeachtet der Frage, welche physikalische Realität dieser Modellvorstellung beizumessen ist, bleibt eines rätselhaft: Die Quarks müssten auseinanderlaufen. Oder versuchen Sie einmal drei Kügelchen, die sich heftig bewegen und ständig aneinander stoßen, beieinander zu halten. Aus diesem Grund wurden Klebteilchen postuliert, die sog. Gluonen, die jetzt für die Gegenkraft sorgen sollen, aber diese Gegenkraft ist ein reines Postulat!

- In der Kernphysik geht es um die Kraft, die den aus vielen Nukleonen zusammengesetzten Atomkern zusammenhält und ihm die bekanntlich große Stabilität verleiht, obwohl hier gleichnamig geladene Teilchen dicht beieinander sind, die sich gewöhnlich abstoßen. Zwischen dem theoretischen Modell und der praktischen Wirklichkeit klafft hier eine riesige Lücke, die durch das Einführen einer neuen Gegenkraft überwunden werden soll. Aber auch die Kernkraft, als starke Wechselwirkung bezeichnet, ist ein reines Postulat!

- In der Atomphysik wirkt die elektrische Anziehungskraft zwischen positiver Kernladung und den negativ geladenen Hüllelektronen der Fliehkraft entgegen. In diesem Fall sorgt der Gegenwirbel für eine bestimmte Struktur der Atomhülle, die als Eigenwertlösungen der Schrödinger-Gleichung gehorchen. Nur ist auch diese Gleichung ungeachtet ihrer Leistungsfähigkeit bis heute ein reines mathematisches Postulat, solange ihre Herkunft ungeklärt ist.

- In der Astrophysik stehen Fliehkraft (Expansion) als Folge der Massenträgheit und Gravitation (Kontraktion) als Folge der Massenanziehung in einem Gleichgewicht. Aber die „Gravitation“ stellt sich jedem Versuch, eine einheitliche Feldtheorie zu formulieren, in den Weg. Es ist auch dieses Mal wieder der kontrahierende Wirbel, der angeblich nicht herleitbar ist und sich nicht eingliedern lässt.

Michael Faraday,
der Experimentator (1791-1867)

James Clerk Maxwell<i>,
der Mathematiker (1831-1879)

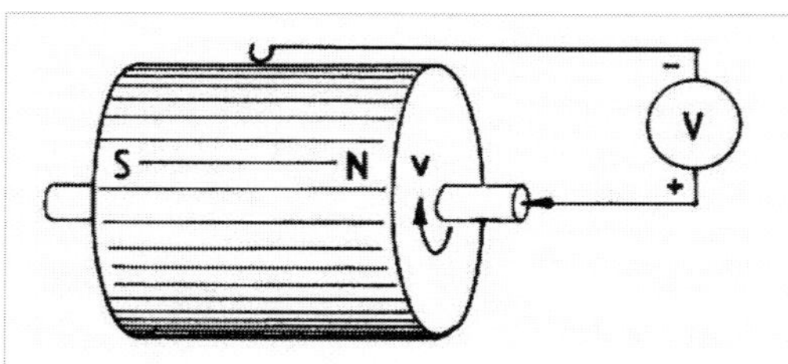


Unipolargenerator

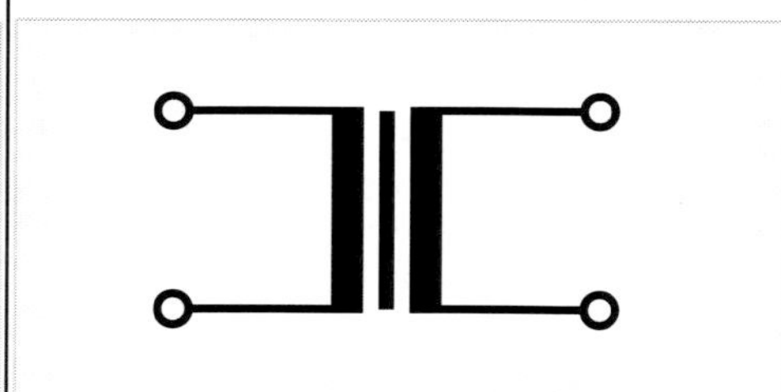

z.B.: Transformator

Tafel 27.4: Die Väter des Induktionsgesetzes

<i>: J.C. Maxwell: A treatise on Electricity and Magnetism, Dover Publications

Es ist auffällig, wie sich im Bereich des kontrahierenden Wirbels die Postulate häufen. Dabei war das keineswegs schon immer so gewesen. Im alten Griechenland unternahm bereits vor 2400 Jahren Demokrit einen Versuch zur Formulierung einer einheitlichen Physik. Er führte alle sichtbaren und beobachtbaren Strukturen in der Natur auf Wirbel zurück, geformt jeweils aus Wirbel und Gegenwirbel. Dieses Phänomen erschien ihm derart grundlegend, dass er den Begriff „Wirbel“ gleichsetzte mit dem für „Naturgesetz“. Von Demokrit (460-370 v.Chr.) stammt die Bezeichnung „Atom“.

So gesehen waren die Physiker im Altertum schon weiter gewesen als die heutige Physik, die mit der Maxwell-Näherung den kontrahierenden Wirbel vernachlässigt und damit wesentliche Phänomene aus der Feldbeschreibung ausgrenzt oder gezwungen ist, sie durch Modellbeschreibungen und unzählige Postulate zu ersetzen.
Was wir brauchen ist ein neuer Feldansatz, der diesen Mangel behebt und in diesem Punkt über die Maxwell-Theorie hinausreicht.

## 27.4 Faradays Gesetz und Maxwells Formulierung

In der Wahl des Ansatzes ist der Physiker frei, solange der Ansatz vernünftig und gut begründet ist. Im Falle der Maxwellschen Feldgleichungen dienten zwei experimentell ermittelte Gesetzmäßigkeiten als Grundlage: einerseits das Durchflutungsgesetz von Ampère und andererseits das Induktionsgesetz von Faraday. Dabei legte der Mathematiker Maxwell bei den Formulierungen beider Gesetze nochmals selber Hand an. Er führte den Verschiebungsstrom **D** ein und ergänzte das Durchflutungsgesetz entsprechend, und das ohne Chance, die Maßnahme zu seiner Zeit bereits messen und beweisen zu können. Erst nach seinem Tod war dies experimentell möglich, was erst nachträglich die Größe dieses Mannes deutlich werden ließ.
In der Formulierung des Induktionsgesetzes war Maxwell völlig frei, da der Entdecker Michael Faraday auf Vorgaben verzichtet hatte. Als Mann der Praxis und des Experiments war für Faraday die mathematische Schreibweise weniger wichtig. Für ihn standen die Versuche im Vordergrund, z.B. sein, dem Barlowschen Rad nachempfundener Unipolargenerator, mit dem er seine Entdeckung der Induktion jedermann vorführen konnte.
Sein 40 Jahre jüngerer Freund und Mathematikprofessor Maxwell hingegen hatte etwas ganz anderes im Sinn. Der wollte das Licht als elektromagnetische Welle beschreiben und dabei ging ihm sicher die Wellenbeschreibung von Laplace durch den Sinn, die eine zweite Ableitung der Feldgröße nach der Zeit vorsieht. Da Maxwell zu diesem Zweck zwei Gleichungen mit je einer ersten Ableitung benötigte, musste er den Verschiebungsstrom im Durchflutungsgesetz einführen und bei der Formulierung des Induktionsgesetzes eine entsprechende Schreibweise wählen, um zur Wellengleichung zu kommen.
Seine Lichttheorie war anfangs sehr umstritten. Schneller fand Maxwell eine Anerkennung für die Zusammenführung der Lehren von der Elektrizität und vom Magnetismus und der Darstellung als etwas Einheitliches und Zusammengehöriges<i> als mathematische Begründung des von Faraday entdeckten Prinzips.
Trotzdem stellt sich die Frage, ob Maxwell die passende Formulierung gefunden hat, ob er seinen Freund Faraday und dessen Entdeckung zu 100 Prozent richtig verstanden hat. Wenn Entdeckung (vom 29.08.1831) und mathematische Formulierung (1862) von zwei verschiedenen Wissenschaftlern stammen, die zudem unterschiedlichen Disziplinen angehören, sind Missverständnisse nichts Ungewöhnliches. Es wird hilfreich sein, die Unterschiede herauszuarbeiten.

## Induktionsgesetz

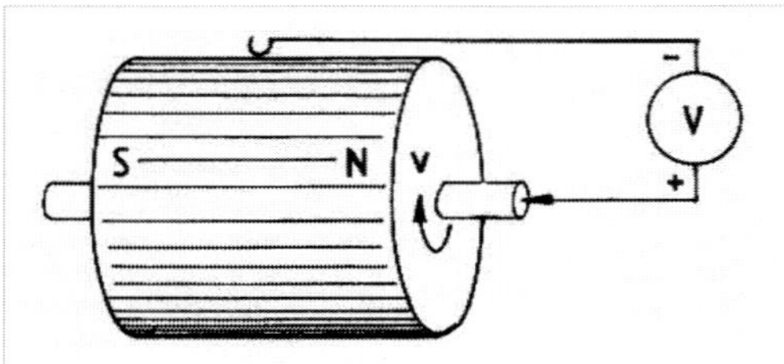


Unipolargenerator

Entdeckung von Faraday

$$\mathbf{E} = \mathbf{v} \times \mathbf{B} \qquad (27.1)$$

Unipolare Induktion

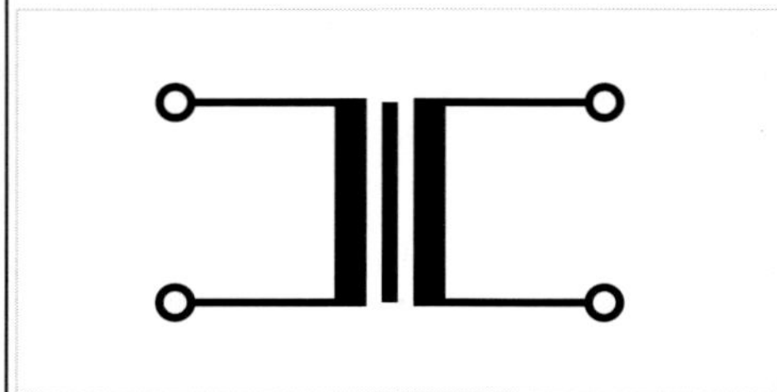

z.B.: Transformator

2. Maxwellgleichung

$$\mathrm{rot}\,\mathbf{E} = -\,d\mathbf{B}/dt \qquad (27.1^*)$$

Induktionsgesetz allg.

Tafel 27.5: Zwei Formulierungen für ein Gesetz
Als mathematischer Zusammenhang zwischen den Vektoren der elektrischen Feldstärke **E** und der Induktion **B** (= magnetische Flussdichte)

---

Konsequenzen

(zur physikalischen Bedeutung des Feldbegriffs):

| | |
|---|---|
| • Der **Faraday-Ansatz** beschreibt ein feldphysikalisches Prinzip | • **Maxwell-Gleichungen** beschreiben die Felder geladener Teilchen |
| • Feld = Erfahrung: Wir erfahren das elektrische als magnetisches Feld und umgekehrt als Folge einer Relativgeschwindigkeit | • das elektrische (**E**-) Feld = statisches Ladungsfeld,<br>• das magnetische (**H**-) Feld = Feld bewegter Ladungen. |
| • Teilchen kommen im Faraday-Ansatz nicht vor | • Die Herkunft der Teilchen bleibt ungeklärt (Postulat) |
| • Perfekte Dualität zwischen **E**- und **H**-Feld. | • Keine Dualität in der Feldbeschreibung |
| • **v** führt zu dualer Vertauschung von **E**- und **H**-Feld. | • Ladungsträger = el. Monopole<br>• Keine magnet. Monopole! |

## 27.5 Die Entdeckung von Faraday

Dreht man einen axial polarisierten Magneten oder eine in einem Magnetfeld befindliche Kupferscheibe, dann wird senkrecht zur Bewegungsrichtung und senkrecht zum Magnetfeldzeiger ein Zeiger des elektrischen Feldes auftreten, der überall axial nach außen zeigt. Bei diesem von Faraday untersuchten Unipolargenerator lässt sich daher über Schleifer zwischen der Drehachse und dem Umfang eine Spannung abgreifen<i>.
Die mathematisch korrekte Beziehung $\mathbf{E} = \mathbf{v} \times \mathbf{B}$ bezeichne ich als Faraday - Gesetz, auch wenn sie erst zu einem späteren Zeitpunkt in dieser Form in den Lehrbüchern auftritt<ii>. Die Formulierung wird gewöhnlich dem Mathematiker Hendrik Lorentz zugeschrieben, da sie in genau dieser Form in der Lorentzkraft auftaucht. Viel bedeutsamer als der mathematische Formalismus sind aber der experimentelle Befund und die Entdeckung durch Michael Faraday, weshalb es sicher gestattet ist, das Gesetz zur Unipolarinduktion nach seinem Entdecker zu benennen.
Wir müssen uns natürlich darüber im Klaren sein, dass die Ladungsträger zu dem Zeitpunkt noch gar nicht entdeckt waren und die Feldvorstellung nicht der heutigen entsprechen konnte. Der Feldbegriff war ein abstrakter, frei von jeder Quantisierung.

Das gilt natürlich in gleicher Weise für die von Maxwell vertretene Feldvorstellung, die wir jetzt dem „Faraday - Gesetz" gegenüberstellen (Tafel 27.4). Auch die zweite Maxwellgleichung, das Induktionsgesetz (27.1*), ist eine mathematische Beschreibung der elektrischen Feldstärke $\mathbf{E}$ und der magnetischen Induktion $\mathbf{B}$. Nur sind beide diesmal nicht über eine Relativgeschwindigkeit $\mathbf{v}$ verknüpft.
An die Stelle tritt die Ableitung von $\mathbf{B}$ nach der Zeit, womit eine Flussänderung für das Auftreten einer elektrischen Feldstärke erforderlich ist. Folgerichtig liefert die Maxwellgleichung im statischen oder quasistationären Fall kein Resultat. Deshalb ist es in solchen Fällen üblich, auf die Unipolarinduktion nach Faraday zurück zu greifen (z.B. beim Hallelement, bei der Bildröhre, etc.). Der Rückgriff soll auch nur auf solche Fälle begrenzt bleiben, so die gängige Vorstellung. Doch mit welchem Recht erfolgt die Beschränkung des Faraday-Gesetzes auf stationäre Vorgänge?
Die Vektoren $\mathbf{E}$ und $\mathbf{B}$ können sowohl räumlichen als auch zeitlichen Schwankungen unterliegen. Dadurch stehen die beiden Formulierungen plötzlich in Konkurrenz zueinander und wir sind aufgefordert, den Unterschied, sofern ein solcher vorhanden sein sollte, zu erklären.

<i>: s.a. Teil 2, Kapitel 16.1

<ii>: u.a. in R.W. Pohl: Einführung in die Physik, Bd.2 Elektrizitätslehre, 21.Aufl. Springer-Verlag 1975, Seite 76 und 130

## Induktionsgesetz

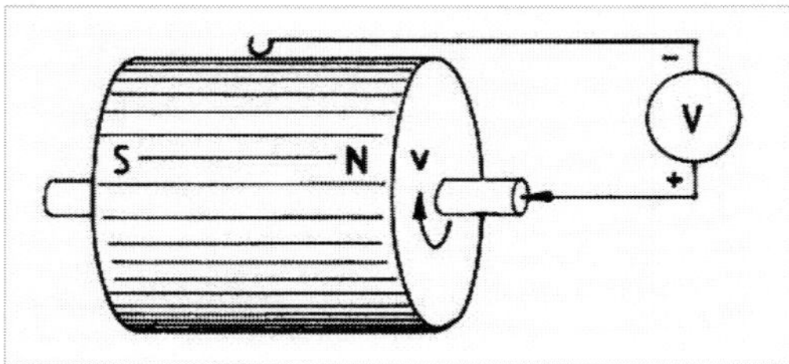


Unipolargenerator

Entdeckung von **Faraday**

$$\mathbf{E} = \mathbf{v} \times \mathbf{B} \tag{27.1}$$

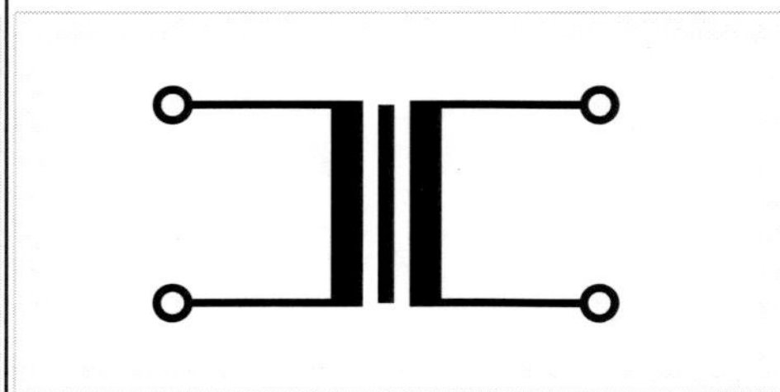

z.B.: Transformator

2. **Maxwell**-Gleichung

$$\text{rot}\, \mathbf{E} = -\, d\mathbf{B}/dt \tag{27.1*}$$

Unterschied, z.B. im (quasi-) stationären Fall ($d\mathbf{B}/dt = 0$):

| | |
|---|---|
| $\mathbf{E} \neq 0$ | $\mathbf{E} = 0$ |

Elektrisches und magnetisches Feld sind im stationären Fall:

| | |
|---|---|
| verkoppelt: → **E**<br>mag. Induktion **B** (⊥) | entkoppelt: → **E**<br>vernachlässigbares **B** |
| Nur **E** oder **B** kann eine offene Feldlinie bilden. Die andere Feldlinie ist in sich geschlossen | Geschlossene Feldlinien sind wirkungslos und nicht beeinflussbar und werden vernachlässigt (= Maxwell-Näherung !) |

Tafel 27.6: Induktionsgesetz nach Faraday oder Maxwell?

## 27. 6 Unterschiedliche Formulierung des Induktionsgesetzes

Ein solcher Unterschied besteht beispielsweise darin, dass es bei niedrigen Frequenzen üblich ist, die Verkopplung zwischen den Feldern zu vernachlässigen. Während bei hohen Frequenzen im Bereich des elektromagnetischen Feldes sich das **E**- und das **H**-Feld gegenseitig bedingen, geht bei niedriger Frequenz und kleiner Feldänderung der Induktionsvorgang laut Maxwell entsprechend zurück, so dass eine Vernachlässigung zulässig erscheint. Jetzt lassen sich elektrisches oder magnetisches Feld unabhängig voneinander messen. Gewöhnlich wird so getan, als sei das jeweils andere Feld gar nicht vorhanden.

Das ist nicht richtig. Ein Blick auf das Faraday Gesetz verrät sofort, dass sogar bis zur Frequenz Null herunter immer beide Felder vorhanden sind. Die Feldzeiger stehen jedoch senkrecht aufeinander, so dass sich der magnetische Feldzeiger um den des elektrischen Feldes in Form eines Wirbelrings herumwickelt in dem Fall, dass die elektrische Feldstärke gemessen wird und umgekehrt. Die geschlossenen Feldlinien verhalten sich nach außen neutral; sie können daher ohne Beachtung bleiben, so die gängige Vorstellung. Es ist noch näher zu untersuchen, ob dies als Erklärung für die Vernachlässigung der nicht messbaren geschlossenen Feldlinien ausreicht. Und ob von Feldern, die real vorhanden sind, nicht doch eine Wirkung ausgeht!

Ein anderer Unterschied betrifft die Vertauschbarkeit von **E**- und **H**-Feld, wie sie der Faraday-Generator zeigt, wie aus einem elektrischen ein magnetisches Feld wird und umgekehrt als Folge einer Relativgeschwindigkeit **v**. Dies hat einen unmittelbaren Einfluss auf die physikalisch-philosophische Frage: **Was ist unter dem elektromagnetischen Feld zu verstehen?**

Die auf die Maxwellgleichungen gestützte Lehrmeinung benennt das statische Feld der Ladungsträger als Ursache für das elektrische Feld, während bewegte das magnetische Feld verursachen[<i>]. Doch das kann kaum die Vorstellung von Faraday gewesen sein, dem die Existenz von Ladungsträgern noch völlig unbekannt war. Die für seine Zeitgenossen völlig revolutionäre abstrakte Feldvorstellung fußte auf den Arbeiten des kroatischen Jesuitenpaters Boscovich (1711-1778). Seiner Feldbeschreibung zufolge kann es sich beim Feld weniger um eine physikalische Größe im üblichen Sinne handeln, denn eher um die „experimentelle Erfahrung" einer Wechselwirkung. Wir sollten das Faraday-Gesetz dahingehend interpretieren, dass wir ein elektrisches Feld erfahren, wenn wir uns gegenüber einem magnetischen Feld mit einer Relativgeschwindigkeit bewegen und umgekehrt.

In der Vertauschbarkeit von elektrischem und magnetischem Feld kommt eine Dualität zwischen beiden zum Ausdruck, die bei der Maxwell-Formulierung verloren geht, sobald Ladungsträger ins Spiel gebracht werden. Ist das Maxwellfeld demnach der Sonderfall eines teilchenfreien Feldes? Vieles deutet darauf hin, denn schließlich kann ein Lichtstrahl durch ein teilchenfreies Vakuum laufen. Wenn es aber Felder ohne Teilchen geben kann, Teilchen ohne Felder hingegen unmöglich sind, dann sollte das Feld zuerst da gewesen sein als Ursache für die Teilchen. Dann sollte die Faraday-Beschreibung die Grundlage bilden, aus der sich alle anderen Gesetzmäßigkeiten ableiten lassen.
Was sagen die Lehrbücher dazu?

---

<i>: K. Küpfmüller: Einführung in die theoretische Elektrotechnik, 12. Aufl., Springer Verlag 1988.

**Faraday-Gesetz** oder 2. **Maxwell**-Gleichung

(Unipolarinduktion)

$\mathbf{E} = \mathbf{v} \times \mathbf{B}$ (27.1)

$\text{rot}\, \mathbf{E} = -\, d\mathbf{B}/dt$ (27.1*)

bzw.

$U_i = -\, d\varnothing/dt$ (27.1**)

Uneinigkeit an der Technischen Hochschule Darmstadt

- Nach Prof. Küpfmüller:<i>

Spezielle Formulierung < allgemeine Formulierung

des Induktionsgesetzes

- Nach Prof. Bosse:<ii>

„Transformationsgleichung“ > Maxwell = Sonderfall

Unterschiedliche Reihenfolge in der Herleitung

- Nach der TH Darmstadt (Prof. Küpfmüller<i>/Prof. Bosse<ii>)

folgt aus $\mathbf{F} = Q \cdot \mathbf{E}$

und $\mathbf{F} = Q \cdot (\mathbf{v} \times \mathbf{B})$

→ $\mathbf{E} = \mathbf{v} \times \mathbf{B}$ Unipolarinduktion ist herleitbar !

- Nach der Universität Göttingen (Prof. Pohl<iii>)

folgt aus $\mathbf{F} = Q \cdot \mathbf{E}$

und $\mathbf{E} = \mathbf{v} \times \mathbf{B}$

→ $\mathbf{F} = Q \cdot (\mathbf{v} \times \mathbf{B})$ Lorentzkraft ist herleitbar !

Tafel 27.7: Unterschiedliche Ansichten und Herleitungen

<i>: K. Küpfmüller: Einführung in die theoretische Elektrotechnik, 12. Aufl., Springer Verlag 1988, Seite 228, Gl. 22.

<ii>: G. Bosse: Grundlagen der Elektrotechnik II, BI-Hochschultaschenbücher Nr.183, 1.Aufl. 1967, Kap. 6.1 Induktion, Seite 58

<iii>: R. W. Pohl: Einführung in die Physik, Bd. 2 Elektrizitätslehre, 21. Aufl. Springer-Verlag 1975, Seite 77

## 27.7 Widersprüchliche Ansichten in Lehrbüchern

Offensichtlich existieren für das Induktionsgesetz zwei mehr oder weniger gleichberechtigte Formulierungen (27.1 und 27.1*). Die Wissenschaft steht vor der Frage: welche mathematische Beschreibung ist die leistungsfähigere? Wenn der eine Fall ein Sonderfall des anderen ist, welche Beschreibung ist dann die allgemeingültigere?

Was uns die Maxwellschen Feldgleichungen sagen, ist hinlänglich bekannt, so dass Herleitungen entbehrlich sind. Unzählige Lehrbücher stehen bereit, wenn Resultate zitiert werden sollen. Wenden wir uns daher dem Faraday-Gesetz zu (27.1). Dieses sucht man in Schulbüchern häufig vergebens. Erst in anspruchsvolleren Büchern wird man unter dem Stichwort „Unipolarinduktion“ fündig. Vergleicht man aber die Seitenzahl, die dem Induktionsgesetz nach Maxwell spendiert werden mit den wenigen für die unipolare Induktion, gewinnt man den Eindruck, letztere sei nur ein unbedeutender Sonderfall für niedrige Frequenzen. Küpfmüller spricht von einer „speziellen Form des Induktionsgesetzes“<i>, und führt als praktische Beispiele die Induktion in einer Bremsscheibe und den Hall-Effekt an. Anschließend leitet Küpfmüller aus der „speziellen Form“ die „allgemeine Form“ des Induktionsgesetzes nach Maxwell ab, eine postulierte Verallgemeinerung, die erklärungsbedürftig ist. Eine Begründung aber wird nicht gegeben<i>.
Bosse gibt die gleiche Herleitung an. Nur ist für ihn das Maxwell-Ergebnis der Sonderfall und nicht sein Faraday-Ansatz<ii>! Zudem betitelt er das Faraday-Gesetz als ***Transformationsgleichung*** und weist auf die Bedeutung und die besondere Interpretation hin.
Andererseits leitet er das Gesetz aus der Lorentzkraft ab, ganz nach dem Vorbild von Küpfmüller<i> und nimmt ihm damit wieder einen Teil seiner Eigenständigkeit. Pohl sieht das wieder anders. Er leitet umgekehrt die Lorentzkraft aus dem Faraday-Gesetz ab<iii>.

Wie dem auch sei, das Faraday-Gesetz, das wir anstelle der Maxwell-Gleichungen zugrunde legen wollen, zeigt aus dem Blickwinkel eines heutigen Maxwell-Vertreters „merkwürdige Effekte<i4>“ und dabei doch nur eine Seite der Medaille (Gl. 27.1). Nur in ganz wenigen, ausgezeichneten Lehrbüchern wird die andere Seite der Medaille (Gl. 27.2) überhaupt erwähnt. Dadurch vermitteln die meisten Lehrbücher ein einseitiges und unvollständiges Bild<i,ii,i4>. Wenn von Transformationsgleichungen die Rede sein soll, gehört die duale Formulierung mit dazu, dann handelt es sich um ein Gleichungspaar, das die Zusammenhänge zwischen dem elektrischen und dem magnetischen Feld beschreibt.

Ob die von Bosse<ii> angeregte Bezeichnung „Transformationsgleichung“ gerechtfertigt ist oder nicht, ist zunächst unwichtig. Darüber lässt sich diskutieren.

---

<i>: K. Küpfmüller: Einführung in die theoretische Elektrotechnik, 12. Aufl., Springer Verlag 1988, Seite 228, Gl. 22.

<ii>: G. Bosse: Grundlagen der Elektrotechnik II, BI-Hochschultaschenbücher Nr.183, 1. Aufl. 1967, Kap. 6.1 Induktion, Seite 58

<iii>: R. W. Pohl: Einführung in die Physik, Bd. 2 Elektrizitätslehre, 21. Aufl. Springer-Verlag 1975, Seite 77

<i4>: G. Lehner: Elektromagnetische Feldtheorie, 1. Auflage, Springer-Lehrbuch, 1990, Seite 31 Kommentar zur Lorentzkraft (1.65)

Der **neue und duale Feldansatz** besteht in den

**Transformationsgleichungen**

des elektrischen und des magnetischen Feldes<i>

$\mathbf{E} = \mathbf{v} \times \mathbf{B}$ (27.1) und $\mathbf{H} = -\mathbf{v} \times \mathbf{D}$ (27.2)

Unipolarinduktion Konvektionsgleichung

- Formulierung nach den Dualitätsregeln
- **Grimsehl**<ii> spricht von der „Konvektionsgleichung", nachdem bewegte Ladungen ein Magnetfeld und sog. Konvektionsströme erzeugen (bezugnehmend auf Röntgen 1885, Himstedt, Rowland 1876, Eichenwald u.a.m.)
- **Pohl**<iii> gibt Beispiele zu den Transformationsgleichungen,
- er schreibt die Gleichungen untereinander

$\mathbf{E} = \mu \cdot \mathbf{v} \times \mathbf{H}$ (27.3) und $\mathbf{H} = -\varepsilon \cdot \mathbf{v} \times \mathbf{E}$ (27.4)

- und weist darauf hin, dass für $v = c = 1/\sqrt{\mu \cdot \varepsilon}$ die eine Gleichung in die andere übergeht!

- Wichtige Feststellung:

Der neue und duale Ansatz fußt in der Lehrbuchphysik!

Tafel 27.8: Der neue und duale Feldansatz

<i>: s. Teil 1, Kapitel 6.5

<ii>: Grimsehl: Lehrbuch der Physik, 2.Bd., 17.Aufl. Teubner Verl. 1967, S. 130.

<iii>: R.W.Pohl: Einführung in die Physik, Bd.2 Elektrizitätslehre, 21.Aufl. Springer-Verlag 1975, Seite 77

### 27.8 Der feldtheoretische Ansatz

Die Dualität zwischen E- und H-Feld und die Vertauschbarkeit verlangt nach einer entsprechend dualen Formulierung zum Faraday-Gesetz (27.1). Nach den Dualitätsregeln angeschrieben ergibt sich eine Gleichung (27.2), wie sie auch in einigen Lehrbüchern gelegentlich Erwähnung findet.
Während beide Gleichungen in den Büchern von Pohl[<i>] und von Simonyi[<ii>] gleichberechtigt nebeneinander angeschrieben und miteinander verglichen werden, leitet Grimsehl[<iii>] die duale Gesetzmäßigkeit (27.2) an Hand des Beispiels eines dünnen, positiv geladenen und sich drehenden Metallrings ab. Er spricht von „Konvektionsgleichung", nachdem bewegte Ladungen ein Magnetfeld und sog. Konvektionsströme erzeugen. Dabei bezieht er sich auf Arbeiten von Röntgen 1885, von Himstedt, Rowland 1876, Eichenwald und vielen anderen mehr, die heute kaum noch bekannt sind.
Auch Pohl benennt in seinem Lehrbuch praktische Beispiele zu beiden Transformationsgleichungen. Er weist darauf hin, dass die eine Gleichung in die andere übergeht, wenn als Relativgeschwindigkeit v die des Lichtes c auftreten sollte. Diese Frage wird auch uns noch beschäftigen.

Wir haben mit den Transformationsgleichungen jetzt einen feldtheoretischen Ansatz gefunden, der sich in seiner dualen Formulierung von dem Maxwell-Ansatz deutlich unterscheidet. Hinzu kommt die beruhigende Feststellung: **Der neue Feldansatz fußt voll und ganz in der Lehrbuchphysik**, wie die Literaturrecherche ergeben hat. **Auf Postulate kann vollständig verzichtet werden.**
Als nächstes ist der Ansatz streng mathematisch auf Widerspruchsfreiheit zu prüfen. Insbesondere geht es um die Frage, welche bekannten Gesetzmäßigkeiten sich unter welchen Bedingungen herleiten lassen. Nebenbei sollten sich die Bedingungen und die Gültigkeitsbereiche der hergeleiteten Theorien richtig ergeben, z.B. worin die Maxwell-Näherung besteht und warum die Maxwell-Gleichungen nur einen Sonderfall beschreiben.

### 27.9 Herleitung der Maxwell'schen Feldgleichungen

Als Ausgangspunkt und als Ansatz dienen die Transformationsgleichungen des elektromagnetischen Feldes, das Faraday-Gesetz zur Unipolarinduktion und das nach den Dualitätsregeln formulierte Gesetz (Gl.27.1, 2). Bei Anwendung der Rotation auf beide Seiten der Gleichungen liefert die Rotation des Kreuzproduktes nach bekannten Rechenregeln der Vektoranalysis jeweils die Summe von vier Einzeltermen, von denen sich wiederum zwei zu Null ergeben bei unbeschleunigter Relativbewegung mit $\mathbf{v} = d\mathbf{r}/dt$ in x-Richtung.
Bei einem Term handelt es sich um den als Tensor darstellbaren Vektorgradient **(v grad)B.** Dieser stimmt mit der einfachen Ableitung des Feldvektors nach der Zeit (Gl. 27.10) überein, was wiederum aus der Kettenregel folgt, angewendet auf die Ableitung von $\mathbf{B}(\mathbf{r}(t))$ nach der Zeit t (Gl. 27.11).

<i>: R. W. Pohl: Einführung in die Physik, Bd. 2 Elektrizitätslehre, 21. Aufl. Springer-Verlag 1975, Seite 76 und 130

<ii>: K. Simonyi: Theoretische Elektrotechnik, 7.Aufl. VEB Berlin 1979, Seite 924.

<iii>: Grimsehl: Lehrbuch der Physik, 2. Bd., 17. Aufl. Teubner Verl. 1967, S. 130.

Ansatz: $\mathbf{E} = \mathbf{v} \times \mathbf{B}$ (27.1) und $\mathbf{H} = -\mathbf{v} \times \mathbf{D}$ (27.2)

Bei Anwendung der Rotation auf das jeweilige Kreuzprodukt:

$\text{rot}\,\mathbf{E} = \text{rot}\,(\mathbf{v} \times \mathbf{B})$ (27.5) und $\text{rot}\,\mathbf{H} = -\,\text{rot}\,(\mathbf{v} \times \mathbf{D})$ (27.6)

ergeben sich nach den Rechenregeln[i] je vier Summenglieder:

$$\text{rot}\,\mathbf{E} = (\mathbf{B}\,\text{grad})\mathbf{v} - (\mathbf{v}\,\text{grad})\mathbf{B} + \mathbf{v}\,\text{div}\,\mathbf{B} - \mathbf{B}\,\text{div}\,\mathbf{v} \quad (27.5)$$

$$\text{rot}\,\mathbf{H} = -[(\mathbf{D}\,\text{grad})\mathbf{v} - (\mathbf{v}\,\text{grad})\mathbf{D} + \mathbf{v}\,\text{div}\,\mathbf{D} - \mathbf{D}\,\text{div}\,\mathbf{v}] \quad (27.6)$$

von denen je 2 Null sind. Wegen: $\mathbf{v}(t) = d\mathbf{r}/dt$ (27.7)

- verschwindet die Divergenz von $\mathbf{v}(t)$: $\text{div}\,\mathbf{v} = 0$ , (27.8)
- und ebenfalls zu Null wird: $\partial\mathbf{v}(t)/\partial\mathbf{r} = \text{grad}\,\mathbf{v} = \mathbf{0}$ . (27.9)
- Übrig bleiben die Vektorgradienten:

$$(\mathbf{v}\,\text{grad})\,\mathbf{B} = \frac{d\,\mathbf{B}}{d\,t} \quad \text{und} \quad (\mathbf{v}\,\text{grad})\,\mathbf{D} = \frac{d\,\mathbf{D}}{d\,t} \quad , (27.10)$$

- da nach der Kettenregel ganz allgemein gilt (mit Gl. 27.7):

$$\frac{d\mathbf{V}(\mathbf{r}(t))}{dt} = \frac{\partial\,\mathbf{V}(\mathbf{r}=\mathbf{r}(t))}{\partial\,\mathbf{r}} \cdot \frac{d\mathbf{r}(t)}{dt} = (\mathbf{v}\,\text{grad})\,\mathbf{V} \quad (27.11)$$

- Ein Vergleich der Koeffizienten beider Feldgleichungen

$$\text{rot}\,\mathbf{E} = -\,d\mathbf{B}/dt + \mathbf{v}\,\text{div}\,\mathbf{B} = -\,d\mathbf{B}/dt - \mathbf{b} \quad (27.12)$$

$$\text{rot}\,\mathbf{H} = d\mathbf{D}/dt - \mathbf{v}\,\text{div}\,\mathbf{D} = d\mathbf{D}/dt + \mathbf{j} \quad (27.13)$$

mit den **Maxwell-Gleichungen** ergibt für:

- die Potentialdichte $\mathbf{b} = -\,\mathbf{v}\,\text{div}\,\mathbf{B} = 0$ , (27.14)
  (Gl. 27.12 ≡ Induktionsgesetz, wenn $\mathbf{b} = 0$ bzw. $\text{div}\,\mathbf{B} = 0$)

- die Stromdichte $\mathbf{j} = -\,\mathbf{v}\,\text{div}\,\mathbf{D} = -\,\mathbf{v}\cdot\rho_{el}$ , (27.15)
  (Gl. 27.13 ≡ Durchflutungsgesetz, wenn $\mathbf{j}$ ≡ mit $\mathbf{v}$ bewegte neg. Ladungsträger ($\rho_{el}$ = elektr. Raumladungsdichte).

Tafel 27.9: Herleitung der Maxwell´schen Feldgleichungen als Sonderfall der Transformationsgleichungen

<i>: Bronstein u.a.: Taschenbuch der Mathematik, 4.Neuaufl. Thun 1999, S. 652

Für die letzten, noch nicht erklärten Terme werden zunächst die Vektoren **b** und **j** als Abkürzung angeschrieben. Auf diese Weise haben wir mit Gleichung 27.13 sofort das bekannte Durchflutungsgesetz (1. Maxwell-Gleichung) vor Augen. Der Koeffizientenvergleich (27.15) liefert zudem eine brauchbare Erklärung auf die Frage, was unter der Stromdichte **j** zu verstehen ist: Es ist eine aus negativen Ladungsträgern bestehende Raumladungsdichte $\rho_{el}$, die sich mit der Geschwindigkeit **v** beispielsweise durch einen Leiter (in x-Richtung) fortbewegt.

Die Stromdichte **j** und die dazu duale Potentialdichte **b** sind mathematisch gesehen zunächst nicht mehr als Ersatzvektoren für eine abgekürzte Schreibweise. Während für die Stromdichte **j** aus dem Vergleich mit dem Durchflutungsgesetz die physikalische Bedeutung bereits geklärt werden konnte, steht die Interpretation der Potentialdichte **b** noch aus. Aus dem Vergleich mit dem Induktionsgesetz (Gl. 27.1*) entnehmen wir lediglich, dass laut Maxwell-Theorie dieser Term zu Null angenommen wird. Genau darin aber besteht die Maxwell-Näherung und die Einschränkung gegenüber dem neuen und dualen Feldansatz, der auf Faraday fußt.

Dadurch geht auch die Dualität verloren mit dem Argument, dass magnetische Monopole (div **B**) im Gegensatz zu elektrischen (div **D**) nicht existieren und sich bis heute jedem Nachweis entziehen konnten. Dabei wird übersehen, dass div **D** zunächst nur Wirbelströme und div **B** nur den erforderlichen Gegenwirbel, den Potentialwirbel beschreiben. Kugelförmige Teilchen, wie z.B. Ladungsträger setzen beide Wirbel voraus: innen den expandierenden (div **D**) und außen den kontrahierenden (div **B**), der dann zwingend von Null verschieden sein muss, auch wenn nach den zu Wirbelströmen dualen Wirbeln, die in dem vernachlässigten Term zum Ausdruck kommen, noch nicht geforscht worden ist.

Angenommen, bei einem Monopol handele es sich um eine spezielle Ausbildungsform eines Feldwirbels, dann wird sofort klar, warum die Suche nach magnetischen Polen eine Sackgasse sein muss und deren Erfolglosigkeit als Gegenargument nicht tauglich ist: Die fehlende elektrische Leitfähigkeit im Vakuum verhindert Stromdichten, Wirbelströme und das Entstehen magnetischer Monopole. Dagegen können Potentialdichten und Potentialwirbel auftreten. Als Folge finden sich im Vakuum ausnahmslos elektrisch geladene Teilchen (Herleitung im Kapitel 4.2 bis 4.4).

Da Wirbel mehr sind als von irgendwelchen Randbedingungen abhängige monopolartige Strukturen, wird auch nur die Wirbelbeschreibung konsequent weiterverfolgt.

Halten wir fest: **Die Maxwellschen Feldgleichungen leiten sich unter einer einschränkenden Bedingung unmittelbar aus dem neuen dualen Feldansatz ab.** Unter dieser Bedingung sind die beiden Ansätze gleichwertig und damit auch fehlerfrei. Beide folgen den Lehrbüchern und können sozusagen als Lehrmeinung gelten.

Die Einschränkung (**b** = 0) ist sicher in all den Fällen sinnvoll und vernünftig, in denen die Maxwelltheorie erfolgreich ist. Sie kommt erst im Bereich der Elektrodynamik zum Tragen. Hier wird üblicherweise ein Vektorpotential **A** eingeführt und über die Berechnung einer komplexen Dielektrizität ein Verlustwinkel ermittelt. Mathematisch ist die Vorgehensweise korrekt und lassen sich dielektrische Verluste berechnen. Physikalisch hingegen ist das Ergebnis äußerst fragwürdig, da ein komplexes ε eine komplexe Lichtgeschwindigkeit zur Folge hätte (nach der Definition $c = 1/\sqrt{\varepsilon \cdot \mu}$). Damit verstößt die Elektrodynamik gegen alle Vorgaben der Lehrbücher, wonach c konstant und nicht variabel und erst recht nicht komplex ist.

Ist das Ergebnis der Herleitung aber physikalisch falsch, dann stimmt etwas mit dem Ansatz nicht, dann haben die Felder im Dielektrikum vielleicht eine ganz andere Natur, dann sind dielektrische Verluste vielleicht Wirbelverluste zerfallender Potentialwirbel?

- Die Maxwellschen Feldgleichungen:

| | | |
|---|---|---|
| rot $\mathbf{E} = -\, d\mathbf{B}/dt$ | (Induktionsgesetz) | (27.1*) |
| rot $\mathbf{H} = d\mathbf{D}/dt + \mathbf{j}$ | (Durchflutungsgesetz) | (27.13) |

- beschreiben den Sonderfall für $\mathbf{b} = 0$ bzw. div $\mathbf{B} = 0$

$$\text{rot}\,\mathbf{E} = -\,d\mathbf{B}/dt + \mathbf{v}\,\text{div}\,\mathbf{B} = -\,d\mathbf{B}/dt - \mathbf{b} \quad (27.12)$$

$$\text{rot}\,\mathbf{H} = d\mathbf{D}/dt - \mathbf{v}\,\text{div}\,\mathbf{D} = d\mathbf{D}/dt + \mathbf{j} \quad (27.13)$$

---

Die physikalische Bedeutung der eingeführten Abkürzungen **b** und **j** ist:

- die **Stromdichte** $\mathbf{j} = -\,\mathbf{v}\,\text{div}\,\mathbf{D} = -\,\mathbf{v}\cdot\rho_{el}$ , (27.15)
- mit dem Ohm'schen Gesetz $\mathbf{j} = \sigma\cdot\mathbf{E} = \mathbf{D}/\tau_1$ , und (27.16)
- die **Potentialdichte** $\mathbf{b} = -\,\mathbf{v}\,\text{div}\,\mathbf{B} = \mathbf{B}/\tau_2$ , (27.17)
- mit der Wirbelstrom-Zeitkonstanten $\tau_1 = \varepsilon/\sigma$ (27.16*)
- und mit der Potentialwirbel-Zeitkonstanten $\tau_2$

---

Die vollständigen Feldgleichungen (27.12 und 27.13) lauten mit den Zeitkonstanten ($\tau_1$ und $\tau_2$) der jeweiligen Feldwirbel:

- vollständig erweitertes Induktionsgesetz (mit $\mathbf{B} = \mu\cdot\mathbf{H}$): (27.18)

$$\text{rot}\,\mathbf{E} = -\,d\mathbf{B}/dt - \mathbf{B}/\tau_2 = -\,\mu\cdot(d\mathbf{H}/dt + \mathbf{H}/\tau_2) \quad (27.20)$$

- und das bekannte Durchflutungsgesetz (mit $\mathbf{D} = \varepsilon\cdot\mathbf{E}$): (27.19)

$$\text{rot}\,\mathbf{H} = d\mathbf{D}/dt + \mathbf{D}/\tau_1 = \varepsilon\cdot(d\mathbf{E}/dt + \mathbf{E}/\tau_1) \quad (27.21)$$

---

Tafel 27.10: Die Erweiterung des Induktionsgesetzes um Wirbel des elektrischen Feldes (Potentialwirbel).[<i>]

---

<i>: s. auch Teil 1, Tafel 5.1

## 27.10 Herleitung der Potentialwirbel

Steht die Einführung eines Vektorpotentials **A** in der Elektrodynamik stellvertretend für die Vernachlässigung der Potentialdichte **b**? Führen hier zwei Wege mathematisch zum selben Ergebnis? Und wie steht es um die physikalische Relevanz? Nachdem die klassische Elektrodynamik darauf angewiesen ist mit einer komplexen Materialkonstante zu arbeiten, worin ein unüberwindbarer innerer Widerspruch begraben liegt, stellt sich die Frage nach der Widerspruchsfreiheit des neuen Ansatzes. An dieser Stelle wird die Entscheidung fallen, wenn sich die Physik für den leistungsfähigeren Ansatz zu entscheiden hat, wie sie es immer getan hat, wenn ein Paradigmenwechsel anstand.
Die Abkürzungen **j** und **b** werden weiter umgeformt, zunächst die Stromdichte im Durchflutungsgesetz $\mathbf{j} = - \mathbf{v} \cdot \rho_{el}$ (27.15), als die Bewegung negativ geladener elektrischer Ladungen. Über das Ohmsche Gesetz $\mathbf{j} = \sigma \cdot \mathbf{E}$ und die Materialbeziehung $\mathbf{D} = \varepsilon \cdot \mathbf{E}$ lässt sich die Stromdichte **j** auch als dielektrischer Verschiebungsstrom anschreiben mit der für die Wirbelströme charakteristischen Relaxationszeitkonstanten $\tau_1 = \varepsilon / \sigma$ (Gl.27.16). In dieser Darstellung des Ampèreschen Gesetzes (Gl.27.21) tritt deutlich zutage, warum das ***magnetische Feld ein Wirbelfeld*** ist, und wie die Wirbelströme in Abhängigkeit von der spezifischen elektrischen Leitfähigkeit $\sigma$ Stromwärmeverluste erzeugen. Wie man sieht bewegen wir uns in Hinblick auf die magnetische Feldbeschreibung ganz im Rahmen der Lehrbuchphysik.

Betrachten wir jetzt die dualen Verhältnisse. Der Koeffizientenvergleich (Gl.27.12 + 27.17) ergibt rein formal betrachtet in Dualität zur Stromdichte **j** eine Potentialdichte **b**, die mit Hilfe einer entsprechenden Zeitkonstanten $\tau_2$ Wirbel des elektrischen Feldes begründet. Ich bezeichne diese als Potentialwirbel (in Gl. 27.20).

Im Gegensatz dazu verlangt die Maxwelltheorie nach einer ***Wirbelfreiheit des elektrischen Feldes.*** Das kommt dadurch zum Ausdruck, dass die Potentialdichte $\mathbf{b} = 0$ und die Divergenz **B** zu Null angenommen werden. Die Zeitkonstante $\tau_2$ tendiert dabei gegen Unendlich. Diese Maxwell-Näherung führt dazu, dass mit den Potentialwirbeln des elektrischen Feldes auch deren Ausbreitung als Skalarwelle verloren geht, so dass die Maxwellgleichungen nur transversale und keine longitudinale Wellen beschreiben. An dieser Stelle kann es zu Widersprüchen kommen beispielsweise beim Nahfeld einer Antenne, wo longitudinale Wellenanteile messtechnisch nachweisbar sind, und solche in Transpondersystemen bereits technologisch genutzt werden z.B. als Diebstahlwarnanlagen in Kaufhäusern.

Es ist schon bezeichnend, wie man sich in Lehrbüchern der Hochfrequenztechnik im Falle des Nahfeldbereichs zu helfen weiß[<i>]. Ausgehend von den Maxwell-Gleichungen wird der fehlende Potentialwirbel kurzerhand postuliert durch die Vorgabe einer „stehenden Welle" in der Form eines Wirbels an einer Dipolantenne. Mit Hilfe des Postulats werden jetzt die longitudinalen Wellenanteile „berechnet", wie sie auch gemessen werden, wie sie aber ohne das Postulat als Folge der Maxwell-Näherung nicht auftreten würden.

An den Potentialwirbeln und dem neuen dualen Ansatz führt kein Weg vorbei, da sich kein Wissenschaftler leisten kann, ein möglicherweise maßgebliches Phänomen, das er physikalisch korrekt berechnen will, bereits im Ansatz auszuschließen!

---

<i>: Zinke, Brunswig: Lehrbuch der Hochfrequenztechnik, 1. Bd., 3. Aufl. 1986 Springer-Verlag Berlin, Seite 335

- Unter der Annahme (allg. Fall): $\mathbf{E} = \mathbf{E}(\mathbf{r},t)$; $\mathbf{H} = \mathbf{H}(\mathbf{r},t)$
- und unter Verwendung der Materialbeziehungen
  $\boxed{\mathbf{B} = \mu\cdot\mathbf{H}}$ und $\boxed{\mathbf{D} = \varepsilon\cdot\mathbf{E}}$ ist es naheliegend
- das vollständige und erweiterte Induktionsgesetz:

$$\text{rot}\,\mathbf{E} = -\,\partial\mathbf{B}/\partial t - \mathbf{B}/\tau_2 = -\,\mu\cdot(\partial\mathbf{H}/\partial t - \mathbf{H}/\tau_2) \quad (27.20)$$

- und das bekannte Durchflutungsgesetz anzusetzen:

$$\text{rot}\,\mathbf{H} = \partial\mathbf{D}/\partial t + \mathbf{D}/\tau_1 = \varepsilon\cdot(\partial\mathbf{E}/\partial t + \mathbf{E}/\tau_1) \quad (27.21)$$

---

Bei nochmaliger Anwendung der Rotoroperation auf Gl. 27.20 und Einsetzen von Gl. 27.21:

$$-\,\text{rot rot}\,\mathbf{E} = \mu\cdot\partial(\text{rot}\mathbf{H})/\partial t + (\mu/\tau_2)\cdot(\text{rot}\,\mathbf{H}) \quad (27.22)$$

$$= \mu\cdot\varepsilon\cdot[\partial^2\mathbf{E}/\partial t^2 + (1/\tau_1)\cdot\partial\mathbf{E}/\partial t + (1/\tau_2)\cdot\partial\mathbf{E}/\partial t + \mathbf{E}/\tau_1\tau_2] \quad (27.23)$$

$$= (1/c^2)\cdot[\partial^2\mathbf{E}/\partial t^2 + (1/\tau_1 + 1/\tau_2)\cdot\partial\mathbf{E}/\partial t + \mathbf{E}/\tau_1\tau_2] \quad (27.24)$$

mit der Definition für die Lichtgeschwindigkeit c:

$$\varepsilon\cdot\mu = 1/c^2 \quad (27.25)$$

lautet die Fundamentale Feldgleichung:

$$\underbrace{-\,c^2\cdot\text{rot rot}\,\mathbf{E}}_{a} = \underbrace{\partial^2\mathbf{E}/\partial t^2}_{b\ \text{(elektromagnetische Welle)}} + \quad (27.26)$$

$$+ \underbrace{(1/\tau_1)\cdot\partial\mathbf{E}/\partial t}_{c\ \text{Wirbelstrom}} + \underbrace{(1/\tau_2)\cdot\partial\mathbf{E}/\partial t}_{d\ \text{Potentialwirbel}} + \underbrace{\mathbf{E}/\tau_1\tau_2}_{e\ \text{I/U}}$$

Tafel 27.11: Herleitung der Fundamentalen Feldgleichung aus den Transformationsgleichungen des elektromagnetischen Feldes.<i>

---

<i>: Die Fundamentale Feldgleichung beschreibt mathematisch eine mit den Wirbeln des elektrischen und des magnetischen Feldes gedämpfte Welle.
Sie ist nur in Raum und Zeit formuliert. Aus ihr sind zahlreiche bekannte Gleichungen aus der Physik deduzierbar (z.B. die Schrödinger-Gleichung).

## 27.11 Herleitung der „Fundamentalen Feldgleichung“

Die beiden Transformationsgleichungen wie auch die daraus hergeleiteten Feldgleichungen (27.20 und 27.21) zeigen die beiden Seiten einer Medaille, indem sie wechselseitig den Zusammenhang zwischen elektrischer und magnetischer Feldstärke beschreiben (zwischen **E** und **H**). Der Bedeutung der „Medaille“ selber kommen wir auf die Spur, indem die dual formulierten Gleichungen ineinander eingesetzt werden. Entweder wird das aus einer Gleichung errechnete **H**-Feld in die andere eingesetzt, dann bleibt als Resultat eine Bestimmungsgleichung für das **E**-Feld übrig. Dasselbe funktioniert auch umgekehrt zur Bestimmung des **H**-Feldes. Da das Ergebnis formal identisch ist und lediglich der **H**-Feldvektor an die Stelle des **E**-Feldvektors tritt, da es gleichermaßen für das **B**-, das **D**-Feld und alle anderen bekannten Feldgrößen gültig bleibt, ist die Bestimmungsgleichung mehr als nur eine Rechenvorschrift. Sie offenbart ein grundlegendes physikalisches Prinzip. Ich bezeichne sie als „Fundamentale Feldgleichung“.

Die Herleitung ist immer dieselbe: Bei nochmaliger Anwendung der Rotor-Operation auf rot **E** (Induktionsgesetz 27.20) ist auch die andere Seite der Gleichung der Rotation zu unterwerfen. Wird bei beiden Termen rot **H** durch das Durchflutungsgesetz 27.21 ausgedrückt, dann bilden sich insgesamt vier Terme aus (27.26): die Wellengleichung (a-b) mit den beiden Dämpfungstermen, einerseits den Wirbelströmen (a-c) und andererseits den Potentialwirbeln (a-d) und als vierten Term die Poissongleichung (a-e), die für die räumliche Verteilung von Strömen und Potentialen verantwortlich ist<i>.

In keinem einzigen Lehrbuch findet sich eine mathematische Verknüpfung der Poissongleichung mit der Wellengleichung, wie sie hier erstmalig gelingt. Dabei ist es die Voraussetzung um den Übergang eines Antennenstroms in elektromagnetische Wellen bei einem Sender zu beschreiben und gleichermaßen den umgekehrten Vorgang, wie er bei einem Empfänger abläuft. Zahlreiche Modellvorstellungen, wie sie von HF- und EMV-Techniker hilfsweise entwickelt worden sind, lassen sich durch die physikalisch begründete Feldgleichung mathematisch korrekt beschreiben.

Zusätzlich lassen sich noch weitere Gleichungen herleiten, für die dies bisher als unmöglich angenommen worden ist, beispielsweise die Schrödinger-Gleichung (Kap. 5.6-5.9). Dies ist entgegen der landläufigen Meinung gar keine Wellengleichung, da der Term (b) mit der zweiten Ableitung nach der Zeit fehlt. Als Diffusionsgleichung hat sie die Aufgabe, Feldwirbel und ihre Strukturen mathematisch zu beschreiben.
Da aber die Maxwellgleichungen im Allgemeinen und die Wirbelströme im Speziellen zu einer Strukturbildung nicht fähig sind, muss als Folge auch jeder Versuch scheitern, die Schrödinger-Gleichung aus denen von Maxwell herleiten zu wollen.
Die Fundamentale Feldgleichung hingegen enthält die neu entdeckten Potentialwirbel, die dank ihres Konzentrationseffekts (in Dualität zum Skineffekt) kugelförmige Strukturen bilden, weshalb diese als Eigenwerte der Gleichung auftreten. Für diese Eigenwertlösungen liegen zahllose praktische Messungen vor, die ihre Richtigkeit bestätigen und damit Beweiskraft besitzen hinsichtlich der Richtigkeit des neuen Feldansatzes und der Fundamentalen Feldgleichung. Durch die reine Formulierung in Raum und Zeit und die Austauschbarkeit der Feldzeiger wird hier ein physikalisches Prinzip beschrieben, das alle Anforderungen erfüllt, wie sie an eine Weltgleichung gestellt werden.

<i>: s. auch Teil 1, Tafel 5.1

Vergleich:

| | |
|---|---|
| • Der **Faraday-Ansatz** ist allgemeingültig | • **Maxwellsche Feldgleichungen** sind herleitbar! |
| • Er offenbart ein **physikalisches Prinzip** | • Die Feldgleichungen beschreiben nur einen **Sonderfall**! |
| • Das Feld ist die Ursache für die Teilchen<br>• (Prinzipien der Kausalität bleiben gewahrt) | • Teilchen und Feld sind Ursache und Wirkung zugleich<br>• (Verstoß gegen die Regeln der Kausalität) |
| • Teilchen sind vermutlich **Feldkonfigurationen**<br>• Quanten sind als **Feldwirbel** berechenbar (ohne jede Hypothese)<br>• Alle **Quanteneigenschaften** sind ebenfalls **berechenbar** | • Teilchen bestehen aus hypothetischen Unterteilchen<br>• **Quark-Hypothese** soll fehlende Berechnung ersetzen<br>• Sortieren und Systematisieren der Eigenschaften im **Standardmodell** |
| • **Potentialwirbel** bilden elektrische Feldwirbel<br>(Das E-Feld ist ein quellenfreies Wirbelfeld) | • Das elektrische Feld ist **wirbelfrei**<br>(Das E-Feld ist ein wirbelfreies Quellenfeld) |
| • Feldwirbel tragen Impuls und bilden Skalarwelle<br>• Longitudinalwelle mit bel. Ausbreitungsgeschw. v | • Elektromagnetische Welle ist eine Transversalwelle<br>• Konstante Ausbreitung mit Lichtgeschwindigkeit c |
| ⇒ **Objektivitätstheorie** | ⇒ **Relativitätstheorie** |

Tafel 27.12: Vergleich der feldtheoretischen Ansätze nach Faraday und nach Maxwell.

### 27.12 Das Maxwellfeld als hergeleiteter Spezialfall

Wie die Herleitungen zeigen, kann niemand behaupten, es gäbe keine Potentialwirbel und keine Ausbreitung als Skalarwelle. Allein die Maxwell-Gleichungen sind daran schuld, diese bereits im Ansatz ausgeklammert zu haben. Man muss wissen, dass die Feldgleichungen, und mögen sie noch so berühmt sein, nicht mehr sind als ein herleitbarer Sonderfall.

Der feldtheoretische Ansatz hingegen, der u.a. auf das Faraday-Gesetz aufsetzt, ist allgemeingültig und seinerseits nicht herleitbar. Er beschreibt ein physikalisches Grundprinzip, das Wechselspiel zweier dualer Erfahrungs- oder Beobachtungsgrößen, ihre Überlagerung und Verwirbelung durch ständige Vertauschung von Ursache und Wirkung. Es ist ein philosophischer Ansatz, frei von materialistischen oder quantenphysikalischen Vorstellungen irgendwelcher Teilchen.

Maxwell dagegen beschreibt ausnahmslos die Felder geladener Teilchen, das elektrische Feld ruhender und das magnetische Feld als Folge bewegter Ladungen. Die Ladungsträger werden zu diesem Zweck postuliert, so dass ihre Herkunft und ihr innerer Aufbau ungeklärt und nicht herleitbar bleiben. Die Unterteilung in Quarks bleibt im Bereich einer nicht beweisbaren Hypothese. Das Sortieren und Systematisieren der Eigenschaften von Teilchen im Standardmodell ist nicht mehr als ein unbefriedigendes Trostpflaster für die fehlende Berechenbarkeit.

Mit dem feldtheoretischen Ansatz hingegen sind die Elementarteilchen als Feldwirbel mit allen Quanteneigenschaften berechenbar (Kap. 7). Damit ist das Feld die Ursache für die Teilchen und deren messbare Quantisierung. Das zunächst quellenfreie elektrische Wirbelfeld formt sich seine Feldquellen in Form von Potentialwirbelstrukturen selber. Die Entstehung von Ladungsträgern ist auf diesem Weg mathematisch, physikalisch, anschaulich und experimentell nachvollziehbar, modellmäßig erklärbar und beweisbar.

Wo in der Vergangenheit die Maxwelltheorie angesetzt worden ist, ist in Zukunft von den Transformationsgleichungen des feldtheoretischen Ansatzes auszugehen. Treten jetzt Potentialwirbelphänomene auf, sind diese auch als solche im Sinne des Ansatzes und der Herleitung zu interpretieren, ist das Einführen und Postulieren neuer und abgekoppelter Modellbeschreibungen nicht mehr zulässig, wie Nahfeldeffekte einer Antenne, das Rauschen, dielektrische Kondensatorverluste, die Moden des Lichts und vieles andere mehr.

Die in der Theoretischen Physik gegenwärtig übliche Masche, ein Phänomen erst zu Null zu setzen, um es anschließend mit Hilfe eines mehr oder weniger passenden Modells wieder neu zu postulieren, führt zu einer Zerschlagung der Physik in lauter scheinbar unzusammenhängende Einzeldisziplinen und ein ineffizientes Spezialistentum. Damit muss jetzt Schluss sein! Der neue Ansatz weist den Weg zu einer einheitlichen Theorie, bei der die unterschiedlichen Bereiche der Physik wieder zu einem verschmelzen. Darin liegt die große Chance dieses Ansatzes, auch wenn sich viele der Spezialisten zunächst noch dagegen auflehnen sollten.

Diese neue und einheitliche Sicht der Physik soll unter dem Begriff „Objektivitätstheorie“ subsummiert werden. Wie wir uns noch herleiten werden, wird sich die Relativitätstheorie als Teilaspekt davon deduzieren lassen (Kapitel 6 und 28).

Werfen wir zunächst noch einen Blick auf die Wellenausbreitung.

- Ausgangspunkt: die Fundamentale Feldgleichung

$$-c^2 \cdot \text{rot rot } \mathbf{B} = \frac{d^2\mathbf{B}}{dt^2} + \frac{1}{\tau_2}\frac{d\mathbf{B}}{dt} + \frac{1}{\tau_1}\frac{d\mathbf{B}}{dt} + \frac{\mathbf{B}}{\tau_1\tau_2} \quad (27.26^*)$$

- für den Fall, dass die magnet. Flussdichte $\mathbf{B} = \mathbf{B}(\mathbf{r}(t))$.

---

1. Bedingung für Gl.27.26*:

Der Sonderfall, wenn $\sigma = 0$ und $\sigma/\varepsilon = (1/\tau_1) = 0$. (27.16*)

Der Potentialwirbelterm lautet unter Verwendung bereits benutzter Zusammenhänge, der Gleichung 27.10 und Gleichung 27.17:

$$\frac{1}{\tau_2} \cdot \frac{d\mathbf{B}}{dt} = \mathbf{v} \cdot \text{grad} \frac{\mathbf{B}}{\tau_2} \quad (27.10) \qquad \frac{\mathbf{B}}{\tau_2} = -\mathbf{v} \cdot \text{div } \mathbf{B} \quad . \ (27.17)$$

Wenn die Geschwindigkeit: $\mathbf{v} = (v_x, v_y{=}0, v_z{=}0)$ ; $v = dx/dt$ , dann sagt die vereinfachte Feldgleichung das Gleiche aus (bei Ausrichtung des Koordinatensystems am Geschwindigkeitsvektor), wie die allgemeine Wellengleichung (bezogen auf die x-Komponente):

$$\|\mathbf{v}\|^2 \text{ grad div } \mathbf{B} - c^2 \text{ rot rot } \mathbf{B} = d^2\mathbf{B}/dt^2 \quad (27.27)$$

| longitudinale mit v = beliebiger | transversale mit c = konst. | Welle Ausbreitungsgeschw. |
|---|---|---|

---

2. Bedingung für Gl.27.27 : $v = c$ .

Jetzt lautet die Wellengleichung in der üblichen Schreibweise (= inhomogene Laplace-Gleichung, = ein reiner Spezialfall!):

$$\Delta\mathbf{B} = \text{grad div } \mathbf{B} - \text{rot rot } \mathbf{B} = (1/c^2) \cdot d^2\mathbf{B}/dt^2 \quad (27.28)$$

---

Tafel 27.13: Die Herleitung der Wellengleichungen (inhomogene Laplace-Gleichung) als Spezialfall der Transformationsgleichungen des elektromagnetischen Feldes.

### 27.13 Herleitung der Wellengleichung

Die erste Wellenbeschreibung, Vorbild für die Lichttheorie von Maxwell, war die inhomogene Laplace-Gleichung:

$$\Delta \mathbf{E} \cdot c^2 = d^2\mathbf{E}/dt^2 \quad \text{mit} \quad \Delta \mathbf{E} = \text{grad div } \mathbf{E} - \text{rot rot } \mathbf{E} \qquad (27.28^*)$$

Es stellen sich einige Fragen:

- Ist auch diese mathematische Wellenbeschreibung aus dem neuen Ansatz herleitbar?
- Ist es nur ein Sonderfall und wie lauten die Randbedingungen?
- Wie wäre sie in diesem Fall physikalisch zu interpretieren?
- Sind neue Eigenschaften vorhanden, die zu neuen Technologien führen können?

Ausgangspunkt ist die Fundamentale Feldgleichung (27.26*). Dabei sei an die Austauschbarkeit der Feldzeiger erinnert, dass die Gleichung ihre Form nicht ändert, wenn sie anstelle für den **E**-Feldzeiger für **H**, für **B**, für **D** oder sonst irgendeine Feldgröße hergeleitet wird. Wir schreiben sie diesmal für die magnetische Induktion **B** an und betrachten den Sonderfall, dass wir uns, wie bei der Wellenausbreitung in Luft üblich, in einem schlecht leitfähigen Medium befinden. Mit der elektrischen Leitfähigkeit $\sigma$ tendiert aber auch $1/\tau_1 = \sigma/\varepsilon$ gegen Null (Gl.27.16*). Damit verschwinden die Wirbelströme und ihre dämpfenden und sonstigen Eigenschaften aus der Feldgleichung, was ja auch Sinn macht. Es bleibt der Potentialwirbelterm übrig $(1/\tau_2)\cdot d\mathbf{B}/dt$, der sich unter Verwendung bereits eingeführter Zusammenhänge (Gl.27.10 und 27.17) bei Ausbreitung der Welle in x-Richtung ($\mathbf{v} = (v_x, v_y = 0, v_z = 0)$) überführen lässt in den Ausdruck: $-\|\mathbf{v}\|^2 \cdot \text{grad div } \mathbf{B}$ .

Die Divergenz eines Feldvektors (hier **B**) ist mathematisch gesehen ein Skalar, weshalb dieser Term als Teil der Wellengleichung sogenannte „Skalarwellen" begründet. Das bedeutet, dass Potentialwirbel, sofern sie existieren, als Skalarwelle in Erscheinung treten werden. Wir greifen an dieser Stelle stillschweigend dem 28. Kapitel vor, das die Begründung dafür liefert, dass die Lichtgeschwindigkeit ihren vektoriellen Charakter verliert, wenn sie auf sich selber bezogen wird. Diese Erkenntnis gilt aber allgemein für alle Geschwindigkeiten, so dass für die Geschwindigkeit ($\mathbf{v} = d\mathbf{r}/dt$) in gleicher Weise eine skalare Beschreibungsgröße ($v = dx/dt$) verwendet werden kann wie für c.

Die vereinfachte Feldgleichung (27.26*) besitzt also die gleiche Aussagekraft wie die allgemeine Wellengleichung (27.27), aufgeteilt in longitudinale und transversale Wellenanteile, die sich aber mit unterschiedlicher Geschwindigkeit ausbreiten können.

Physikalisch gesehen besitzen die Wirbel Teilchencharakter als Folge ihrer strukturbildenden Eigenschaft. Damit tragen sie einen Impuls, der sie in die Lage versetzt, eine der Schallwelle ähnliche longitudinale Stoßwelle auszubilden. Wenn die Lichtausbreitung einmal als Welle und einmal als Teilchen erfolgt, dann ist dies einzig und allein eine Folge der Wellengleichung. Lichtquanten sind als Beweis für die Existenz von Skalarwellen zu werten. Allerdings tritt hier noch als Einschränkung auf, dass sich Licht immer mit Lichtgeschwindigkeit ausbreitet. Es handelt sich um den Sonderfall v = c. Damit geht die Wellengleichung (27.27) in die inhomogene Laplacegleichung (27.28) über.

Die elektromagnetische Welle breitet sich in beiden Fällen mit c aus. Als Transversal-, bzw. Querwelle stehen die Feldvektoren senkrecht auf der Ausbreitungsrichtung. Die Ausbreitungsgeschwindigkeit ist folglich entkoppelt und konstant. Ganz anders verhält es sich bei der Longitudinal- bzw. Längswelle. Hier erfolgt die Ausbreitung in Richtung eines schwingenden Feldzeigers, so dass sich die Phasengeschwindigkeit ständig ändert und lediglich eine mittlere Gruppengeschwindigkeit für die Ausbreitung angegeben werden kann. Für v gibt es keine Einschränkung und v = c gibt nur einen Sonderfall wieder.

| • Aus dem dualen **feld-theoretischen Ansatz** werden hergeleitet: | • Aus den **Maxwellschen Feldgleichungen** lässt sich herleiten: |
|---|---|
| ⇒ **Die Maxwellschen Feldgleichungen** | ⇒ Ø |
| ⇒ die **Wellengleichung** (mit transversalen und longitudinalen Anteilen) | ⇒ nur **Transversalwellen** (keine Longitudinalwellen) |
| ⇒ **Skalarwellen** (Tesla-/Neutrinostrahlung) | ⇒ Ø (keine Skalarwellen) |
| ⇒ **Wirbel und Gegenwirbel** (Strom- und Potentialwirbel) | ⇒ nur **Wirbelströme** |
| ⇒ **Schrödingergleichung** (Grundgleichung der Chemie) | ⇒ Ø |
| ⇒ **Klein-Gordon-Gleichung** (Grundgl. der Kernphysik) | ⇒ Ø |

Tafel 27.14: Vergleich der Leistungsfähigkeit der beiden Ansätze.

(als Zwischenbilanz, wenn es um die Frage geht, welcher Ansatz der leistungsfähigere von beiden ist und welcher besser verworfen werden sollte. Die Abschlussbilanz erfolgt im Kapitel 28).

Es handelt sich hier um Teilaspekte folgender Theorien:

| | |
|---|---|
| ⇒ **Objektivitätstheorie** | ⇒ **Relativitätstheorie** |

## 27.14 Der neue Feldansatz in einer Zusammenfassung

Es konnte der Nachweis erbracht werden, dass in den Maxwellschen Feldgleichungen eine Näherung begraben liegt und sie lediglich den Spezialfall eines neuen, dual formulierten und universelleren Ansatzes darstellen. Die mathematischen Herleitungen des Maxwellfeldes und der Wellengleichung decken auf, worin die Maxwell-Näherung besteht. Es wird der zum expandierenden Wirbelstrom mit seinem Skineffekt duale und kontrahierende Gegenwirbel vernachlässigt, der als Potentialwirbel bezeichnet wird. Er ist zu einer Strukturbildung fähig und breitet sich in schlecht leitfähigen Medien wie in Luft oder im Vakuum als Skalarwelle in longitudinaler Weise aus.

Bei relativistischen Geschwindigkeiten unterliegen die Potentialwirbel der Lorentzkontraktion. Da bei Skalarwellen die Ausbreitung longitudinal in Richtung eines schwingenden Feldzeigers erfolgt, erfahren die Potentialwirbel eine ständige Größenschwingung als Folge der schwingenden Ausbreitung. Stellt man sich den Feldwirbel als ebene aber aufgerollte Transversalwelle vor, dann folgt aus der Größen- und damit Wellenlängenschwingung bei konstanter Wirbelgeschwindigkeit mit c eine ständige Frequenzänderung, die als Rauschsignal gemessen wird.

Das Rauschen erweist sich als der in den Maxwell-Gleichungen vernachlässigte Potentialwirbelterm, der Skalarwellen begründet. Wenn bei biologischen oder bei technischen Systemen, z.B. bei Antennen ein Rauschsignal gemessen wird, dann beweist dies die Existenz von Potentialwirbeln. Das bedeutet dann aber auch, dass der Gültigkeitsbereich der Maxwell-Theorie überschritten ist und fehlerhafte Vorstellungen die Folge sein können.

Als Antwort auf die Frage nach neuen möglichen Technologien sei auf zwei besondere Eigenschaften hingewiesen.

1. Potentialwirbel tragen auf Grund ihres Teilchencharakters Impuls und Energie. Da wir von Rauschwirbeln umgeben sind, wäre eine energietechnische Nutzung von Skalarwellen vorstellbar, bei der Rauschleistung der Umgebung abgezogen wird. Es existieren Hinweise, dass biologische Systeme in der Natur ihren Energiebedarf auf diese Weise decken. Mindestens aber eine Energieübertragung mit Skalarwellen wäre schon ein erheblicher Fortschritt gegenüber der heutigen Drehstromtechnik.

2. Die Wellenlänge multipliziert mit der Frequenz ergibt die Ausbreitungsgeschwindigkeit v einer Welle ($\lambda \cdot f = v$). Diese ist bei Skalarwellen keineswegs konstant. Damit sind Wellenlänge und Frequenz nicht mehr verkoppelt; sie sind getrennt modulierbar! Das führt dazu, dass bei Skalarwellen eine ganze Dimension der Modulierbarkeit zusätzlich zu Verfügung steht im Vergleich zur Hertzschen Welle. Darin ist der Grund zu sehen, warum das menschliche Gehirn mit gerade mal 10 Hz Taktfrequenz erheblich leistungsfähiger ist als moderne Computer mit mehr als 1 GHz Taktfrequenz. Die Natur arbeitet immer mit der besten Technik, auch wenn wir die noch nicht verstanden haben sollten.

Würden wir versuchen von der Natur zu lernen und käme es zu einer energietechnischen oder einer informationstechnischen Nutzung von Skalarwellen, dann wird vermutlich keiner unsere heute noch hochgelobte Technik mehr haben wollen. Im Zuge der Treibhausgase und des Elektrosmog bleibt uns gar nichts anderes übrig als die wissenschaftliche Beschäftigung mit Skalarwellen und deren technischer Nutzung.

## Transformationsgleichungen

des elektrischen und des magnetischen Feldes<i>

$$\boxed{\mathbf{E} = \mathbf{v} \times \mathbf{B}} \quad (27.1) \text{ und } \quad \boxed{\mathbf{H} = -\mathbf{v} \times \mathbf{D}} \quad (27.2)$$

mit: $\mathbf{B} = \mu \cdot \mathbf{H}$ (28.1) und $\mathbf{D} = \varepsilon \cdot \mathbf{E}$ (28.2)

$$\boxed{\mathbf{E} = \mu \cdot \mathbf{v} \times \mathbf{H}} \quad (27.3) \text{ und } \quad \boxed{\mathbf{H} = -\varepsilon \cdot \mathbf{v} \times \mathbf{E}} \quad (27.4)$$

Erfahrung/Beobachtung ist von der Relativgeschwindigkeit **v** abhängig!

---

| Mit Feldvektoren allgemein angeschrieben: | | In kartesischen Koordinaten in Komponenten angeschrieben: (Einheitsvektoren $\mathbf{e}_x$ , $\mathbf{e}_y$ , $\mathbf{e}_z$) |
|---|---|---|
| | in $\mathbf{e}_x$-Richtung: | $\mathbf{v} = v_x(x(t)) = dx/dt$ |
| $\mathbf{H} = -\varepsilon \cdot \mathbf{v} \times \mathbf{E}$ | in $\mathbf{e}_y$-Richtung: | $\mathbf{H} = -H_y = -\varepsilon \cdot v_x \cdot E_z$ |
| $\mathbf{E} = \mu \cdot \mathbf{v} \times \mathbf{H}$ | in $\mathbf{e}_z$-Richtung: | $\mathbf{E} = E_z = \mu \cdot v_x \cdot H_y$ |
| ineinander eingesetzt: | | (28.3) |
| $\mathbf{E} = -\varepsilon \cdot \mu \cdot [\mathbf{v} \times (\mathbf{v} \times \mathbf{E})]$ | in $\mathbf{e}_z$-Richtung: | $E_z = \varepsilon \cdot \mu \cdot v_x \cdot v_x \cdot E_z$ |
| $\mathbf{E} = -(1/c^2) \cdot [\mathbf{v} \cdot \underbrace{(\mathbf{v} \cdot \mathbf{E})}_{= 0, \text{ da } \perp} - \mathbf{E} \cdot (\mathbf{v} \cdot \mathbf{v})]$ | | $E_z = (1/c^2) \cdot v_x^2 \cdot E_z$ |
| $\mathbf{E} = +(\mathbf{v}^2/c^2) \cdot \mathbf{E}$ | bzw.: | $E_z = (v_x^2/c^2) \cdot E_z$ (28.4) |
| Ergebnis:<ii> | $\boxed{v = c}$ | (28.5) |

Tafel 28.1: Die Transformationsgleichungen.<i>

---

<i>: s. Teil 1, Kap.6.5, Gl.60

<ii>: R. W. Pohl: Einführung in die Physik, Bd. 2 Elektrizitätslehre, 21. Aufl. Springer-Verlag 1975, Seite 77, s.a. Kommentar auf Tafel 27.8

<iii>: das Kapitel 28 ist eine Wiederholung von Kapitel 6

## 28. Objektivität contra Relativität

Der neue und feldtheoretische Ansatz beinhaltet die Maxwell-Gleichungen, geht aber in einem Punkt darüber hinaus. Er beschreibt Potentialwirbel und deren Ausbreitung im Raum als Skalarwelle. Damit kann auch auf die häufig gestellte Frage nach dem Medium und den vermittelten Teilchen, wie sie jede Longitudinalwelle voraussetzt, eine schlüssige Antwort gegeben werden. Vermittelt werden Wirbelstrukturen mit Teilchencharakter und das Feld selber fungiert als Medium. Ist damit auch die Frage nach dem Äther beantwortet?[<iii>]

### 28.1 Die Ätherfrage

Kennen Sie das Maxwell-Experiment? Nein, das können Sie auch nicht, denn der geistige Vater hat schnell einen Rückzieher gemacht, nachdem es schief gegangen war. Heute spricht man vom Michelson-Experiment und darf es mit beliebig weiteren Namen in Verbindung bringen (Morley, etc.). Erinnern wir uns: In seiner Lichttheorie hatte Maxwell für die Lichtgeschwindigkeit einen bestimmten und konstanten Wert ermittelt und dafür sollte es einen physikalischen Grund geben, der im Äther seine Ursache haben sollte. Mit dem Nachweis dieses Äthers wollte Maxwell seine Theorie beweisen, doch dieses Unterfangen ging gründlich daneben.
Die Überlegung war folgende: Wenn sich die Erde dreht und durch den Kosmos bewegt, dann müsste ein Ätherwind und unterschiedliche Werte für c in den verschiedenen Himmelsrichtungen nachweisbar sein. Unterstützung fand Maxwell für sein Projekt bei der Sternwarte, denn mit der Abberation der Sterne hatte Bradley zuvor eine Beobachtung beschrieben, die als Ätherbeweis gelten konnte. Der Direktor der Sternwarte beauftragte seinen Mitarbeiter Dr. Michelson mit der Aufgabe, einen entsprechenden Äthernachweis diesmal in einem irdischen Experiment vorzunehmen. Aber es konnte kein solcher nachgewiesen werden, was Maxwell als schweren Schlag gegen seine Lichttheorie hinnehmen musste. Sieben Jahre später kam die Anerkennung dann doch noch, allerdings aus einer ganz anderen Ecke durch die Versuche zur Funkübertragung von Heinrich Hertz.

Bis heute ist die Frage offen geblieben, warum die Astrophysik den Ätherbeweis führen kann, derselbe in einem irdischen Labor hingegen misslingt und es so aussieht, als gäbe es keinen Äther. Als Definition für die Ursache von c lässt sich der Äther aber auch nicht abschaffen solange ungeklärt ist, warum sich das Licht ausgerechnet mit c ausbreitet. Es stellt sich die Frage, was bestimmt die Lichtausbreitung aus heutiger Sicht? Nun, durch Fremdfelder kann das Licht abgebremst werden. Der Weltrekord liegt derzeit bei weniger als 65 Stundenkilometer in einem Bose-Einstein-Kondensat. Wenn elektromagnetische Felder die Lichtgeschwindigkeit bestimmen, wenn zudem Feld- oder Gravitationslinsen dies bestätigen sollten, dann übernimmt doch das Feld die Aufgabe des Äthers!

An dieser Stelle zeigt der neue feldtheoretische Ansatz was in ihm steckt. Die Transformationsgleichungen sagen nichts anderes aus, als dass aus einem bewegten H-Feld ein ruhendes E-Feld wird und umgekehrt, dass also an die Stelle eines bewegten Äthers, den Ätherwind, ein ruhender Äther tritt. Dabei tauschen lediglich die dualen Feldpartner ihre Plätze. Deshalb ist es ein hoffnungsloses Unterfangen, einen Ätherwind messen zu wollen mit Messgeräten, die demselben Feld unterworfen sind (Tafel 28.2).
Michelson musste scheitern.

Die Aussage der Transformationsgleichungen:

$$\mathbf{E} = \mu \cdot \mathbf{v} \times \mathbf{H} \quad (27.3) \quad \text{und} \quad \mathbf{H} = -\varepsilon \cdot \mathbf{v} \times \mathbf{E} \quad (27.4)$$

- Erfahrung/Beobachtung ist von der Relativgeschwindigkeit **v** abhängig!
- Das Feld übernimmt die Funktion des Äthers (bestimmt c) und
- ein Ätherwind **v** x **H** wird als ruhender Äther **E** gemessen (u.umgek.)!

---

- für $v = c$ gehen die Transformationsgleichungen ineinander über und sind identisch $[v = v_x(x(t))]$.
- für $v < c$ ergibt sich ein von v abhängiges Bewegungsfeld $E_v$

$$E_v = E \cdot (v^2/c^2) \quad (28.6)$$

- für $v = 0$ ist auch $E_v = 0$ .
- das Bewegungsfeld überlagert sich dem E-Feld
- bei Wirbelfeldern überlagert sich die Wirkung der Ursache und wird selber zur Ursache für eine neue Wirkung.
- Die Überlagerung reicht bis Unendlich, wobei jeweils gilt:

$$E_{n+1} = E_n \cdot (v^2/c^2) \quad (28.7)$$

- dem Feld $E_0$ überlagert sich das Bewegungsfeld $E_v$

$$E = E_0 + E_v = E_0 \cdot (1 + v^2/c^2) \quad (28.8)$$

- bei unendlich-facher Überlagerung:

$$E = E_0 + E_1 + E_2 + E_3 + E_4 + \ldots + E_n + E_{n+1} + \ldots \quad (28.9)$$

- ergibt die Potenzreihe:

$$E = E_0 \cdot [1 + (v/c)^2 + (v/c)^4 + (v/c)^6 + \ldots + (v/c)^{2n} + (v/c)^{2(n+1)} + \ldots] \quad (28.10)$$

Tafel 28.2: Potenzreihe als Folge einer Wirbelüberlagerung.

---

<i>: Grimsehl: Lehrbuch der Physik, 2.Bd., 17.Aufl. Teubner Verl. 1967, S. 130.

<ii>: R. W. Pohl: Einführung in die Physik, Bd. 2 Elektrizitätslehre, 21. Aufl. Springer-Verlag 1975, Seite 72 und 76, bzw. 130.

<iii>: K. Simonyi: Theoretische Elektrotechnik, 7.Aufl. VEB Berlin 1979, Seite 924.

<i4>: E. Friebe: Die Vektorprodukte der Maxwell'schen Elektrodynamik, DPG-Didaktik-Tagungsband 1995, S. 396

## 28.2 Wirbel - eine Überlagerung der Überlagerung

Noch mit keinem Ansatz konnte die Ätherfrage bisher gelöst werden. Erst der neue feldtheoretische Ansatz stellt mit der widerspruchsfreien und eindeutigen Klärung der Ätherfrage seine unerreichte Überlegenheit unter Beweis. Wir arbeiten daher ausnahmslos mit diesem Ansatz, der fest in der Lehrbuchphysik verankert ist. Die beiden Transformationsgleichungen sind einerseits das Gesetz zur Unipolarinduktion nach Faraday (27.1) und andererseits die duale Formulierung (27.2), die Grimsehl[i] als ***Konvektionsgleichung*** bezeichnet. Die Frage nach dem richtigen Vorzeichen umgeht Grimsehl durch eine Betragsbildung. Pohl trifft detaillierte Fallunterscheidungen und schreibt die jeweils zutreffende Formulierung des dualen Gesetzes vor[ii]. Letztendlich ist das Vorzeichen nach der Definition der Ausrichtung der Feldzeiger zu wählen. Auch Simonyi gibt beide Gleichungen und jeweils noch passende Experimente dazu an[iii].

Nehmen wir einmal an, der Träger eines elektrischen Feldes bewegt sich gegenüber dem vom Beobachter benutzten Bezugssystem mit der unbeschleunigten Relativgeschwindigkeit **v**, so wird ein magnetisches **H**-Feld beobachtet, das sowohl senkrecht zur Richtung des **E**-Feldes als auch zur Richtung von **v** steht. Erfolgt die Bewegung senkrecht zu der von **E**- und **H**-Feld aufgespannten Fläche, wird das **H**-Feld wiederum als **E**-Feld beobachtet und gemessen. Es wird zu einer Überlagerung der Felder kommen.
Betrachten wir trotzdem zuerst den theoretischen Fall, dass keine Überlagerung vorliegt, und der Beobachter sozusagen sich selber sieht. Das Ergebnis ist überaus trivial: Bei der Relativgeschwindigkeit v muss es sich um die Lichtgeschwindigkeit handeln $v = c$. (28.5)
Auf Lichtgeschwindigkeit bezogen gehen die beiden Transformationsgleichungen ineinander über. Sie sind jetzt sowohl mathematisch als auch in ihrer physikalischen Aussagekraft identisch. Für diesen Fall ist es tatsächlich möglich, das duale Gesetz aus dem von Faraday auf direktem Weg herzuleiten. Für eine mit Lichtgeschwindigkeit laufende Welle, um ein Beispiel zu nennen, ist die mitlaufende Feldstärke immer gleich der ursächlichen aber ortsabhängigen Feldstärke.
Findet neben der Auswertung der Beträge noch der Umstand Berücksichtigung, dass es sich um Vektoren handelt, so wird an dieser Stelle ein prinzipielles Problem der Maxwell-Theorie sichtbar, auf das gelegentlich, z.B. bei der Deutschen Physikalischen Gesellschaft hingewiesen worden ist[i4]. Die Herleitung der Lichtgeschwindigkeit aus zwei Vektorgleichungen verlangt, dass auch c ein Vektor sein muss. Die Frage lautet: Wie wird aus dem Geschwindigkeitsvektor **v** plötzlich die skalare und ungerichtete, in allen Richtungen des Raumes konstante Größe c? Ist aus mathematischen und physikalischen Gründen „die Maxwell'sche Theorie deshalb in wesentlichen Teilen fehlerhaft", nach einer Aussage des Deutschen Patentamts[i4]?
Nun, die Konstanz der Lichtgeschwindigkeit ist eine Tatsache, die sich sogar herleiten lässt. Wir werden uns zunächst mit dem Hinweis begnügen, dass bei jeder Beobachtung mit Lichtgeschwindigkeit, mit den Augen oder einem unserem Wahrnehmungsvermögen entsprechend aufgebauten Messgerät, der Vektor in allen seinen Komponenten jeweils auf sich selber bezogen wird, wodurch in der Tat die Richtungsorientierung verloren geht. Unter diesen für c und gleichberechtigt auch für v zutreffenden Umständen sind wir berechtigt, mit den Beträgen weiterzurechnen.
Ein Beobachter, der sich mit v langsamer als mit c bewegt, wird neben dem ursprünglichen E-Feld noch ein von der Geschwindigkeit v abhängiges Bewegungsfeld $E_v$ beobachten, das verschwindet, wenn v zu Null wird. Was er zu Gesicht bekommt und mit Messgeräten erfassen kann ist letztendlich die Überlagerung beider Feldkomponenten.

- zur Entwicklung der Potenzreihe:

$$E = E_0 \cdot [1 + (v/c)^2 + (v/c)^4 + (v/c)^6 + \ldots + (v/c)^{2n} + (v/c)^{2(n+1)} + \ldots] \quad (28.10)$$

- für $q < 1$ konvergiert die Potenzreihe mit $q = (v/c)^2$ (28.11)

$$\sum_{n=0}^{\infty} q^n = \frac{1}{1-q} \quad (28.12)$$

- für $(v/c)^2 < 1$ bzw. für $v < c$ gilt demnach:

$$E = E_0 \cdot [1/1 - (v/c)^2] \quad \text{bzw.} \quad E_0 = E \cdot [1 - (v/c)^2] \quad (28.13)$$

Es tritt die Lorentzwurzel in quadrierter Form auf<i>:

$$(1 - \frac{v^2}{c^2}) = \frac{E_0}{E} \quad (28.14)$$

Die Herleitung für die magnetische Feldstärke liefert analog dazu das gleichlautende Resultat<i>:

$$(1 - \frac{v^2}{c^2}) = \frac{H_0}{H} \quad (28.15)$$

Tafel 28.3 Die geschwindigkeitsabhängige Felddehnung

<i>: s. Teil 1, Kap.6.6

<ii>: Prof. Dr. H.-J. Runckel, Abteilung für Mathematik IV der Universität Ulm

## 28.3 Feldüberlagerung

Doch es bleibt nicht bei der einen Überlagerung. Bei Wirbelfeldern überlagert sich die Wirkung der Ursache und wird selber zur Ursache für eine neue Wirkung. Die überlagerte Ursache erzeugt eine weitere Wirkung, die sich seinerseits überlagert (s.Kap.3).
Wirbel entstehen also, wenn sich Überlagerungen ihrerseits überlagern und das reicht theoretisch bis Unendlich, worauf ich schon mehrfach hingewiesen habe (Tafel 3.0). Zudem repräsentieren Wirbel ein grundlegendes physikalisches Prinzip. Der griechische Philosoph Demokrit hat die ganze Natur auf Wirbelbildung zurückgeführt und das schon vor 2500 Jahren!
In dem feldtheoretischen Ansatz scheint diese Auffassung eine mathematische Bestätigung zu erfahren, da auch die Felder sich in Wirbelstrukturen überlagern. Unsere Beobachtungen und unser Sein verdanken wir danach den Relativbewegungen und der Wirbelbildung. Gäbe es nämlich in der Umkehrung keine Bewegung, dann gäbe es auch keine Felder, kein Licht und auch keine Materie. Wenn wir den Himmel beobachten, dann folgt alles Sichtbare der Eigenbewegung der Erde, des Sonnensystems und der ganzen Galaxie, die mit unbekannter galaktischer Geschwindigkeit unterwegs ist, und alle Bewegungen erfolgen in Wirbelstrukturen (Tafel 10.2).

Die durch den Faraday-Ansatz vorgegebene Feldüberlagerung reicht ebenfalls bis Unendlich, was meinen Kollegen der Mathematik zu der Anregung ermutigt hat, diese physikalische Forderung auch mathematisch umzusetzen[<ii>]. Dies führt zu einer unendlichen Potenzreihe, die unter der Voraussetzung konvergiert, dass $v < c$ ist.
Als Ergebnis der Potenzreihenentwicklung tritt die bekannte Lorentzwurzel $\sqrt{1-(v^2/c^2)}$ in quadrierter Form auf (s.a. Tafel 6.6). Sie bestimmt das Verhältnis der beobachteten zur ursächlichen Feldstärke des elektrischen oder des magnetischen Feldes.
Physikalisch beschreibt der gefundene Zusammenhang eine geschwindigkeitsabhängige Felddehnung. Die Feldstärke nimmt also zu, wenn die Relativgeschwindigkeit v steigt. Umgekehrt ist kein Unterschied mehr beobachtbar, wenn v gegen Null geht.

Wer Albert Einstein (1879-1955) nacheifern wollte, der aus der geschwindigkeitsabhängigen Längenkontraktion die Relativitätstheorie entwickelt hat, könnte geneigt sein, auch aus der Felddehnung eine neue Feldphysik abzuleiten. Doch ich muss vor einem solchen Schritt warnen. Die Herleitung der Längenkontraktion durch den Mathematiker Hendrik Lorentz (Lorentzkontraktion) setzt eine Reihe von einschränkenden Annahmen voraus. Beispielsweise darf die Relativgeschwindigkeit v keine Beschleunigung erfahren. Tatsächlich erfolgen aber nahezu alle Bewegungen als kreisförmige Wirbelbewegung, so dass wegen der auftretenden Zentralbeschleunigung die Voraussetzungen für die Relativitätstheorie nicht mehr erfüllt sind. Vernachlässigungen oder Verallgemeinerungen können dabei zu erheblichen Fehlern führen, vor denen ich warnen möchte. ***Es ist generell ein heikles Unterfangen, bei einem rein mathematisch gewonnenen Resultat eine physikalische Interpretation nachschieben zu wollen.***
Diese Warnung gilt in gleichem Umfang auch für die hier gezeigte Herleitung der Felddehnung. Die einschränkenden Voraussetzungen sind praktisch die gleichen wie bei Einstein und die Probleme mit einer gegebenenfalls nachgeschobenen physikalischen Interpretation werden nicht minder sein. Es werden auch hier jede Menge Paradoxien auftreten, die nichts anderes sind, als Fehler der Theorie. So kommen wir nicht ans Ziel. Es ist jetzt nur ein weiterer mathematischer Schritt erforderlich, der die Relativitätstheorie mit der neuen Erkenntnis einer geschwindigkeitsabhängigen Felddehnung verbindet.

Beispiel:

Längenmessung über eine Laufzeitmessung (Schall oder Licht) mit $c = L/t$ in einem mit v bewegten Fahrzeug.

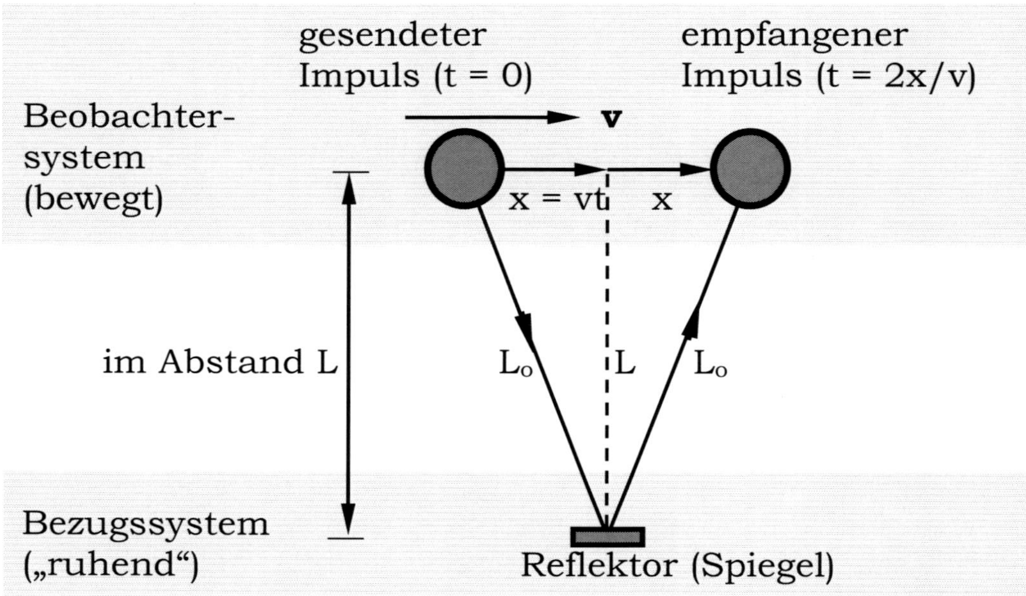


Aus Fahrzeit: $t = 2\frac{x}{v}$ = Signallaufzeit: $t = 2\frac{L_o}{c}$ folgt $\frac{x}{v} = \frac{L_o}{c}$

Laut Pythagoras: $L_o^2 = L^2 + x^2 = L^2 + L_o^2 \cdot (v^2/c^2)$

$$L_o^2 \cdot (1 - v^2/c^2) = L^2$$

ergibt die Maßstabsverkürzung:

$$(1 - \frac{v^2}{c^2}) = (\frac{L}{L_o})^2 \qquad (28.16)$$

Tafel 28.4: Herleitung der Längenkontraktion

Beispiele: Kontraktion gemäß der Lorentztransformation, messbare Längenverkürzung, Raumkrümmung.

Gegenbeispiel: missglückter Äthernachweis (Michelson-Versuch)

## 28.4 Die Herleitung der Längenkontraktion

Die Lorentz-Transformation ist das Resultat einer rein mathematischen Problemstellung. Angeregt durch das überraschende Ergebnis des Michelson-Experiments fragte sich 1891 der Niederländer Hendrik A. Lorentz, wie die Gleichungen der Galilei-Transformation auszusehen hätten, wenn an die Stelle einer unendlich schnellen eine endliche und konstante Lichtausbreitung tritt. Er geht dabei von zwei mit unbeschleunigter Geschwindigkeit v gegeneinander bewegten Inertialsystemen aus, in denen die Gesetze der Newtonschen Physik gleichermaßen gültig sind<i>. Als Folge der Relativbewegung kommt es zu einer Veränderung der Längenmaße.

Dies kann zunächst als rein geometrischer Effekt im Rahmen der nichtrelativistischen Physik erklärt werden. Wir stellen uns vor, ein Fahrzeug, das mit konstanter Geschwindigkeit unterwegs ist, sendet ein optisches oder ein akustisches Signal aus. Seitlich in der Landschaft steht in einem senkrecht gemessenen Abstand L ein Reflektor (Spiegel), der das Signal wieder zurückschickt. Die Signalgeschwindigkeit ist jedoch nicht unendlich und daraus folgt, dass sich das Fahrzeug während der Laufzeit des Signals ebenfalls ein Stück weiter bewegt hat. Der tatsächliche Weg, den das Signal zurücklegen musste, beträgt jetzt $L_o$ (> L). Das Abstandsmaß wird also kleiner beobachtet, als es in Wirklichkeit ist und zwar um den Faktor der Lorentzwurzel (Tafel 28.4).

$$L = L_o \cdot \sqrt{1-(v^2/c^2)} \qquad (28.16)$$

Nach dem Relativitätsprinzip spielt es dabei keine Rolle, ob das Fahrzeug fährt oder ob es steht und der Spiegel mit geradlinig gleichförmiger Geschwindigkeit bewegt wird.

Anfangs hat Einstein auch nur von einer beobachtbaren Längenkontraktion gesprochen, die in der Realität nicht zwingend auftreten muss; eine optische Täuschung sozusagen. Lorentz hingegen ist von einer physischen, also einer real existierenden Längenänderung ausgegangen, was in der Praxis zunächst keinen Unterschied macht. Wird z.B. bei relativistischen Geschwindigkeiten eine Rakete kleiner, dann schrumpft der Pilot gleichermaßen, so dass ein ggf. vorhandener Unterschied nicht auszumachen wäre.

Steht der Beobachter jedoch außerhalb des Geschehens und nimmt einen „neutralen Standpunkt“ ein, dann wird er sehen können, welche Auffassung die richtige ist. Heute sind einige Beispiele bekannt. In Beschleunigern werden Teilchen bei relativistisch hohen Geschwindigkeiten tatsächlich um den Faktor der Lorentzwurzel kleiner. Das ist erwiesen und dieses Resultat gibt nachträglich dem Holländer Lorentz recht! Die Anhänger der physischen Längenkontraktion werden auch Neo-Lorentzianer genannt.

In der Nähe einer schweren Masse wird die Lichtgeschwindigkeit derart langsam, dass der Verkürzungs-Faktor eine Rolle spielt und der Raum sich zur Masse hin krümmt. Um diese Maßstabsverkürzung zu verstehen, sollte noch der Feldeinfluss Berücksichtigung finden.

---

<i>: Beispiel: In einem geschlossenen Aufzug werden physikalische Experimente durchgeführt. Beschleunigungen des Aufzugs haben einen Einfluss auf die Versuche. Hingegen ist kein Einfluss festzustellen, wenn der Aufzug steht oder sich mit konstanter Geschwindigkeit bewegt. Er erfüllt damit die Bedingungen eines Inertialsystems.
Die Frage lautet: was zeigen die Versuche einem Außenstehenden, an dem der Aufzug vorbeifährt?

aus dem Vergleich
der Lorentzkontraktion (28.16) mit der Felddehnung (28.14 und 28.15)

$$\left(1 - \frac{v^2}{c^2}\right) = \left(\frac{L}{L_o}\right)^2 \quad \stackrel{!}{=} \quad \left(1 - \frac{v^2}{c^2}\right) = \frac{E_o}{E} = \frac{H_o}{H}$$

folgt

$$\left(1 - \frac{v^2}{c^2}\right) = \left(\frac{L}{L_o}\right)^2 = \frac{E_o}{E} = \frac{H_o}{H} \qquad (28.17)$$

die Proportionalität (feldabhängige Längenmaße):

$$E, H \sim 1/L^2 \qquad \text{und} \qquad E_0, H_0 \sim 1/L_0^2 \qquad (28.18)$$

Experimentelle Beispiele<i>:

- Elektrostriktion (Piezolautsprecher)
- Magnetostriktion
- Feld- oder Gravitationslinsen
- Raumkrümmung, Lichtablenkung

Fazit<ii>:

- Das Feld bestimmt die Längenmaße (was 1 Meter ist)
- Das Feld bestimmt die Geschwindigkeiten v (in m/s)
- Das Feld bestimmt die Lichtgeschwindigkeit c [m/s]
- Messung der Lichtgeschwindigkeit erfolgt mit sich selber:

$$c \sim r \qquad (28.19)$$

- Gemessen wird eine Messkonstante c = 300.000 km/s
- Die Lichtgeschwindigkeit c ist keine Naturkonstante!

Tafel 28.5: Die Feldabhängigkeit der Lorentzkontraktion

<i>: s. Teil 1, Kap.6.10

<ii>: s. Teil 1, Kap. 6.11

## 28.5 Die Feldabhängigkeit der Lorentzkontraktion

Die beiden Resultate der Felddehnung (28.14 und 28.15) und der Lorentzkontraktion (28.16) müssen zusammengebracht und verglichen werden (28.17). Dabei fällt der mathematische Ausdruck der Lorentzwurzel heraus. Das ist von größter Wichtigkeit, denn damit verschwinden auch alle Einschränkungen und es bleibt ein rein physikalischer Zusammenhang übrig, eine Proportionalität von größter Bedeutung (28.18).
Welchen Sinn hatten die Einschränkungen verbunden mit der Einführung sogenannter Inertialsysteme, die Grundlage der Lorentztransformation sind und die bei unserer Herleitung der Felddehnung übernommen wurden? Es sind nur noch modellmäßige Hilfsbetrachtungen. Wir haben ein möglichst einfach mathematisch beschreibbares Modell ausgewählt, bei dem ein Beobachter Messgeräte für Abstände und Feldstärken in der Hand hält und damit ein mit konstanter Geschwindigkeit vorbeifliegendes System vermisst. Er ermittelt einerseits eine Längenkontraktion und andererseits eine Felddehnung. Er vergleicht beides miteinander und kommt zu dem Schluss: **Das Feld bestimmt die Abmessungen!**
Diese Aussage ist rein physikalisch und sie gilt ganz allgemein. Sie ist unabhängig von der Relativgeschwindigkeit und allen anderen mathematischen Voraussetzungen. Eine zentralbeschleunigte Kreisbewegung z.B. wird die Längenkontraktion in dem gleichen Maße verfälschen, wie die gleichsam auftretende Felddehnung. Es kann erwartet werden, dass sich zusätzlich zu der Lorentzwurzel auch sonstige Fehler gegenseitig auslöschen werden, so dass eine Verallgemeinerung in diesem Fall tatsächlich zulässig erscheint.
Die gewonnene Proportionalität ist von elementarster Bedeutung. Wir nutzen sie beim Piezolautsprecher und kennen sie von der Raumkrümmung und Lichtablenkung in Gegenwart extremer Felder. Sind wir jedoch selber als Beobachter dem Feld ausgesetzt, in dem auch der zu beobachtende Gegenstand sich befindet, so stehen wir vor dem Dilemma, den Einfluss nicht wahrnehmen zu können. Wenn wir, um bei dem Beispiel zu bleiben, in einer Rakete sitzen und diese würde bei hoher Geschwindigkeit kleiner, dann würden wir nichts bemerken, da auch wir im gleichen Maße mitschrumpfen würden.
Das betrifft jede Geschwindigkeitsmessung im allgemeinen und die Lichtgeschwindigkeit c im besonderen, die bekanntlich in Metern pro Sekunde gemessen wird. Bestimmt das Feld aber c und in gleicher Weise das Längenmaß, das in Metern angegeben wird, dann stehen beide in einer direkten Proportionalität zueinander, dann werden wir gar keine Chance haben, die Lichtgeschwindigkeit zu messen. Ändert sich nämlich c, betrifft dies in gleicher Weise die Messstrecke. Gemessen wird jetzt die Variable mit sich selber und als Ergebnis erscheint c, ein konstanter Wert. Sehen können wir die Änderung ebenfalls nicht, da unsere Augen alle Gegenstände optisch, und das heißt mit c abtasten.
Es ist der Albtraum eines jeden Messingenieurs, wenn der Messapparat von der zu messenden Größe abhängig ist. Kein Wunder also, wenn das Additionstheorem der Geschwindigkeiten scheinbar seine Gültigkeit verliert und immer das gleiche c gemessen wird, unabhängig davon, in welcher Richtung sich die Strahlungsquelle bewegt (Kap. 6.11). Wir kommen zu dem Ergebnis:

***Die Lichtgeschwindigkeit ist eine Messkonstante und keine Naturkonstante !***

Wird aber das Licht mit Lichtgeschwindigkeit abgetastet, ergeben auch alle Teilkomponenten des Lichtvektors auf sich selber bezogen denselben konstanten Wert c. Dann verliert tatsächlich der Lichtgeschwindigkeitsvektor seine Orientierung im Raum und wird zu einer skalaren Größe. Die Maxwellgleichungen nehmen diesen Umstand bereits vorweg, ohne allerdings eine Erklärung für die Richtigkeit zu liefern. Erst der neue Feldansatz kann die offene Frage beantworten. Mit der Herleitung ist ein Axiom der Physik - man kann auch Stolperstein dazu sagen - überwunden worden.

Die Feldstärke bestimmt das Längenmaß: (den Abstand L zwischen den Kugeln)<i>

$$E, H \sim 1/L^2 \tag{28.18}$$

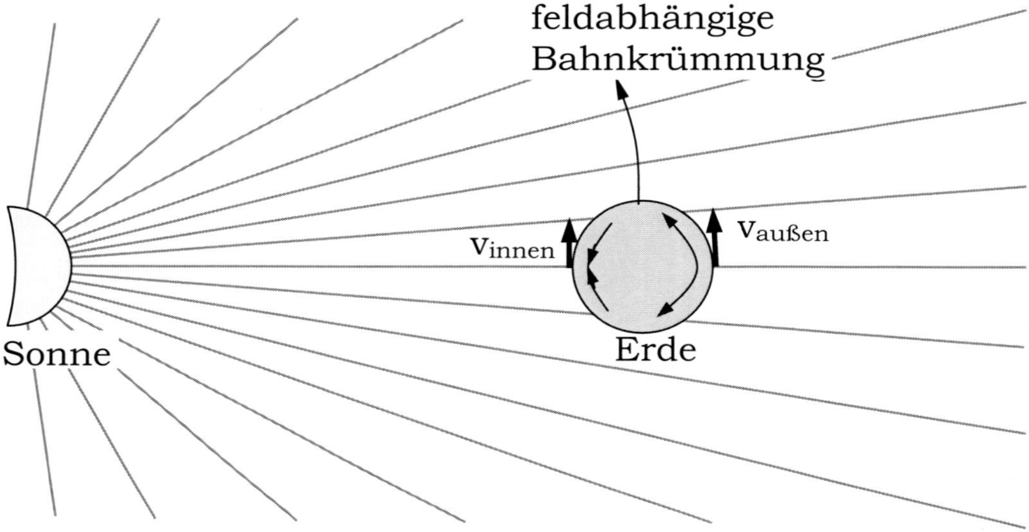


Tafel 28.6 A: Die Krümmung der Erde im Gravitationsfeld der Sonne

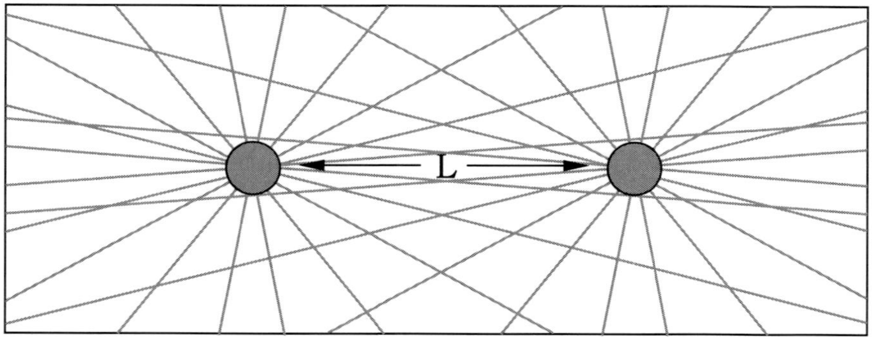


Tafel 28.6 B: Anziehungskraft und Verringerung des Abstands L als gegenseitiger Feldeinfluss zweier Massen.

<i>: Wiederholung zu EMUV Teil 1, Kapitel 6.7

## 28.6 Boscovich und die Atmung der Erde

Wer einen guten Gedanken hat, wird schnell die Erfahrung machen, dass irgend ein anderer Wissenschaftler denselben schon vor ihm hatte, und der seinerseits möglicherweise dieselbe Erfahrung auch schon machen musste. Wenn sich dennoch die Spur schnell in der Geschichte verliert, so liegt das in der Regel an dem unzureichenden Zitieren und der Eitelkeit der Entdecker, die in Wirklichkeit nur Wiederentdecker eines viel älteren Wissens sind.

Die Feldabhängigkeit der Längenmaße (Gl. 28.18) dürfte in der mathematischen Form der Herleitung noch ziemlich neu sein. Die physikalische Konsequenz hingegen wurde schon 1755 von dem Jesuitenpater Roger Joseph Boscovich aus Dalmatien beschrieben[<i>]. Er war Professor für Mathematik und Theologie in Rom und sprach davon, dass die Welt einerseits deformierbar ist, vergleichbar mit Gummi, dass wir andererseits nicht in der Lage sind, dies wahrzunehmen, da unser Körper aus dem selben Stoff ist und er allen Veränderungen folgt. „Wir können in absoluter Weise weder den Ort, noch Abstände oder Größenordnungen erkennen", schreibt Boscovich in seinem Buch über Raum und Zeit, wie diese von uns wahrgenommen werden[<ii>]. Er hält es für möglich, dass die Erde für den Menschen unbeobachtbar „atmet".

Tatsächlich befindet sich ein irdischer Beobachter am Tag der Sonne näher als in der Nacht. Er ist tagsüber einem geringfügig größeren Feld ausgesetzt und als Folge dementsprechend kleiner. Er selber und alle Gegenstände in seiner Umgebung unterliegen einer identischen Größenschwankung, so dass diese „Atmung" der Erde nicht feststellbar ist. Sie lässt sich weder mit einem Maßband noch mit einer optischen Messung nachweisen und ist dennoch real vorhanden. Erst von einem neutralen Standpunkt aus kann es uns gelingen, die tatsächlich existierende Krümmung des Raumes zu erkennen (Tafel 28.6 A). Ein Beispiel ist die Sonnenscheindauer am Äquator, die länger ist, als die Kugelform der Erde erwarten lässt. Dies offenbart, wie sich die Erde zur Sonne hin krümmt (s.a.Kap.6.7). Ein weiteres Beispiel ist der Feldeinfluss auf die Bahngeschwindigkeit der Erde gemessen in Metern pro Sekunde. Auch bei ihr wird das Meter am Tag kleiner als nachts, weshalb sich die Erde auf der sonnenzugewandten Seite langsamer bewegt, wie ein Kettenfahrzeug, das eine Kurve fährt, wenn die innere Kette langsamer läuft als die äußere. Wenn die Erde eine Kreisbahn um die Sonne beschreibt, dann hat dieser Umstand überhaupt nichts mit Fliehkraft oder mit einer Anziehungskraft der Sonne zu tun. Die Kreisbewegung ist einzig und allein eine Folge des Feldeinflusses der Sonne[<iii>].

Der Kraftbegriff erweist sich als reine Hilfsbeschreibung. Im Rahmen der Newton'schen Mechanik spielt die Kraft eine zentrale Rolle. Ohne Frage ist es eine sehr leistungsfähige und subjektiv spürbare Beschreibung, die dennoch die physikalische Realität in objektiver Weise nicht wiederzugeben vermag. Was die Planeten auf ihrer Bahn hält, ist nur das Feld der Sonne, das wir als Gravitationsfeld bezeichnen und nicht irgendeine Kraft! Von welcher Art aber ist die Gravitation und das Feld, das bewirkt, dass Massen sich näher kommen und unserer subjektiven Beobachtung folgend sich anziehen (Tafel 28.6 B)?

---

<i>: O.E.Rössler: Endophysics, the World as an Interface, World Scientific Publishing Co. 1998, Kap. 10, S. 87-112, mit Übersetzungen aus <ii>:

<ii>: R.J.Boscovich: De spatio et tempore, ut a nobis cognoscuntur, 1755.

Die Feldstärke bestimmt das Längenmaß: (den Abstand L zwischen den Kugeln)<i>

$$E, H \sim 1/L^2 \qquad (28.18)$$

A. geladene Massepunkte (Elektronen, Positronen, Ionen,...):

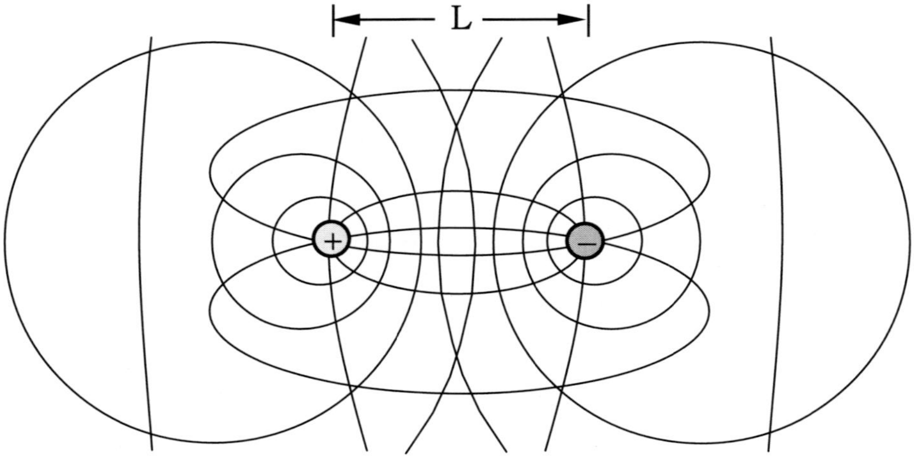


B. ungeladene Massepunkte (Neutronen, Atome, ...):

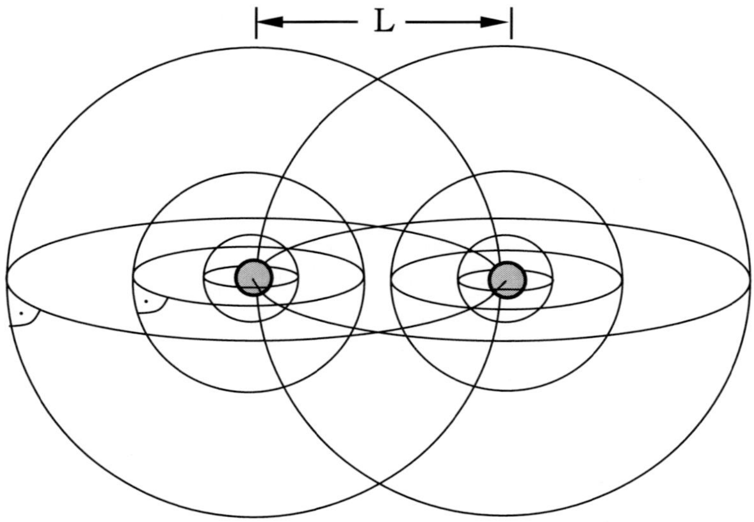


Tafel 28.7: Beobachtung einer gegenseitigen Anziehungskraft durch die Wirkung der Felder auf das Abstandsmaß.

<i>: Wiederholung zu Teil 1, Kapitel 6.7 – 6.9 und Teil 2, Kapitel 10.4 und 15.2

## 28.7 Herleitung der Gravitation

In Tafel 28.6B ist der Zusammenhang zwischen dem Feldeinfluss und der beobachteten Anziehungskraft zweier Massekörper dargestellt. „Schalte" ich beispielsweise in Gedanken die Feldlinien der beiden Körper ein, die im Abstand L platziert sind, dann reduzieren die Felder nach Gleichung 28.18 das Maß L und kommen sich optisch näher. Mit zunehmender Nähe nimmt die Feldliniendichte zu, so dass L weiter abnimmt. Wir beobachten eine gegenseitige Anziehung, die beide Körper aufeinander zu bewegen lässt.

In Tafel 28.7A tragen die beiden Körper eine elektrische Ladung. Bei ungleicher Polung laufen die Feldlinien bekanntlich von Pluspol zum Minuspol, um sich dort zu bündeln. Vom Prinzip her ist auch hier eine Anziehung zu erwarten, die elektromagnetische Wechselwirkung genannt wird. Durch die Bündelung der Feldlinien wird dieser Effekt allerdings erheblich stärker ausfallen. Daher ist die elektromagnetische Wechselwirkung um viele Zehnerpotenzen mächtiger als die Gravitation.

Weiterhin kann es auch zu einer Abstoßung kommen, wenn bei gleichnamiger Ladung die Feldlinien zur Seite gebogen werden und zwischen beiden Körpern ein Bereich entsteht, in dem das Feld gegen Null und das Abstandsmaß L (nach Gl. 28.18) als Folge gegen Unendlich tendiert. Die elektromagnetische Wechselwirkung reicht theoretisch in der Tat bis Unendlich. Verantwortlich sind die von einem geladenen Körper ausgehenden offenen Feldlinien.

Jetzt hat jeder geladene Körper zudem eine Masse, mit der er an der Gravitation teilnimmt. Erinnern wir uns an den Vergleich der Herleitungen. Im statischen Fall, lehrt uns die Maxwelltheorie, sind E- und H-Feld entkoppelt, weil das jeweils andere Feld verschwindet. Selbst wenn als Folge der Unipolarinduktion zu jeder offenen Feldlinie die jeweils andere senkrecht darauf stehend angenommen wird, so wickelt sich diese doch nur um die offene Feldlinie herum und bildet selber eine in sich geschlossene Feldlinie aus. Diese ist dadurch nicht mehr von außen beeinflussbar und kann vernachlässigt werden, so lautet die Lehre, die aus der Maxwelltheorie gezogen wird (Tafel 27.5).

Dies ist ein fataler Denkfehler! Die Gleichung 28.19 gilt selbstverständlich für offene Feldlinien in gleicher Weise wie für geschlossene. Auch diese Felder führen zu einer beobachtbaren Anziehungskraft. ***Wenn natürlich genau die Felder vernachlässigt werden, die für die Gravitation verantwortlich sind, brauchen wir uns nicht zu wundern, wenn wir die Gravitation und die Natur dieser Wechselwirkung nicht verstehen!***

Der Einfluss der für die Gravitation verantwortlichen geschlossenen Feldlinien ist wegen der fehlenden Bündelung dementsprechend schwach. Zweitens kann es keine Abstoßungskraft geben wegen der fehlenden Beeinflussbarkeit geschlossener Feldlinien von außen und drittens lässt sich festhalten, dass alle geladenen Körper auch über eine Masse verfügen. Alle drei Aussagen des Feldlinienmodells decken perfekt die physikalische Wirklichkeit ab.

Tafel 28.7 B zeigt ungeladene Körper, bei denen sowohl die Feldlinien des E- als auch des dazu senkrecht angeordneten H-Feldes in sich geschlossen sind. Solche Körper, wie z.B. Neutronen oder ganze Atome verhalten sich ohne Ladung nach außen elektrisch neutral, verfügen aber über eine Masse auf Grund der geschlossenen Feldlinien, wobei die des H-Feldes über die des E-Feldes dominieren[<i>].

<i>: Wiederholung zu K. Meyl: EMUV Teil 1, Kap. 6.8 + 6.9, Teil 2 Kap. 15.1

| Dualer Feldansatz | / Das Maxwellfeld |
|---|---|
| 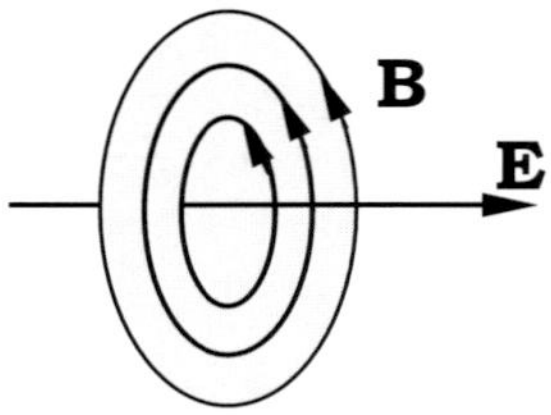 | **E** = vernachlässigbar,<br>**B** = konstant. |
| **E** und **B** sind verkoppelt | / entkoppelt (Näherung) |
| Die geschlossenen Feldlinien sind keineswegs ohne Einfluss:<br><br>Sie bewirken die **Gravitation** ! | Wenn das Maxwellfeld die Feldgröße vernachlässigt, die zur Gravitation führt, ist nicht verwunderlich, wenn die Gravitation unverstanden bleibt ! |

- Es sind die physikalischen Standpunkte zu unterscheiden:

| **Subjektivität** (Laborphysik, beobachtbar) | **Relativität** (Vermittlerrolle) (Transformation) | **Objektivität** (nicht wahrnehmbar) |
|---|---|---|

- Beispielhafte Theorien und deren Vertreter:

| | | |
|---|---|---|
| Newton<br>Maxwell | Poincaré<br>Einstein | Boscovich<br>*(dualer Ansatz)* |

- Mit der zugehörigen Transformation:

| | | |
|---|---|---|
| Galilei-Transf.<br>bei $c = \infty$ | Lorentz-Transf.<br>c = konstant | *(neue Transf.)*<br>c = variabel |

Tafel 28.8: Physikalische Standpunkte

## 28.8 Von Subjektivität zur Objektivität

Mit der Feldlinieninterpretation, die nebenbei bemerkt schon Faraday bevorzugt verwendet hat, erweist sich die Gravitation als ein bisher vernachlässigter Einfluss des elektromagnetischen Feldes. Damit ist auch erstmalig die große Vereinigung der Wechselwirkungen geglückt. Die lange gesuchte ***Einheitliche Theorie*** rückt damit erstmalig in greifbare Nähe.
Die Herleitung hat ermöglicht, das theoretische Denkmodell von Boscovich mathematisch abzusichern. Schon 1755 weist Boscovich auf die optische Täuschung hin, der unsere Beobachtung unterworfen ist, wenn sich absolute Größenordnungen in unserer Umgebung ändern sollten und sich unsere Wahrnehmung mit ändern sollte. Dieser Änderung wären dann auch alle metrischen und optischen Messergebnisse unterworfen. Den Gedanken Boscovichs folgend unterscheide ich zwischen Subjektivität und Objektivität.

Die ***Relativität*** ist ein zwischen beiden Sichtweisen liegender Kompromiss, bei dem ein neutraler, außerhalb des Geschehens liegender Standpunkt angestrebt wird, von dem aus das objektiv ablaufende Geschehen beobachtet wird. Die Relativitätstheorie ist folglich eine reine Beobachtertheorie mit stark eingeschränktem Gültigkeitsbereich auf der Grundlage der Lorentz-Transformation.

In den Bereich der ***Subjektivität*** fallen Theorien der klassischen Physik, wie z.B. die Newtonsche Mechanik. Die Ergebnisse und Gesetzmäßigkeiten werden in einem von der Umwelt möglichst isolierten irdischen Labor gewonnen, wo sie uneingeschränkte Gültigkeit besitzen. Hier gilt die Galilei-Transformation.
Sollen aber diese subjektiv gewonnenen Gesetze auf den Mikrokosmos in der Quantenphysik oder auf die Berechnung kosmischer Beobachtungen angewendet werden, stößt man schnell an Grenzen. Je höher die Auflösung der Mikroskope und der Teleskope wird, umso deutlicher wird dem „außenstehenden" Beobachter klar, wie sehr doch die Gesetze der klassischen Physik an Gültigkeit verlieren.

Die Astrophysik greift erfolgreich nach der ***Relativitätstheorie***, die mit der Raumkrümmung in der Nähe von Massezentren brauchbare Erklärungen abliefert. Hier konnte sich die Feldabhängigkeit der räumlichen Abmessungen bereits etablieren. Im Widerspruch dazu soll dieser grundlegende Zusammenhang in der Quantenphysik, wie bei allen irdischen Laborversuchen angeblich keine Rolle spielen. Doch mit welchem Recht dürfen physikalische Gesetzmäßigkeiten aus einem Bereich in anderen ignoriert werden? Es kann doch nur **eine** Physik geben und die gilt es zu suchen!

Was wir brauchen, ist ***Objektivität***! Hinter all den scheinbar unzusammenhängenden Phänomenen der Physik arbeiten von uns unbeobachtbar und bislang unerkannt ganz einfache Gesetze. Die objektive Physik ist in den Worten von Goethe diejenige, die die Welt im Innersten zusammenhält. Ich nenne diese, von Boscovich bereits angeregte Sichtweise, ***Objektivitätstheorie***. Der Zugang zu dem Modellbereich der Objektivität hat mathematisch über eine Transformation zu erfolgen, da er uns über Messungen oder Beobachtungen versperrt ist (s. Kapitel 6.15-6.19). Die Rücktransformation in den Beobachtungsbereich hat nach denselben mathematischen Relationen zu erfolgen (Tafel 28.9). Auf diesem Weg können die Quanteneigenschaften der Elementarteilchen mit hoher Genauigkeit und Übereinstimmung mit den bisher nur gemessenen Werten berechnet werden (Kapitel 7).

Ansatz: $r = c \cdot t$ (Abstand über Signallaufzeit bestimmen)

(27.23)

$$dr = c \cdot dt + t \cdot dc$$ (totales Differential bei einer Änderung)

(27.24)

$$c = \frac{dr}{dt} - t \cdot \frac{dc}{dt} \quad \text{bzw.} \quad t = \frac{dr}{dc} - c \cdot \frac{dt}{dc} \qquad (27.25)$$

$$c = \frac{dr}{dt} - t \cdot \frac{d^2r}{dt^2} + t^2 \cdot \frac{d^3r}{dt^3} - t^3 \cdot \frac{d^4r}{dt^4} + t^4 \cdot \frac{d^5r}{dt^5} - \ldots \qquad (27.26)$$

bzw.

$$t = \frac{dr}{dc} - c \cdot \frac{d^2r}{dc^2} + c^2 \cdot \frac{d^3r}{dc^3} - c^3 \cdot \frac{d^4r}{dc^4} + c^4 \cdot \frac{d^5r}{dc^5} - \ldots \qquad (27.27)$$

Die Taylor-Reihen (27.26 und 27.27) brechen nach dem ersten Glied ab, wenn

| c = konstant | bzw. | t = konstant | |
|---|---|---|---|
| $dr = c \cdot dt$ | bzw: | $dr = t \cdot dc$ | |
| $\Delta r = c \cdot \Delta t$ | bzw: | $\Delta r = t \cdot \Delta c$ | (27.28) |
| **Relativitätstheorie** | | **Objektivitätstheorie** | |
| $\Delta r \sim \Delta t$ | bzw: | $\Delta r \sim \Delta c$ | bedeutet: |

| | | |
|---|---|---|
| aus: | Längenkontraktion | variable Lichtgeschwindigkeit |
| folgt: | Zeitdilatation | abhängig vom Metermaß |
| | bei absoluter Geschw. des Lichts | bei absoluter Zeit |

Beobachtungsbereich (messbar) — Modellbereich (nur berechenbar)

x(r) ○———● M{x(r)}

Modelltransformation der Längenmaße

Tafel 28.9: Relativitätstheorie und Objektivitätstheorie und die Modelltransformation zwischen beiden physikalischen Standpunkten

<i>: Wiederholung zu Teil 1, Tafel 6.16

## 28.9 Der objektive Standpunkt

Wie gelangt man, so stellt sich die Frage, zu einem objektiven, physikalischen Standpunkt, der sich zudem jeder Beobachtung entzieht? Der Weg führt über eine Transformation, der alle wahrnehmbaren und messbaren Zusammenhänge zu unterwerfen sind.
Messen wir zum Beispiel den Abstand r zu einer punktförmigen Lichtquelle, dann bestimmen die Lichtausbreitung c und die Laufzeit t das Abstandsmaß $r = c \cdot t$
Kommt es zu einer kleinen Änderung des Abstands, dann sind zwei Ursachen in Betracht zu ziehen: Entweder die Laufzeit oder die Lichtgeschwindigkeit haben sich etwas geändert. Damit wären auch bereits die beiden möglichen Standpunkte gefunden.

Der ***relativistische Standpunkt***, der von einer Konstanz der Lichtgeschwindigkeit ausgeht, sagt: die Laufzeit variiert und wir haben es mit einem Uhrenproblem zu tun. Tritt nämlich bei relativistischen Geschwindigkeiten eine Längenkontraktion auf, dann folgt daraus zwingend eine Zeitdilatation.
Tatsächlich kann aber über die Konstanz der Lichtgeschwindigkeit keine konkrete Aussage gemacht werden, außer dass wir alles mit c betrachten, messen und abtasten und daher die Konstanz nur beobachten. Damit bleibt die Relativitätstheorie genau so, wie sie von Einstein ursprünglich ins Leben gerufen worden war, eine reine Beobachtertheorie. Dieser Standpunkt folgt der Devise: „Was nicht beobachtet werden kann, braucht den Physiker auch nicht zu interessieren".

Der ***objektive Standpunkt*** strebt nach höherem, nach einer Beschreibung der tatsächlich ablaufenden Vorgänge. Diesmal wird von einer universellen und konstanten Zeit ausgegangen mit dem Argument: Das Zeitmaß ist eine unveränderliche Definition und der Physiker, der dieses vorgibt, ist es doch selber, der bestimmt, was Gleichzeitigkeit ist. Da bleibt dann auch für Zeitreisen und für falsch gehende Uhren kein Platz.
Dafür kann die Lichtgeschwindigkeit alle möglichen Werte annehmen immer in strenger Proportionalität zu den Längenmaßen. Es sind also die gemessenen Längen- und Abstandsmasse zu transformieren, und das ist letztendlich die Einheit „Meter", die durch eine objektive Maßeinheit zu ersetzen wäre.

Damit wäre die erforderliche ***Transformation bei variablem c*** in den Grundzügen umrissen, die sich in die Reihe der großen Transformationen einreihen wird. Aus ihr geht die ***Lorentz-Transformation bei c = konstant*** als Sonderfall hervor, wie schon aus dieser die ***Galilei-Transformation*** folgt ***bei*** $c = \infty$. Wie nun das Verhältnis des subjektiven zum objektiven „Meter" zu ermitteln ist, über die Relation der jeweiligen Felder (Gl. 28.17) oder über die Lorentzwurzel (Gl. 28.16), darüber wird noch zu arbeiten und zu sprechen sein. An einem Beispiel ist es ja bereits erfolgreich vorexerziert worden (Kapitel 7).

Jede Theorie wird an ihrer Aussagekraft beurteilt. Daher werden zum Abschluss dieses Kapitels nochmals die Aussagen und Herleitungen gegenübergestellt. Einerseits lässt sich aus dem neuen Ansatz die Maxwelltheorie und aus dieser die Relativitätstheorie herleiten, andererseits folgt eine lange Liste, die mit dem Maxwell-Gleichungen nicht in Verbindung zu bringen sind, wie z.B. die Gravitation. Es werden beispielsweise das Neutrino und alle anderen Elementarteilchen mit all ihren spezifischen Quanteneigenschaften hergeleitet (Kapitel 7). Es ergeben sich zwanglos Fundamentalsätze, wie der von der Erhaltung der Energie, und sogar die Temperatur lüftet ihr bisher gehütetes Geheimnis (Kap. 8.3). Bleibt festzustellen: Die Leistungsfähigkeit des neuen Ansatzes ist noch mit keinem anderen lehrbuchmäßigen Ansatz bisher erreichbar gewesen.

| • Aus dem dualen **feld-theoretischen Ansatz** werden hergeleitet: | • Aus den **Maxwellschen Feldgleichungen** lässt sich herleiten: |
|---|---|
| ⇒ **Die Maxwellschen Feldgleichungen** | ⇒ Ø |
| ⇒ **Quanteneigenschaften der Elementarteilchen** | ⇒ Ø |
| ⇒ **Neutrino** (als schwingender Ringwirbel) | ⇒ Ø |
| ⇒ **Gravitation** (als Folge geschlossener Feldlinien) | ⇒ Ø |
| ⇒ **Vereinigungstheorie** (große Vereinigung aller Wechselwirkungen) | ⇒ Ø |
| ⇒ **Temperatur** (als feldabhängige Größenschwingung) | ⇒ Ø |
| ⇒ **Energieerhaltungssatz** (und viele weitere Fundamentalsätze der Physik) | ⇒ Ø |
| ⇒ **Objektivitätstheorie** | ⇒ **Relativitätstheorie** |

Tafel 28.10: Die Ansätze im Leistungsvergleich (Abschlussbilanz)

## 29. Mathematische Nachlese

Wenn von dem neuen feldphysikalischen Ansatz ausgehend bekannte und anerkannte Theorien als Sonderfälle abgeleitet werden, ist dies einerseits als Beweis für die Richtigkeit des Ansatzes zu werten. Andererseits beeinflusst der neue Ansatz zum Teil erheblich die Interpretation der abgeleiteten Theorien. Das kann ein Umdenken bedingen, womit sich Uneinsichtige schwer tun, wenn beispielsweise die Quantenphysik, die Thermodynamik oder die Gravitation zu Teilaspekten des Elektromagnetismus werden.
Darüber hinaus steckt in dem neuen Ansatz noch viel Neues, das es zu entdecken gilt. Dazu zählen unter anderem die Potentialwirbel und die Skalarwellen. Man kann sich diese Phänomene physikalisch oder mathematisch erarbeiten, wobei der letztere Weg in der Regel der schnellere ist. Daher soll die Zusammenfassung mit einer Art mathematischer Nachlese abgeschlossen werden.

### 29.1 Allgemeine und Spezielle Relativitätstheorie

Albert Einstein unterscheidet zwischen allgemeiner und spezieller Relativitätstheorie. Während die spezielle (SRT) noch fest an die Voraussetzungen der Lorentz-Transformation geknüpft ist, behandelt die allgemeine (ART) eine Erweiterung auf beliebige Systeme, die keine Inertialsysteme sein müssen. Ich möchte auf die ART, wie sie von Einstein entworfen wurde, nicht näher eingehen und lediglich anmerken, dass jede Verallgemeinerung eine mögliche Fehlerquelle darstellt und gut begründet sein muss.

Bei unserer Herleitung hat sich der allgemeine Fall sozusagen von selbst ergeben. Blättern wir zurück: War die Lorentzwurzel noch Bestandteil der hergeleiteten Felddehnung (28.15) und gleichermaßen der Längenkontraktion (28.16), dann fiel sie beim Vergleich beider Ergebnisse heraus (28.17). Damit wird das wichtige Ergebnis, die Proportionalität (28.18), aus der sich u.a. die Gravitation ergibt, unabhängig von der Lichtgeschwindigkeit und der Relativgeschwindigkeit v. Dieser letzte Schritt ist naheliegend und dennoch völlig neu. Er findet sich auch nicht bei Einstein, der auf einem anderen Weg zu seiner ART und zu seiner Beschreibung der Gravitation findet.
Auch wenn hier dasselbe Ziel anvisiert wird, so sind durch die Unterschiede in der Herleitung Abweichungen im Resultat nicht auszuschließen, weshalb ich, um Verwechslungen zu vermeiden, die von mir hergeleitete allgemeine Relativität zusätzlich markiere (ART').

Einfluss der Lorentz-Transformation in der:

**SRT** (spezielle Relativitätstheorie): eindimensional,

**ART'** (allgemeine Relativitätstheorie): dreidimensional, der ART von Albert Einstein weitgehend entsprechend,

**AOT** (allgemeine Objektivitätstheorie)

Diskussion zur Lorentzwurzel $\sqrt{1 - v^2/c^2} = \sqrt{1 - \beta^2}$ mit ß = v/c
bzw. dem γ-Faktor: $\gamma = 1/\sqrt{1 - v^2/c^2}$ (29.1)

| Es transformieren sich: | | **SRT** | **ART'** | **AOT** |
|---|---|---|---|---|
| Längenmaße (Gl.28.16) (Längenkontraktion) | L [m] | $\sim 1/\gamma$ | $\sim 1/\gamma$ | $\sim 1/\gamma$ |
| Flächen (Kreisbewegungen) | A [$m^2$] | $\sim 1/\gamma$ | $\sim 1/\gamma^2$ | $\sim 1/\gamma^2$ |
| Volumen (Wirbelbewegungen) | V [$m^3$] | $\sim 1/\gamma$ | $\sim 1/\gamma^3$ | $\sim 1/\gamma^3$ |
| Zeitmaße (Dilatation) | t [s] | $\sim 1/\gamma$ | $\sim 1/\gamma$ | = konst. |
| Geschwindigkeiten | v [m/s] | = konst. | = konst. | $\sim 1/\gamma$ |
| (v = L/t) | c [m/s] | = konst. | = konst. | $\sim 1/\gamma$ |
| Materialkonstanten | ε [As/Vm] | = konst. | = konst. | $\sim \gamma$ |
| ($\varepsilon \cdot \mu = 1/c^2$) | μ [Vs/Am] | = konst. | = konst. | $\sim \gamma$ |
| relativistische Masse (Massenzunahme) | m [kg] [=$VAs^3/m^2$] | $\sim \gamma$ | $\sim \gamma$ | $\sim \gamma^2$ |
| Energie | W [VAs] | $\sim \gamma$ | $\sim \gamma$ | = konst. |
| Energiedichte (w = W/V) | w [$VAs/m^3$] | $\sim \gamma^2$ | $\sim \gamma^4$ | $\sim \gamma^3$ |
| **E**-, **H**-Feldstärke | **E** [V/m] | $\sim \gamma$ | $\sim \gamma^2$ | $\sim \gamma$ |
| ($w = (\varepsilon \cdot E^2 + \mu \cdot H^2)/2$) | **H** [A/m] | $\sim \gamma$ | $\sim \gamma^2$ | $\sim \gamma$ |
| Leistungsdichte (Pointingvektor **p** = **E** x **H**) | **p** [$VA/m^2$] | $\sim \gamma^2$ | $\sim \gamma^4$ | $\sim \gamma^2$ |
| **D**-, **B**-Feld | **D** [$As/m^2$] | $\sim \gamma$ | $\sim \gamma^2$ | $\sim \gamma^2$ |
| (**D** = ε·**E** ; **B** = μ·**H**) | **B** [$Vs/m^2$] | $\sim \gamma$ | $\sim \gamma^2$ | $\sim \gamma^2$ |
| Leistung | P [VA] | $\sim \gamma$ | $\sim \gamma^2$ | = konst. |

Tafel 29.2 Transformationstabelle zwischen SRT, ART' und AOT

## 29.2 Transformationstabelle

Kommen wir nochmals auf den Unterschied zur speziellen Relativität (SRT) zu sprechen. Diese behandelt sozusagen den eindimensionalen Fall der gleichförmigen Bewegung eines Bezugssystems in x-Richtung ($\mathbf{v} = v_x$), wie es die Lorentz-Transformation vorschreibt, bei der auch nur die x-Komponenten und nicht die in y- oder z-Richtung transformiert werden. Wie schon erwähnt ist dies ein rein theoretischer Fall, der in der Praxis so gut wie nie auftritt. Gewöhnlich sind es kreis- und wirbelförmige und damit beschleunigte Bewegungen, bei denen die Geschwindigkeitskomponente ständig ihre Richtung ändert.

Diesem Umstand wird das hergeleitete Ergebnis der allgemeinen Relativität (ART') gerecht. Auch wenn dieses zunächst nur für die x-Richtung hergeleitet worden ist, so gilt es doch in y- und z-Richtung gleichermaßen. Es bleibt sogar für den Fall gültig, dass ein beliebig krummliniger Weg eines räumlichen Feldwirbels zugrundegelegt wird. In diesem Fall treten ständig irgendwelche Komponenten in alle Richtungen des Raumes auf, so dass die Relativgeschwindigkeit v wie schon die Lichtgeschwindigkeit c ihren vektoriellen Charakter verliert. Damit ist der Übergang von der SRT zur ART vollzogen.
Gleichzeitig gehen durch die räumliche Verwirbelung die elektrischen und magnetischen Feldzeiger in skalare Größen über, indem sie die Funktion des Äthers übernehmen. Erinnern wir uns daran, dass auch Einstein in seiner ART gezwungen war, den Äther wieder einzuführen, der in der SRT noch entbehrlich war.

Es macht folglich einen Unterschied in der Transformation physikalischer Größen, ob eine eindimensionale (SRT) oder eine dreidimensionale räumliche Beschreibung (ART) zugrunde gelegt wird. Längenmaße in x-Richtung sind in beiden Fällen über die Lorentzwurzel umzurechnen. Es ist üblich den zur Lorentzwurzel inversen relativistischen γ-Faktor einzuführen

$$\gamma = 1/\sqrt{1-v^2/c^2}) \qquad \text{mit} \quad x_o/x = \gamma \qquad (29.2)$$

Während also einzelne Längenmaße dem γ-Faktor folgend einer Längenkontraktion unterliegen, ist ein Raumvolumen V nach der SRT mit γ, nach der ART' hingegen mit $\gamma^3$ zu transformieren.
Bekanntlich wird eine relativistische Massenzunahme mit dem γ-Faktor umgerechnet und in gleicher Weise auch die dazu proportionale Energie $E = m\,c^2$. Beziehen wir jedoch die Energie auf das Volumen V und ermitteln so eine Energiedichte w, so kommt der Unterschied zwischen SRT ($w \sim \gamma^2$) und ART' ($w \sim \gamma^4$) wieder voll zum Tragen.
Einen Zusammenhang zu den Feldgrößen von E- und H-Feld liefert beispielsweise die Energiedichte eines Wellenfeldes

$$w = (\varepsilon \cdot E^2 + \mu \cdot H^2)/2 \qquad (29.3)$$

In dem eindimensionalen Fall der SRT sind die Feldstärken demnach mit dem γ-Faktor umzurechnen, bei der ART' hingegen mit $\gamma^2$, entsprechend der Herleitung im Kapitel 28. Dieser Umstand wird, obwohl er allein die Lehrbücher und die heute gültige Relativitätstheorie betrifft, gerne übersehen. Ich weise jedoch auf den Unterschied hin, da es beim Übergang zur allgemeinen Objektivitätstheorie (AOT) schon darauf ankommt, ob von der SRT oder der ART ausgegangen wird.

Im Bereich der AOT sind alle Längenmaße zu transformieren. Die jeweilige Dimension erteilt darüber Auskunft, mit welcher Potenz der γ-Faktor auftritt (Tafel 29.2). Die Einheit Meter ist dafür verantwortlich.

Diskussion zur Lorentzwurzel $\sqrt{1-\beta^2} = 1/\gamma = \sqrt{1-(v^2/c^2)}$

| mathematische Betrachtung: | v = 0 | v < c | v = c | v > c |
|---|---|---|---|---|
| Abkürzungen: $\beta = v/c$ | 0 < | $\beta < 1$ | $\beta = 1$ | $\beta > 1$ |
| und: $\gamma = 1/\sqrt{1-\beta^2}$ | 1 < | $\lvert\gamma\rvert<\infty$ | $\gamma = \pm\infty$ | imaginär |
| und: $\gamma^2 = 1/(1-\beta^2)$ | 1 | positiv | $\gamma = +\infty$ | negativ |
| und: $\gamma^4 = 1/(1-\beta^2)^2$ | 1 < | positiv | $\gamma = +\infty$ | positiv |
| <u>Beispiele:</u><br>Massenzunahme, Energie ~ $\gamma$<br>bei SRT und ART | 1 | positiv | $\pm\infty$ | komplex |
| Feldstärke bei ART': **E**, **H** ~ $\gamma^2$<br>und Masse bei AOT: m ~ $\gamma^2$ | 1 < | **E, H**$<\infty$<br>positiv | $+\infty$ | **E, H** $< 0$<br>negativ |
| Energie-, Leistungsdichte ~ $\gamma^4$<br>(Poyntingvektor) bei ART: | 1 < | **P** $<\infty$<br>positiv | **P** $= +\infty$ | **P** $<\infty$<br>positiv |

Tafel 29.3 Diskussion zur Lorentzwurzel

- Die spezielle Relativitätstheorie SRT ist nur für v < c definiert
- für v > c würden sich Teilchen mit komplexer Masse ergeben, aber mit reeller Energiedichte (laut ART').
- Aus der Sicht der Objektivitätstheorie (AOT) wäre die Masse negativ-reell anzunehmen (Neutrino?).

## 29.3 Diskussion zur Lorentzwurzel

Die Tabelle 29.2 bildet die Grundlage für die Transformation in den Bereich der AOT, der allgemeinen Objektivitätstheorie, wobei es eine Rolle spielt, ob eine subjektiv gemessene Größe aus dem Laborbereich oder eine relativistische Größe nach der SRT oder der ART' umgerechnet werden soll. Die angegebenen Proportionalitäten sind dabei jeweils ins Verhältnis zu setzen. Auf diese Weise ergibt sich die jeweils gültige Transformationsvorschrift auf der Grundlage der Lorentzwurzel.
Unterziehen wir die Lorentzwurzel einer kritischen Betrachtung. Die darin auftretende Geschwindigkeit v, worin diese auch immer bestehen mag, unterliegt nach Gleichung 28.14 + 28.15 einer Feldabhängigkeit. Sie wäre an sich nicht mehr konstant und hätte in einer allgemeinen Transformationsvorschrift nichts verloren. Nur, was für v gilt, das gilt in gleichem Maße auch für c. Da in der Lorentzwurzel nur das Verhältnis von v/c auftritt, wird jede feldabhängige oder sonst wie geartete Beeinflussung keine Auswirkung auf v/c und auf den Wert der Lorentzwurzel haben. Sie wird ihren Wert in jedem Fall beibehalten. Sie erfüllt sich selber die Bedingung der Lorentzinvarianz.
Es kommt bei der Relativgeschwindigkeit v demnach nicht auf den Absolutwert, sondern nur auf das Verhältnis zur Lichtgeschwindigkeit an. Es ist zudem die Beschränkung auf Werte von $v < c$ üblich, wenn die Lichtgeschwindigkeit als obere Grenze angesehen wird. Treffen wir zunächst rein mathematisch eine Fallunterscheidung für unterschiedliche Geschwindigkeitsbereiche von v. Bei $v = 0$ wird die Lorentzwurzel zu eins und geht die Lorentztransformation in die Galileitransformation über.
Daran schließt sich der heute bekannte und technisch benutzte Bereich an bis zu der Grenze von $v = c$. Es ist praktisch unmöglich, ein Masseteilchen bis auf Lichtgeschwindigkeit zu beschleunigen, da Masse, Feld und Energie gegen Unendlich anwachsen würden, wie aus der Tabelle hervorgeht (Tafel 29.2). Lichtschnelle Teilchen wie die Photonen können daher auch keine Masse besitzen. Bei $v = c$ liegt eine Singularität vor.
In einer Feldtheorie, die diesen Namen auch verdient, darf es jedoch eine obere Begrenzung nicht geben. Daher wäre auch der Fall für $v > c$ theoretisch zu fordern. Ob dies physikalisch Sinn macht, werden wir erst später beurteilen können. Wir wollen den Fall zunächst nur mathematisch untersuchen. Masse, Feld und Energie haben jetzt wieder einen endlichen Wert, allerdings ergibt sich eine komplexe, rein imaginäre Masse, ein negatives Feld und dabei, wie schon zuvor eine positive Energie- und Leistungsdichte.
Es hat auch schon die Lehrmeinung gegeben, dass es physikalisch unmöglich sei, schneller als der Schall zu fliegen. Diese Falschaussage ließ sich sogar „wissenschaftlich“ beweisen, da so ein Überschallflugzeug dem Beobachtungsraum davonfliegen würde und damit nicht mehr reell, aus mathematischer Sicht also komplex wäre. Jeder, der in New York aus einer Concorde steigt, kann bestätigen, dass alles zu jedem Zeitpunkt des Fluges reell war. Nur der Beobachter wird getäuscht, wenn das Flugzeug woanders fliegt, als er es wahrnimmt. Ist die Lichtgeschwindigkeit auch so eine „Schallmauer“, die von der Mehrzahl der Wissenschaftler seit Einstein bis heute für unüberwindbar gehalten wird?
Wie soll man sich eine komplexe Masse physikalisch vorstellen? Erinnern wir uns an die Wechselstromlehre, wo es üblich ist, mit komplexen Werten zu arbeiten, da die Mittelwerte der schwingenden Wechselströme, -spannungen und -felder Null sind. Das Rechnen mit Mittelwerten würde auch für Energie und Leistung Null ergeben. Daher werden komplexe Größen eingeführt und die Effektivwerte an Stelle der Mittelwerte berechnet und gemessen. Könnte es sich bei einer komplexen Masse in Analogie dazu nicht auch um ein oszillierendes Teilchen handeln, um ein Teilchen, das zudem schneller ist als Licht?

- physikalisches Beispiel:

| | |
|---|---|
| Neutrino = | Mittelwert der schwingenden Masse ≈ Null |
| | Effektivwert der komplexen Masse ≠ Null |
| | **E**- und **H**-Feld mit inversem Vorzeichen |
| | Träger von positiver Energie und Leistung |
| ν-Modell: | von $e^-$ nach $e^+$ schwingender Ringwirbel<i> |

---

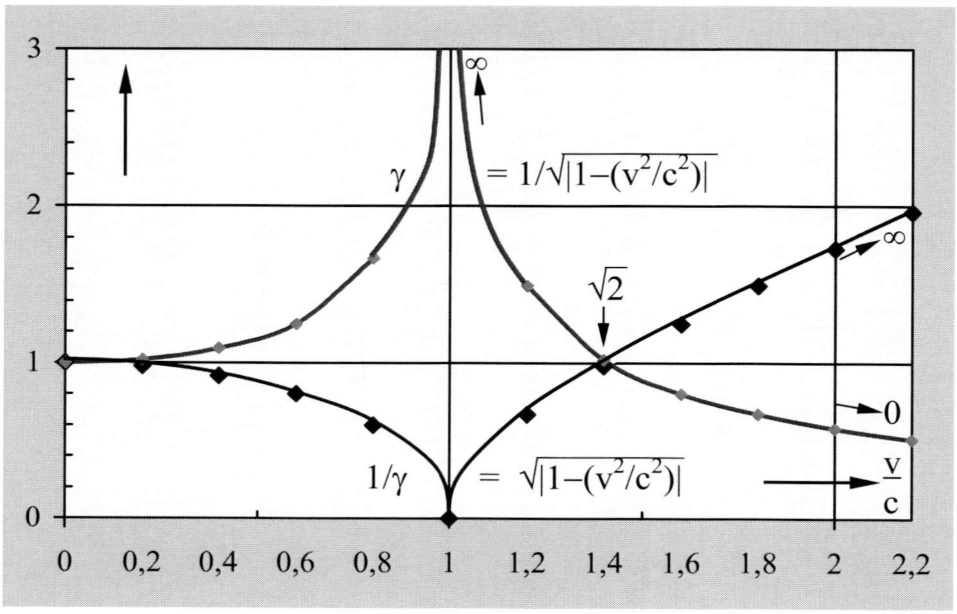


Beispiele aus der allgemeinen Relativitätstheorie (ART):

(28.16): Längenkontraktion $L \sim 1/\gamma = \sqrt{1-(v^2/c^2)}$

(6.19): Massenzunahme $m \sim \gamma = 1/\sqrt{1-(v^2/c^2)}$

(6.6, 28.15) Felddehnung $\mathbf{E} \sim \mathbf{H} \sim \gamma^2 = 1/(1-v^2/c^2)$

Tafel 29.4: Lorentzwurzel bei Überlichtgeschwindigkeit (v > c)

## 29.4 Mathematische Herleitung des Neutrino

In dem Bereich der Überlichtgeschwindigkeit für $v > c$ konvergiert die Potenzreihe (28.12) nicht mehr, versagt jede Beobachtertheorie und jede Anschauung (Tafel 28.4), da überlichtschnelle Teilchen ihren eigenen sichtbaren Erscheinungen davonlaufen. Jede Messung und jede Beobachtung hinkt zwangsläufig hinterher und lässt sich der eigentlichen Ursache kaum noch zuordnen. So werden beispielsweise gemessene Neutrinoereignisse mit Himmelsbeobachtungen in Verbindung gebracht, mit denen sie überhaupt nichts zu tun haben.
Beschreiben wir den Bereich $v > c$ hingegen in der komplexen Ebene, dann ergeben sich erstaunliche Resultate, die physikalisch noch zu verifizieren wären: Einer komplexen Längendehnung mit zunehmender Geschwindigkeit steht ein Verlust an komplexer Messe gegenüber. Die schwingenden Felder, Energie- und Leistungsdichte allerdings wären reell bei negativem Vorzeichen.
Es würden sich also energietragende Teilchen mit einem entgegengesetzt gepolten Feld, mit einer schwingenden Masse und gegebenenfalls auch einer schwingenden Ladung ergeben. Ohne statische Masse und Ladung würden diese Teilchen mit der normalen Materie kaum wechselwirken, was ein enormes Durchdringungsvermögen nach sich zieht. Die einzigen physikalischen Teilchen, die über eine solche Eigenschaft verfügen, sind die Neutrinos. Damit ist eine brauchbare und überaus leistungsfähige Modellbeschreibung für diese Teilchen gefunden. Auch lässt sich die Energie dieser Teilchen berechnen, die erhebliche Größenordnungen besitzt und als Energiequelle überall und jederzeit verfügbar ist.

Soll beispielsweise in einem Konverter für Raum-Energie ein Neutrino in einen ruhenden Ladungsträger (mit $v = 0$) gewandelt werden, sind zwei Schritte erforderlich (s. Teil2 dieser Buchreihe):

1. Zuerst muss das Neutrino auf die 1,414-fache Lichtgeschwindigkeit abgebremst werden (Tafel 28.9). Dabei wird Energie aufgewendet und nicht etwa gewonnen! Der Konverter kann beispielsweise abkühlen.
2. Anschließend muss dem Neutrino die charakteristische Eigendrehung, mit dem der Ringwirbel um sich herum dreht, indem er ständig sein Inneres nach außen stülpt und umgekehrt, genommen werden. Dadurch schließt sich das Wirbelzentrum und das Teilchen erlangt eine Ortsfestigkeit. Es wird zum Ladungsträger.

Auch wenn die Darstellung in der komplexen Ebene nur ein Hilfsbeschreibung darstellt, so scheint das Modell dennoch leistungsfähig zu sein, da trotz seiner komplexen Masse und Ladung das Neutrino dennoch eine reelle Energie trägt. So jedenfalls stellt es sich einem Beobachter dar, der den Zusammenhang mit Lichtgeschwindigkeit misst, sozusagen bei relativistischer Betrachtungsweise abtastet.

Heute ist, wie schon gesagt, auch die Schallmauer durchlässig geworden. Kein Wissenschaftler wagt mehr, diese Tatsache physikalisch zu leugnen und seinen Irrtum auch noch mathematisch zu beweisen. Nein, im Gegenteil, er hat schon immer gewusst, dass als zu erwartende Folge der Schallteppich dem Überschallflieger hinterherläuft. Das einst physikalisch Undenkbare und wissenschaftlich Bekämpfte ist zur Normalität geworden. Was soll ein schwingendes Teilchen wie ein Neutrino daran hindern, schneller als das Licht zu sein? Irgendwann wird man sich auch daran gewöhnen.

- Ausgangspunkt:
  die Fundamentale Feldgleichung
  (Herleitung in Kapitel 27.10)

$$-c^2 \cdot \text{rot rot } \mathbf{B} = \frac{\partial^2 \mathbf{B}}{\partial t^2} + \frac{1}{\tau_1}\frac{\partial \mathbf{B}}{\partial t} + \frac{1}{\tau_2}\frac{\partial \mathbf{B}}{\partial t} + \frac{\mathbf{B}}{\tau_1 \tau_2} \qquad (27.26)$$

---

- Beispiel:

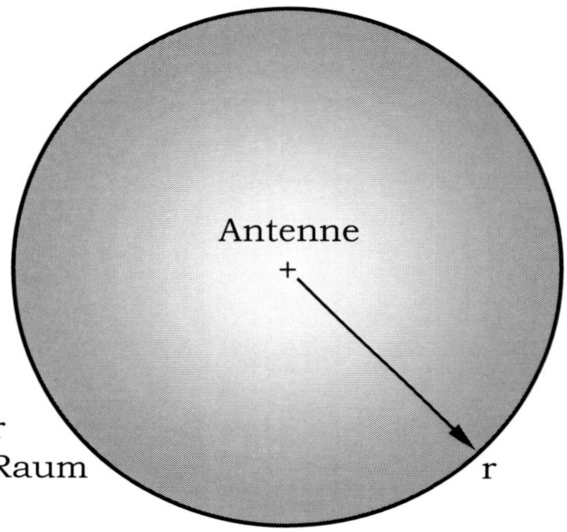


Kugelförmige Ausbreitung einer elektromagnetischen Welle im Raum

---

- Die Zahl π: $\pi = 3{,}14159$

| | | | | | | |
|---|---|---|---|---|---|---|
| **Gerade-** | $\cdot\pi$ | | **Kreis-** | | | **Kugel-** |
| r **Linie** · | $\pi \cdot 2$ | = | $2r \cdot \pi$ **Umfang** | $\cdot\, 2r$ | = | $\pi \cdot r^2 \cdot 4$ **Oberfläche** |
| r **Linie** · | $\pi \cdot r$ | = | $r^2 \cdot \pi$ **Fläche** | $\cdot\, r \cdot 4/3$ | = | $\pi \cdot r^3 \cdot 4/3$ **Volumen** |

(29.4)

Tafel 29.5: Die Kreiszahl π

## 29.5 Universal und Naturkonstanten

In einer reinen Feldphysik kann es streng genommen Fundamental- oder Universalkonstanten überhaupt nicht geben. Am Beispiel der Lichtgeschwindigkeit ist gezeigt worden, dass es lediglich Messkonstanten sind (Tafel 6.11). Die zahlenmäßige Größe ist eine Folge der Definition. So hat beispielsweise die Lichtgeschwindigkeit den heute bekannten Wert als Folge der Festlegung einer Längeneinheit und einer Zeiteinheit. Ändern wir eine Einheit, nehmen wir „das Fuß" an Stelle des „Meters", ergibt sich ein anderer Wert. Ändert sich hingegen die Geschwindigkeit, dann ändert sich das Vergleichsmaß unseres Messgeräts mit. Wir erhalten die identische Anzeige.
Elektrische und magnetische Feldkonstante hängen unmittelbar von der Lichtgeschwindigkeit c ab (mit: $\varepsilon \cdot \mu = 1/c^2$), die allein durch die Festlegung der elektrischen Einheiten einen bestimmten Wert annimmt.
Die innere Struktur der Potentialwirbel führt zum Planck'schen Wirkungsquantum, zur Elementarladung und zu den unzähligen atomaren „Konstanten", die alle objektiv gesehen gar keine sind. Sie lassen sich praktisch alle herleiten (Kapitel 7).

Früher oder später wird auch der letzte Naturwissenschaftler erkennen, dass die Natur gar keine „Konstanten" zur Verfügung stellt. Gäbe es „Naturkonstanten", wie in Lehrbüchern und Lexika aufgelistet, so sind die mit der Kausalität nicht zu vereinbaren. Wir wissen doch nicht um die Ursache, warum die Größe gerade diesen Werthaben soll und keinen anderen. Hinter jeder sog. Naturkonstanten steckt unbemerkt ein physikalischer Ringschluss.

Fundamentalkonstanten existieren nur in der Mathematik. Dies lässt sich sehr schön an dem Beispiel der „Fundamentalen Feldgleichung" zeigen (Gl.27.26), die aus dem neuen feldtheoretischen Ansatz hergeleitet worden ist (Tafel 27.10). Es ist die Beschreibung von Wellen und Wirbeln in Raum und Zeit, die in der Tat Züge einer „Weltgleichung" trägt. Sucht man diese Gleichung nach fundamentalen Konstanten ab, wird man insgesamt drei finden können: die Kreiszahl $\pi$, die Zahl e und den goldenen Schnitt $\Phi$. Die Lichtgeschwindigkeit c tritt hingegen nur als die Welle charakterisierende mathematische Größe in Folge der definierten Einheiten auf. Würde man die Einheiten anders wählen, könnte c genauso gut zu 1 gemacht werden. Mit den Fundamentalzahlen geht das nicht. Sie sind von der Definition der Einheiten unabhängig!

Betrachten wir die Kreiszahl $\pi$. Bei dem Übergang von einer Geraden zu einem Kreis oder weiter zu einer Kugel, von einer Linie zum Kreisumfang oder weiter zur Kugeloberfläche und genauso von einer Linie zur Kreisfläche oder weiter zum Kugelinhalt tritt jedes Mal die Kreiszahl $\pi$ als Proportionalitätsfaktor auf. Da bei all den, aus der Fundamentalen Feldgleichung hergeleiteten Spezialfällen, beim Bau der Elementarteilchen, beim Atomaufbau und in gleicher Weise wieder im Kosmos die Kugelsymmetrie dominiert, wird die mathematische Lösung bei entsprechender räumlicher Anordnung von der Kreiszahl bestimmt. Sie hat ihre Ursache weder in einem physikalischen Wirkzusammenhang noch in der Wahl der Einheiten, sondern allein in der Geometrie.

<u>Die Zahl e:</u>

$$e = \lim_{n \to \infty} (1 + 1/n)^n = 2{,}71828 \quad (29.5)$$

bei $n = 2$ ist $(1+1/n)^n = 1{,}5^2 = 2{,}25$
bei $n = 1$ ist $(1+1/n)^n = 2^1 = 2$
bei $n = 0{,}5$ ist $(1+1/n)^n = \sqrt{3} = 1{,}73$
bei $n = 0$ ist $(1+1/n)^n = \infty^0 = 1$
bei $n =-0{,}25$ ist $(1+1/n)^n = 1/(-3)^{0,25}$ ergibt komplexe Lösung!
bei $n =-0{,}5$ ist $(1+1/n)^n = 1/\sqrt{-1} = -i$ , also wieder komplex!
bei $n =-0{,}75$ ist $(1+1/n)^n = 1/(-3)^{0,75} = -i$ , ebenso komplex!
bei $n = -1$ ist $(1+1/n)^n = 1/0 = \pm\infty$
bei $n = -2$ ist $(1+1/n)^n = 2^2 = 4$

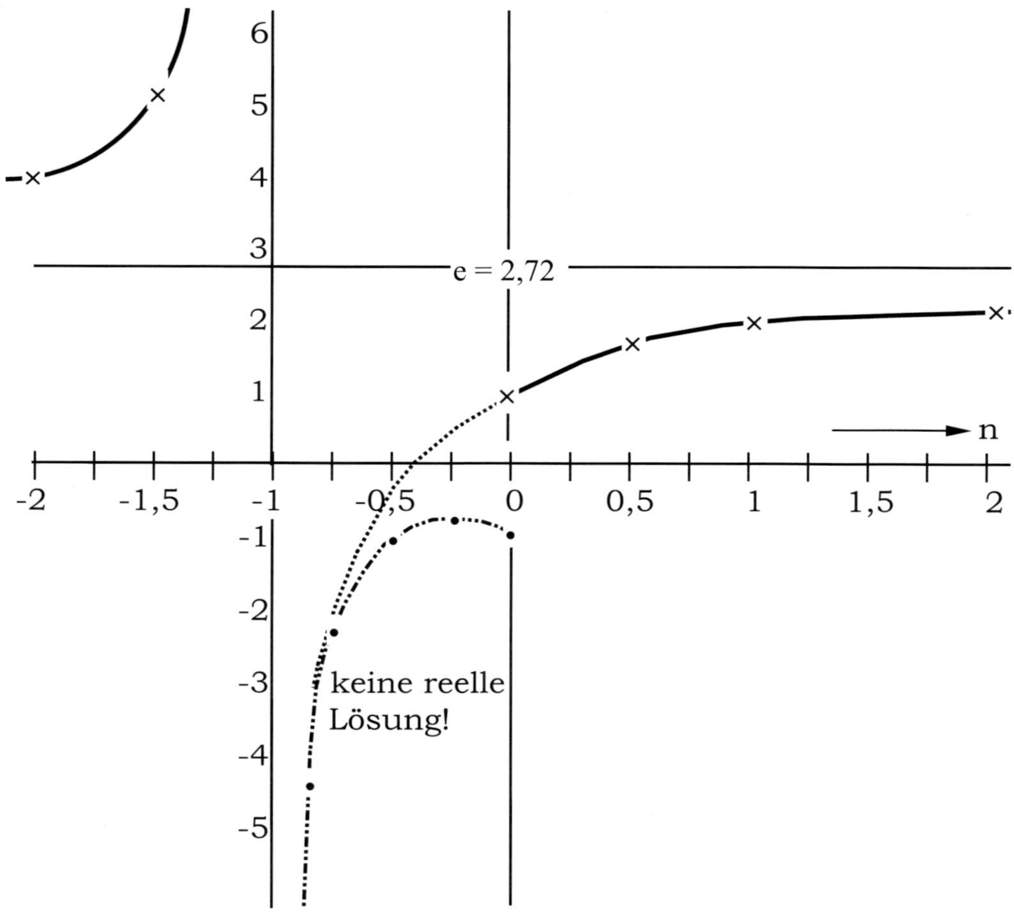


Tafel 29.6: Grenzwertbildung der Zahl e

### 29.6 Die Fundamentalzahl e

In der Fundamentalen Feldgleichung (27.26) hält sich noch eine weitere Irrationalzahl verborgen, die Zahl e. Während die linke Seite der Gleichung (a) die räumliche Verteilung angibt, beschreibt die rechte Seite (b-e) den zeitlichen Ablauf. Es treten neben dem zeitlich konstanten Term (e) noch erste Ableitungen (c und d) und eine zweite Ableitung (b) nach der Zeit auf.
Für eine Lösung dieser Differentialgleichung sollte eine Funktion gefunden werden, deren Ableitungen wieder die Funktion selber ergibt. Diese Bedingung erfüllt streng genommen nur eine einzige Funktion, die e-Funktion.
Von dieser Eigenschaft der e-Funktion ist bei der Herleitung der Schrödinger-Gleichung im Kapitel 5.6 und 5.7 bereits Gebrauch gemacht worden. Hier ist mit Hilfe der e-Funktion ein Ansatz gewählt worden, der zu den bekannten Lösungen der Schrödinger-Gleichung führt, die als experimentell abgesichert gelten. Die Zahl e regelt damit die zeitlichen Zusammenhänge der Fundamentalen Feldgleichung.

Es könnte hilfreich sein, die Herkunft der Zahl e etwas näher zu beleuchten. Sie ergibt sich aus einer Grenzwertbetrachtung:

$$e = \lim_{n \to \infty} (1 + 1/n)^n = 2{,}71828 \tag{29.5}$$

Variiert man n und lässt unterschiedliche Werte zwischen $-\infty$ und $+\infty$ zu, dann zeigt sich ein seltsames Verhalten. Tatsächlich nähert man sich mit größerem n immer mehr dem bekannten Wert von e = 2,72 , wie die Grenzwertdefinition nach Gleichung (29.5) vorschreibt. In der entgegengesetzten Richtung hingegen sieht es weniger aufgeräumt aus:

| | | | | | | | | |
|---|---|---|---|---|---|---|---|---|
| | Bei | $n = 1$ | ist | $(1+1/n)^n$ | = | $2^1$ | = | 2 |
| | Bei | $n = 0{,}5$ | ist | $(1+1/n)^n$ | = | $\sqrt{3}$ | = | 1,73 |
| | Bei | $n = 0$ | ist | $(1+1/n)^n$ | = | $\infty^0$ | = | 1 |
| | Bei | $n = -0{,}5$ | ist | $(1+1/n)^n$ | = | $1/\sqrt{-1}$ | = | $-i$, also komplex! |
| und | bei | $n = -1$ | ist | $(1+1/n)^n$ | = | $1/0$ | = | $\pm\infty$ |

(29.6)

Da die e-Funktion innerhalb der Fundamentalen Feldgleichung für die zeitliche Abfolge verantwortlich zeichnet, bekommt die Interpretation von meinem Kollegen Prof. Dr. Preußker[<i>] einen tieferen Sinn. Er sagt, es beginnt außerhalb unseres Vorstellungsvermögens (bei $n = -1$). Anschließend herrscht zunächst das große Chaos. Mathematisch gesehen ergeben sich irgendwelche imaginäre Lösungen. Schließlich ordnet sich das System (ab $n = 0$), um sich immer mehr dem Wert e = 2,72 anzunähern.

Die Zahl e ist von fundamentaler Wichtigkeit und birgt dabei ungeahnte Geheimnisse in sich. Noch mysteriöser und bisher völlig unverstanden ist die Bedeutung des goldenen Schnitts. Auch diese Primzahl findet sich in der Fundamentalen Feldgleichung wieder. Da sie weniger bekannt und etwas komplizierter in der Handhabung ist, soll sie zunächst vorgestellt werden.

<i>: H. Preußker: Der Wirbelring, Halstenbeck 2002

graphische Konstruktion am rechtwinkligen Dreieck (Phytagoras):

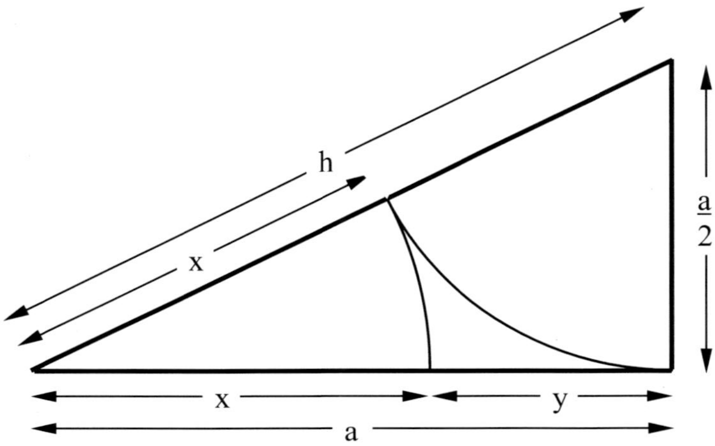


Goldener Schnitt der Länge a = x + y :

$$\frac{x}{a} = \frac{y}{x}$$

mit dem Verhältnis:

$$\frac{x}{a} = \Phi = 0{,}618 \quad (29.9)$$

und

$$\frac{a}{x} = \frac{1}{\Phi} = \Phi + 1 = 1{,}618 \quad (29.10)$$

Das Pentagramm (Drudenfuß):

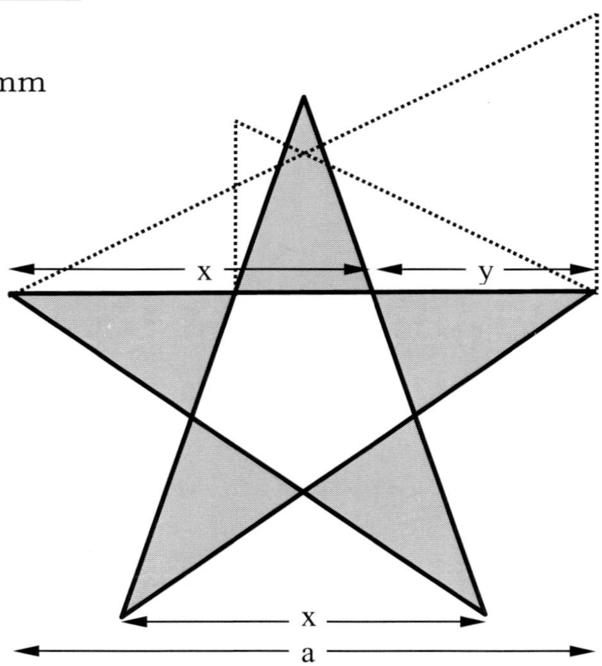


Tafel 29.7: Konstruktionen zum Goldenen Schnitt

## 29.7 Das Pentagramm

Bei seinem Besuch der ägyptischen Pyramiden war bereits vor zweieinhalb tausend Jahren der Historienschreiber Herodot von seinem Fremdenführer darauf aufmerksam gemacht worden, dass bei den Größenverhältnissen der goldene Schnitt realisiert worden ist.
Bei der Cheopspyramide ist er sogar mehrfach berücksichtigt worden, wie wir heute wissen, aber wir wissen deshalb immer noch nicht warum. Es muss eine Absicht dahinter stecken. Jedenfalls scheidet eine zufällige Verwendung aus, da der goldene Schnitt sowohl graphisch als auch mathematisch nicht gerade einfach zu handhaben ist.
Zudem spielt der goldene Schnitt in der ganzen antiken Architektur eine große Rolle und nicht nur dort. Er tritt beispielsweise bei einem uralten Symbol auf, dem fünfzackigen Stern, den wir ohne abzusetzen mit einem Strich zeichnen können. Das bekannte Symbol wird auch Pentagramm oder Drudenfuß genannt.

Beim goldenen Schnitt wird eine Gerade a in zwei ungleiche Abschnitte x und y geteilt. Der größere x beträgt dabei 61,8 % der Geraden a. Bereits Pythagoras hat hierüber geforscht und gelehrt. Vielleicht hat er mehr von dem Sinn und Zweck dieser Einteilung gewusst als die heutigen Mathematiker, Archäologen und Kunsthistoriker zusammen.
Für eine graphische Lösung wird von einem rechtwinkligen Dreieck ausgegangen. Die Aufgabe lautet, die eine Kathete der Länge $a = x + y$ nach dem goldenen Schnitt in die zwei Teile, den größeren Teil x und den kleineren y aufzuteilen. Die zweite Kathete hat die Länge a/2. Nach dem Satz des Pythagoras beträgt die Länge der Hypotenuse h demnach

$$h = \sqrt{a^2 + (a/2)^2} = (a/2)\cdot\sqrt{5} \qquad (29.7)$$

Wird von der Hypotenuse die Länge der zweiten Kathete (a/2) subtrahiert, so ist dies die gesuchte Länge $x = h - a/2$:

$$\boxed{x = (a/2)\cdot(\sqrt{5} - 1)} \qquad (29.8)$$

Die für den goldenen Schnitt charakteristische Konstante Φ wird durch das Verhältnis der beiden Längenmaße gegeben:

$$\boxed{\Phi = x/a = (\sqrt{5} - 1)/2 = 0{,}618} \qquad (29.9)$$

Diese Verhältniszahl hat eine besondere Eigenschaft. Wenn zu der Zahl eine 1 hinzuaddiert und davon der Kehrwert gebildet wird, kommt dieselbe Zahl wieder dabei heraus, also: mit $\Phi = x/a$ : mit $a = x + y$ :

$$\boxed{\Phi + 1 = \frac{1}{\Phi}} \quad \text{und} \quad \boxed{\frac{x}{a} + 1 = \frac{a}{x}} \quad \text{bzw.} \quad \boxed{\frac{x}{a} = \frac{a - x}{x} = \frac{y}{x}} \qquad (29.10)$$

Damit verhält sich die Länge a zum größeren Teilabschnitt x genauso wie x zum kleineren Teilabschnitt y.

- Ausgangspunkt: die Fundamentale Feldgleichung

$$- c^2 \cdot \text{rot rot } \mathbf{E} = \frac{\partial^2 \mathbf{E}}{\partial t^2} + \frac{1}{\tau_1}\frac{\partial \mathbf{E}}{\partial t} + \frac{1}{\tau_2}\frac{\partial \mathbf{E}}{\partial t} + \frac{\mathbf{E}}{\tau_1 \tau_2} \qquad (27.26)$$

---

- <u>für den Sonderfall:</u> wegen fehlender Leitfähigkeit ($\sigma = 0$) z.B. in Luft keine Wirbelstromdämpfung: $\sigma/\varepsilon = \boxed{(1/\tau_1) = 0}$
- und keine Ströme (Gl. 27.15+27.16): $\mathbf{j} = \sigma \cdot \mathbf{E} = - \mathbf{v} \cdot \varepsilon \boxed{\cdot \text{ div } \mathbf{E} = 0}$
- bzw. $\Delta \mathbf{E} = \text{grad } \cancel{\text{div}}\, \mathbf{E} - \text{rot rot } \mathbf{E} = - \text{rot rot } \mathbf{E}$

$$\Rightarrow \quad c^2 \cdot \Delta \mathbf{E} = \frac{\partial^2 \mathbf{E}}{\partial t^2} + \frac{1}{\tau_2}\frac{\partial \mathbf{E}}{\partial t} \qquad (29.11)$$

**Standardfall einer mit Potentialwirbeln gedämpften Welle**

---

Diese Welle rollt sich bei einer Störung zu einem Wirbel ein mit

- dem Wirbelradius $r$
- der Wirbelgeschwindigkeit $c = \omega \cdot r$
- der Winkelgeschwindigkeit $\omega = 1/\tau_2 = c/r$

Der Wirbel selber läuft mit der Geschwindigkeit $v(x(t)) = dx/dt$ als longitudinale Welle in Richtung des **E**-Feldes: $\Delta \mathbf{E} = \partial^2 \mathbf{E}/\partial x^2$

$\Rightarrow \quad \partial \mathbf{E}/\partial t = (\partial \mathbf{E}/\partial x) \cdot (dx/dt) = v \cdot \partial \mathbf{E}/\partial x$ und

$\partial^2 \mathbf{E}/\partial t^2 = v^2 \cdot (\partial^2 \mathbf{E}/\partial x^2)$ ; ($\partial v/\partial t = 0$, da unbeschleunigt)

$$\Rightarrow \quad c^2 \cdot \partial^2 \mathbf{E}/\partial x^2 = v^2 \cdot (\partial^2 \mathbf{E}/\partial x^2) + v \cdot (c/r) \cdot \partial \mathbf{E}/\partial x \qquad (29.12)$$

- mit dem exponentiellen Ansatz: $\mathbf{E} = \Psi \cdot e^{-x/r}$ sind:

$\Rightarrow \quad \partial \mathbf{E}/\partial x = - (1/r) \cdot \mathbf{E}$ und $\partial^2 \mathbf{E}/\partial x^2 = (1/r^2) \cdot \mathbf{E}$

$$\Rightarrow \quad (c^2/r^2) \cdot \mathbf{E} = (v^2/r^2) \cdot \mathbf{E} - (v \cdot c/r^2) \cdot \mathbf{E} \qquad (29.13)$$

- bzw.: $$c^2 = v^2 - v \cdot c \qquad (29.14)$$

---

Tafel 29.8: <u>Die Berechnung einer elektromagnetischen Welle, die sich zu einem Potentialwirbel einrollt.</u>

Das große Rätsel um die Harmonie des goldenen Schnittes bekommt mit der Objektivitätstheorie eine nüchterne technisch-physikalische Dimension. Er bestimmt innerhalb der „fundamentalen Feldgleichung" (27.26) das Aufrollen einer Welle in einen Wirbel und umgekehrt. Der als **Wellendämpfung** bekannte Vorgang wird durch den Goldenen Schnitt mathematisch beschrieben, wie wir uns klar machen können.

## 29.8 Der einrollende Wirbel

Für den Fall einer Wellenausbreitung in Luft oder im Vakuum, wenn keine elektrische Leitfähigkeit vorhanden ist ($\sigma = 0$), reduziert sich die Fundamentale Feldgleichung auf die beiden Anteile: die Beschreibung der elektromagnetischen Welle und der Potentialwirbel als Dämpfungsterm. Gesucht ist jetzt eine Lösung dieser partiellen Differentialgleichung (29.11). Dies gelingt nur für einen ganz bestimmten räumlichen und zeitlichen Feldverlauf.

Wenn sich eine Welle bei einer Feldstörung zu einem Wirbel aufrollt, so hatten wir uns als Modellvorstellung erarbeitet, dann läuft die Feldschwingung weiterhin mit Lichtgeschwindigkeit, diesmal aber im Kreis herum. Mit dieser Überlegung ist der Zusammenhang zwischen der Winkelgeschwindigkeit bzw. der Zeitkonstanten und dem Radius des Kreiswirbels beschrieben ($\tau_2 = r/c$).

Es ist $v(x(t)) = dx/dt$ die unbeschleunigte Ausbreitungsgeschwindigkeit eines Wirbels. v weist dabei in x-Richtung radial nach außen. Bei der zeitlichen Ableitung des Feldvektors **E**(x(t)) ist die Kettenregel anzuwenden. Damit lässt sich die in Raum und Zeit definierte Feldgleichung (29.11) in eine Bestimmungsgleichung in v und x überführen (29.12).

Schließlich nutzen wir noch die erwähnte Eigenschaft der e-Funktion, die bei erster und auch bei zweiter Ableitung wieder in sich selber übergeht, indem wir den Ansatz einer exponentiellen Dämpfung mit $e^{-x/r}$ wählen. Übrig bleibt eine quadratische Gleichung zur Bestimmung der Geschwindigkeit v (29.14 und 29.15). Von den beiden Lösungen der quadratischen Gleichung ist nur die mit positiver Geschwindigkeit in Betracht zu ziehen (29.17) und das wäre die 1,618-fache Lichtgeschwindigkeit! (29.18). Wird von diesem Wert eine 1 subtrahiert oder der Kehrwert gebildet, so ergibt sich in beiden Fällen die Größe $\Phi = 0{,}618$, die als Goldener Schnitt bezeichnet wird (29.19).

Hinter diesem klaren, mathematisch gewonnenen Ergebnis steckt eine tiefere physikalische Bedeutung. Selbstverständlich kann nichts eine Longitudinalwelle und seine Wirbel daran hindern langsamer oder auch schneller zu sein als gerade mit $v = 1{,}618 \cdot c$. Nehmen wir den Fall, dass $v = c$ ist, für den in einigen Lehrbüchern sogar Berechnungen existieren[<i>]. Als Ergebnis kommt dabei heraus, dass die longitudinalen Anteile sehr rasch abnehmen und nach $\lambda/2\pi$ bereits vernachlässigbar sind. Die Wirbel sind innerhalb von einem Sechstel der Wellenlänge weitgehend zerfallen, so jedenfalls interpretiere ich den Nahfeldbereich einer Antenne (Tafel 29.9).

<i>: Zinke, Brunswig: Lehrbuch der Hochfrequenztechnik, 1. Bd., 3.Aufl. Springer-Verlag Berlin 1986, Seite 335

- Die quadratische Gleichung 29.14: $v^2 - v \cdot c - c^2 = 0$ (29.15)
- hat die Lösung: $v = c/2 \pm\sqrt{c^2/4 + c^2}$ (29.16)
- für das Verhältnis v/c: $v/c = (1 + \sqrt{5})/2 = 1{,}618$ (29.17)
- Das Ergebnis $v/c = 1{,}618$ (29.18)
- bzw.: $c/v = \Phi = 0{,}618$ = **„Goldener Schnitt“** (29.19)
- danach ist: $1 + \Phi = 1{,}618 = 1/\Phi = 1/0{,}618$ (29.18*)

---

- Zur physikalischen Bedeutung von $v/c = 1{,}618$ (29.17)

| Im Bereich | Wirbelzerfall | Bezeichnung |
|---|---|---|
| $v = c$ | innerhalb $\lambda/2\pi$ | Nahfeldbereich |
| $v < 1{,}618 \cdot c$ | erst später | Rauschen |
| $v = 1{,}618 \cdot c$ | Stabilitätsgrenze | direkte Wandlung |
| $v > 1{,}618 \cdot c$ | stabil, kein Zerfall | Neutrinostrahlg. |

⇒Im Idealfall bei 1,618-facher Lichtgeschwindigkeit an der Stabilitätsgrenze erfolgt der natürliche und spontane Übergang vom Wirbel zur Welle und umgekehrt.

⇒Skalarwellenantennen haben ihr Wirkungsgradoptimum im Goldenen Schnitt!

---

Tafel 29.9: Ableitung des goldenen Schnitts aus der Fundamentalen Feldgleichung.

Bei größeren Geschwindigkeiten, wie sie Tesla schon vor 100 Jahren erzeugt hat, nimmt die Stabilität der Wirbel, aber auch deren biologische Wirksamkeit zu. Aus hochfrequenztechnischer Sicht ist dies der Bereich des Rauschens, der Bereich instabiler schwingender Rauschwirbel. Aus biologischer und medizinischer Sicht sind besonders hier die Antworten zu suchen auf Fragen nach der elektromagnetischen Umweltverträglichkeit.
Dieser Bereich reicht von $v = c$ bis $v = 1{,}618 \cdot c$ , dem Grenzfall, bei dem ein spontaner Übergang von der Welle zum Wirbel möglich ist. Der Goldene Schnitt beschreibt die Stabilitätsgrenze, an der die Feldwirbel, die sich einmal gebildet haben, nicht mehr zerfallen. Von dieser Geschwindigkeit an besitzt die Antenne bzw. Strahlungsquelle keinen begrenzten Nahfeldbereich mehr, denn der reicht jetzt bis Unendlich. Erst von dieser ausgeprägten Geschwindigkeit an gebe ich den Feldwirbeln den Namen „Neutrino“.

## 29.9 Der goldene Schnitt

Während klassische Antennen, die elektromagnetische Wellen abstrahlen sollen, für Signale mit Lichtgeschwindigkeit optimiert werden, haben Skalarwellenantennen ihr Wirkungsgradoptimum im Goldenen Schnitt. Dabei wird das Ziel verfolgt einer Abstrahlung von schwingenden Ringwirbeln, die mit einer Ausbreitungsgeschwindigkeit von $v = 1{,}618 \cdot c$ in sich stabil bleiben und eine räumlich unbegrenzte Skalarwellenübertragung von Energie und Information ermöglichen.

Die Ausbreitungsgeschwindigkeit v errechnet sich aus dem Produkt von Wellenlänge mal Frequenz: $v = \lambda \cdot f$ . Wird die Frequenz von einem Sender vorgegeben, dann entscheidet die Geometrie der Sendeantenne über den Antennenwirkungsgrad und darüber, wie viel Anteile an Transversalwellen im Verhältnis zu Longitudinalwellen abgestrahlt werden. Im Fall einer Rundfunkantenne wird für diese üblicherweise $\lambda$ oder $\lambda/2$ gewählt. Für eine Skalarwelle hingegen wird mit

$$\lambda_{wirbel} = 1{,}618 \cdot \lambda_{welle} = 1{,}618 \cdot c/f$$

das Optimum erreicht. Damit wird aus dem elektrotechnischen ein geometrisches Problem, wenn es um die Nutzung von Skalarwellen geht. Entscheidend ist die Antennengeometrie, und der Goldene Schnitt liefert die erforderliche Konstruktionsvorschrift. Waren die Gebäude in der Antike, die nach dem Goldenen Schnitt aufgebaut wurden, technische Einrichtungen für Skalarwellen<i>? Hatten die Baumeister physikalisch begründbare und mathematisch beweisbare Vorgaben?
An dieser Stelle ergeben sich durch die Herleitung des Goldenen Schnitts aus der Fundamentalen Feldgleichung ganz neue Aspekte zur Beurteilung und Interpretation von Bauwerken vornehmlich aus der Antike. Haben wir deren Funktionsweise verstanden, werden wir daraus für unsere eigene Zukunft und für den zukünftigen Bau von Skalarwellengeräten viel lernen können. Wir beschäftigen uns daher zum Abschluss des Seminars noch mit der Antike.

| | | |
|---|---|---|
| antiker Tempel | = | Kurzwellensender |
| einem Gott geweiht | = | Festlegung der Frequenz |
| oberster Gott Zeus,<br>Vater aller Götter | =<br>= | Bereich der Kurzwelle,<br>alle KW-Frequenzbänder |
| Priester,<br>Vertreter des Gottes | = | Amateurfunker,<br>mit Sendelizenz |
| Oberpriester | = | Chefintendant |
| Pontifex Maximus,<br>„oberster Brückenbauer“ | = | Vorsitzender der Behörde<br>und der Telegraphenämter |
| Orakel<i> | = | Telegraphieempfänger |
| Runen, Keilschrift | = | Telegraphie-Zeichen |
| Hexameter, Versmaß | = | Redundanz-Steigerung |
| Orakelpriester | = | Telegraphie-Interpret |
| Dreifuß<ii> | = | Empfangsschüssel,<br>elektroakustischer Wandler |
| Eingeweideschau<br>Opferritual | = | Ablesen der Zuckungen<br>elektrooptischer Wandler |
| Tempelbücher | = | Nachrichten-Mitschrift |
| Seher, der in die<br>Götterwelt schaut | = | Amateurfunker, beim<br>Telegraphie-Empfang |
| Homer | = | antiker Radioreporter |

Tafel 30.1: Kleines Lexikon zur antiken Rundfunktechnik (1).

<i>: Lamer: Wörterbuch der Antike, Kröner Verl. Bd.96 unter *„Orakel“* steht: „Im Lat. oraculum = Sprechstätte; besonders: die, wo ein Gott spricht; dann: das, was der Gott sagt“. Laut Lexikon waren von einer Gottheit inspirierte Orakelpriester „einfach Schwindler, die von der Dummheit des Publikums lebten“.

## 30. Skalarwellentechnik in der Antike

Den Abschluss des Buches über Potentialwirbel und deren Ausbreitung als Skalarwelle soll ein eindrucksvolles Beispiel bilden, bei dem möglichst viele der hergeleiteten Wellenaspekte zum Tragen kommen. Es wird der Beweis geführt, dass bereits im Altertum eine Funktechnik auf Skalarwellenbasis genutzt worden ist. Der Beweis beginnt mit einer These.

### 30.1 These:

Die Tempel in der Antike waren alle Kurzwellensender. Als Energiequelle diente Energie aus dem Feld, so z.B. die Erdstrahlung bei Tempeln irdischer Götter. Beim Sonnengott wurde die Strahlung von der Sonne genutzt, während bei den Tempeln, die den planetaren Göttern geweiht waren, die von den Planeten eintreffende Neutrinostrahlung als Energiequelle diente.

War der Tempel einem bestimmten Gott geweiht, so stand der Name des Gottes stellvertretend für die genutzte Frequenz der Sendeanstalt. Die entsprechende Wellenlänge, bzw. der jeweilige Gott waren verständlicherweise „unsterblich“.

Nicht so die diensthabenden Sendetechniker, die als Menschen natürlich sterblich waren, die als Mitglieder des Priesterkollegs sich im Studio abgewechselt haben und die sich lediglich unter dem Namen der Sendeanstalt als Gott Apollon, Poseidon etc. ausgeben mussten, wenn sie auf Sendung gingen. Nur bei dem Nachrichtenredakteur Homer und bei wenigen seiner Kollegen sind uns die Namen der Personen hinter den Kulissen überhaupt bekannt.

In den Tempelbüchern sind die Texte aufgezeichnet, die von einem Gott und seiner Sendeanstalt empfangen worden sind. Das gewählte Versmaß diente dem leichteren Auffinden und Korrigieren von Übertragungsfehlern.

Nicht selten war hier viel Phantasie von Nöten, weshalb die Empfangseinrichtungen landläufig als Orakel bezeichnet wurden[<i>]. Der Empfang der Nachrichten fand in der Regel auf einem Altar statt. Dabei wurde die direkte Wirkung von Skalarwellen auf den Menschen z.B. beim sogenannten Tempelschlaf oder der indirekte Einfluss auf biologische Systeme, z.B. auf die Eingeweiden geschlachteter Tiere ausgewertet.

Eine Weiterentwicklung der Telegraphie war die Dreifußtechnik[<ii>], bei der durch Drehung der Polarisationsebene einzelne Zeichen und Buchstaben übermittelt wurden bis hin zur Übertragung des gesprochenen Wortes mit Hilfe einer speziellen Wellenlängenmodulation.
Soweit reicht die These, die es jetzt zu beweisen gilt.

---

<ii>: Lamer: Wörterbuch der Antike, Kröner Verl. Bd.96 unter *„Dreifuß“* steht: „der Dreifuß ist eine Weihegabe an Götter, eine Ehrengabe für Sieger. Dass man diese gerade mit dem Geschenk eines Kochtopfs erfreute, ist absonderlich; den Grund hat man zu finden gesucht, aber bisher ohne Erfolg“. Im Lexikon wird weiter geraten: „Dreifuß als Mittel für geistige Erkenntnis?!“

| | | |
|---|---|---|
| Götterlehre | = | Hochfrequenz-Technik |
| Göttername | = | RDS (Senderkennung) |
| Mitglieder einer Götterfamilie | = | Funkhäuser einer Rundfunkanstalt |
| Pantheon, Tempel aller Götter | = | extrem breitbandiger FM-Sender |
| Krone | = | Antennengeflecht |
| Opfergaben | = | Rundfunkgebühren |
| Opferplatz | = | Ort eines Wellenknotens der Stehwelle |
| Erdstrahlung | = | Energieversorgung |
| Huldigung eines Wochentages | = | zeitliche Einschränkung des Sendebetriebs |
| Zeus „schmiedet" Blitze | = | elektrostatische Überschläge bei einem schwingenden Tempel |
| kultische Handlung | = | sende- und empfangstechnische Vorkehrung |
| Pythia von Delphi<i> | = | Funk-Telefonistin, Empfangsdame |
| Cella (Tempelinnerstes) | = | Hohlraumresonator |
| Obelisk<ii> | = | Antennenstab |

Tafel 30.2: Kleines Lexikon zur antiken Rundfunktechnik (2).

<i>: Lamer: Wörterbuch der Antike, Kröner Verl. Bd.96, unter *„Pythia"(gr.=die Befragerin)*: Im Tempel von Delphi befand sich ein Erdspalt. Darüber stand ein Dreifuß, auf dem die Pythia saß, wenn sie Orakel erteilte. Kommentar: "Hierbei ist schon der sonderbare Sitz der Pythia auffällig; sie saß, unbequem genug, auf dem Kochtopf des Dreifußes. Antike Darstellungen, die sie so zeigen, würden noch nicht beweisen, dass dies so war ..."

<ii>: Lamer: unter *„Obelisk"* steht: „Die Obelisken waren wohl Uhren".

### 30.2 Voraussetzungen

Die Beweisführung hat auf mathematisch-physikalischer Grundlage zu erfolgen. Dazu bilden die vorstehenden 29 Kapitel die Voraussetzung. Es konnten folgende Punkte aufgezeigt und hergeleitet werden:

1. Die Wellengleichung (inhomogene Laplacegleichung) beschreibt die Summe zweier Wellenanteile, wobei
2. jede Antenne beide Anteile abstrahlt,
3. den transversalen Anteil, bekannt als elektromagnetische Welle (Hertzsche Welle)
4. und den longitudinalen Anteil (Teslastrahlung) vom Entdecker als Skalarwelle bezeichnet, besser bekannt als Antennenrauschen.
5. Die Wellengleichung beschreibt mathematisch die Verknüpfung beider Wellenanteile im allgemeinen und die Umwandlung des einen in den anderen im besonderen, also
6. das Auf- und Abrollen von Wellen in Feldwirbel (als Rauschen messbar).
7. Der Übergang erfolgt im Verhältnis des goldenen Schnittes, wie die Herleitung ergeben hat (Kap. 29.7 – 29.9)

Mit dem letzten Punkt wird aus dem elektrotechnischen ein geometrisches Problem, wenn es um die Nutzung von Skalarwellen geht. Entscheidend ist die Antennengeometrie. Dabei liefert der Goldene Schnitt die erforderliche Konstruktionsvorschrift.
Das berechtigt zu der Annahme, dass die Gebäude in der Antike, die nach dem Goldenen Schnitt aufgebaut wurden, technische Einrichtungen für Skalarwellen waren. Vielleicht hatten die Baumeister physikalisch begründbare und mathematisch beweisbare Vorgaben.
An dieser Stelle ergeben sich durch die Herleitung des Goldenen Schnitts aus der Fundamentalen Feldgleichung ganz neue Aspekte zur Beurteilung und Interpretation von Bauwerken vornehmlich aus der Antike. Haben wir deren Funktionsweise verstanden, werden wir daraus für unsere eigene Zukunft und für den zukünftigen Bau von Skalarwellengeräten viel lernen können.

Als weitere Voraussetzung für die antike Sendetechnik sollte genügend Feldenergie zur Verfügung stehen. Da davon ausgegangen wird, dass

1. der Erdmagnetismus und die kosmische Neutrinostrahlung über die Vorgänge im Erdkern fest miteinander verknüpft sind,
2. der Erdmagnetismus nachweislich im Altertum ca. tausendfach höher war als heute (durch Ausmessen von Tonscherben bewiesen),
3. als Konsequenz die Neutrinostrahlung ebenfalls in der Antike tausendfach größer gewesen sein muss und
4. die kosmische Neutrinostrahlung den Sendeanlagen der Antike als Energieträger gedient haben,

ist jeder Gedanke abwegig, die technische Funktion eines Tempels nur deshalb abzulehnen, weil sie sich heute nicht mehr reproduzieren lässt. Die künstlerischen und ästhetischen Gesichtspunkte, die von Kunsthistorikern aus Unkenntnis über die wahre Funktion in den Vordergrund gestellt werden, sind wohl eher nebensächlich.

Die zur Beschreibung der Sendetechnik in der Antike verwendeten Begriffe haben in den letzten 2000 Jahren eine Sinnverschiebung erfahren, so dass eine Übersetzung in unseren heutigen Sprachgebrauch notwendig ist. Das nebenstehende Lexikon soll dabei helfen.

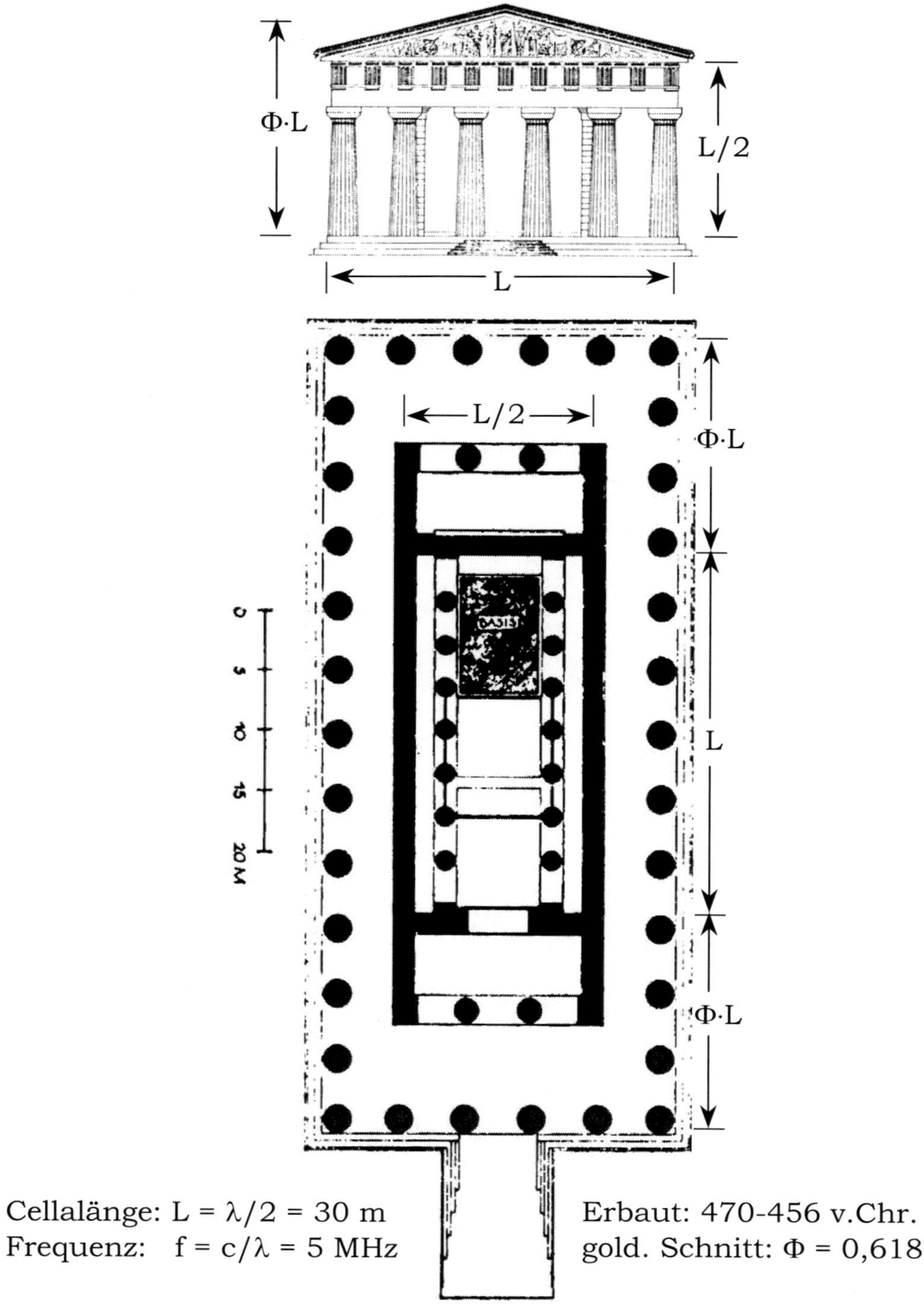


Tafel 30.3: Der goldene Schnitt beim Zeus-Tempel in Olympia.<i>

<i>: K. Schefold: Die Griechen und ihre Nachbarn, Propyläen Kunstgeschichte Berlin Bd. 1, Abbildungen von Seite 249

### 30.3 Ansatz

Gehen wir ansatzweise einmal von dem in der Hochfrequenztechnik gegenwärtig vorhandenen Wissen der Lehrbuchphysik aus und stellen einem gut ausgebildeten Ingenieur die folgende Aufgabe, die er systematisch und ingenieurmäßig lösen soll: *Er soll einen Sender bauen mit maximaler Reichweite bei minimaler Sendeleistung,* eine klassische Optimierungsaufgabe also. *Der Materialaufwand spiele dabei keine Rolle!*

Nach reiflicher Überlegung wird der Ingenieur darauf kommen, dass nur eine Lösung existiert: Er entscheidet sich für einen Telegraphiesender am langwelligen Ende des Kurzwellenbandes, bei f = 3 MHz, was einer Wellenlänge von λ = 100m entspricht. Da reicht weniger als 1 Watt Sendeleistung für eine Funkverbindung einmal um die Erde. Das hat auch etwas mit den Reflexionsverhältnissen der Funkwellen an der Ionosphäre zu tun. Unser Ingenieur hat gelernt:

der Brechungsindex $n = \sqrt{1 - K \cdot N/f^2}$ (30.1)

mit: $K = 80{,}5 \cdot 10^{-6}$ $[cm^3/sec^2]$ (= Konstante)

N = Elektronenkonzentration $[Elektronen/cm^3]$

f = Frequenz des Senders [MHz]

In Worten ausgedrückt ist die Brechung einer Rundfunkwelle im Bereich der Kurzwelle umso größer, je geringer die Frequenz ist. Das Ende des Kurzwellenbereichs ist bei 3 MHz erreicht. Das also begründet die Frequenzwahl.

Und er optimiert weiter. Als nächstes erinnert sich der Ingenieur daran, dass bei hohen Frequenzen, z.B. bei Mikrowellenstrahlern Hohlleiter verwendet werden und keine Kabel, da diese einen erheblich besseren Wirkungsgrad ermöglichen. Beim Hohlleiter reduzieren sich die Streufelder durch eine Ausrichtung und Konzentration der Felder im Leiterinnern. Bei Stabantennen hingegen streuen die Felder nach außen und bewirken erhebliche Streuverluste. Er kommt zu dem Schluss, dass sein Sender als Hohlraumresonator und nicht als Draht- oder Stabantenne aufzubauen wäre!

Als Ergebnis stellt der Ingenieur ein fensterloses Gebäude in die Landschaft mit den enormen Abmessungen von 50m Länge (= λ/2) und 25m (= λ/4) bzw. 12,5m (= λ/8) Breite. Die Höhe berechnet er nach dem Goldenen Schnitt zur Erhöhung des Skalarwellenanteils. Das sind ungefähr die Abmessungen der fensterlosen Cella bei griechischen Tempeln.

Für den Betrieb eines solchen Senders reichte offenbar in der Antike die Rauschleistung der kosmischen Strahlung aus, die von der Sonne und den Planeten ausgehend die Erde erreicht haben. Durch Vergrößern der Grundfläche ließen sich auch die eingesammelte Feldenergie und die Sendeleistung steigern, so dass auch aus dem Blickwinkel der Energieversorgung der Tempel mit der größtmöglichen Wellenlänge zugleich die höchste Sendeleistung versprach, so jedenfalls in der Antike.

Unser Ingenieur bestimmt weiter, dass er die Trägerfrequenz in einem vorgegebenen Takt ein- und ausschaltet. Er entscheidet sich also für Telegraphiefunk. Vorteil dieses Verfahrens ist eine maximale Steigerung des Empfangsbereichs. Dazu müssen die Signale beim Sender codiert und beim Empfänger wieder entziffert werden. Durch die Verschlüsselung der Inhalte ist dieser nur den „Eingeweihten" zugänglich, die den Code beherrschen; Voraussetzung für das Entstehen einer Geheimwissenschaft und letztendlich eine Frage der Macht!

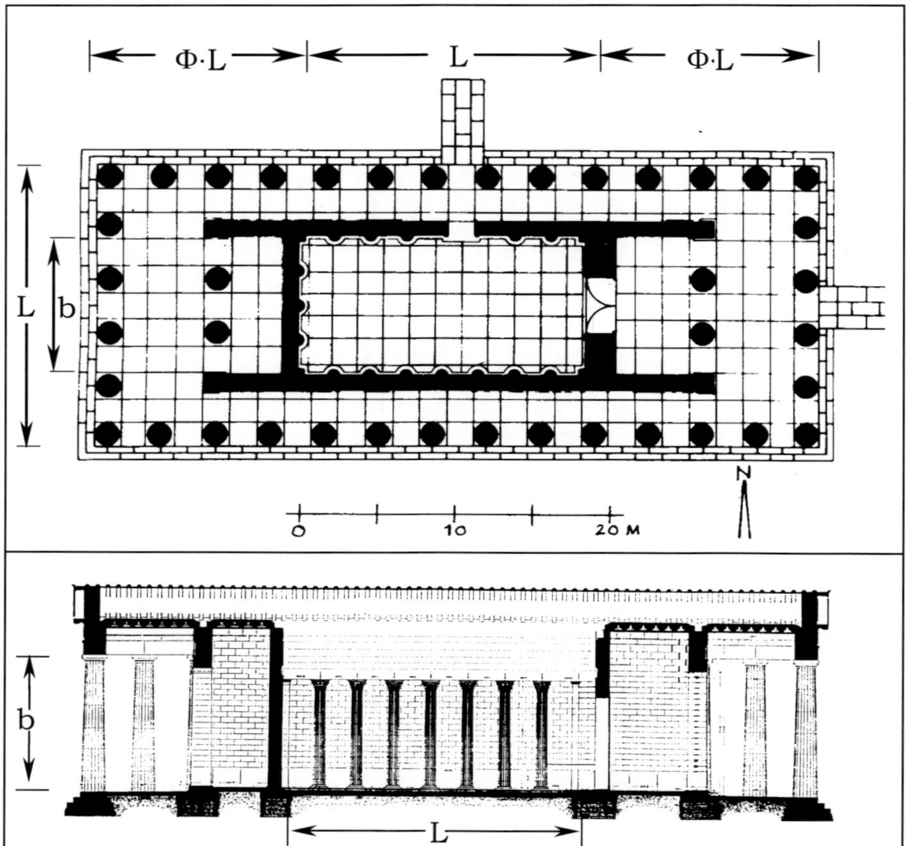


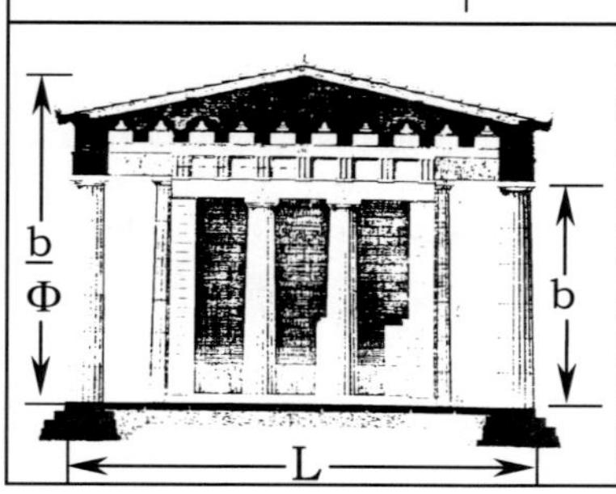


7,5 MHz Sendefrequenz bei

$\lambda$ = 40 m Wellenlänge

L = 20 m Cellalänge (= $\lambda/2$)
b = 10 m Cellabreite (= L/2)

$\Phi$ = 0,618 Goldener Schnitt

Tafel 30.4: Beispiel Tegea, Tempel der Athena Alea.<i>
Erbaut 350/340 v.Chr.

---

<i>: G. Gruben: Die Tempel der Griechen, Wissenschaftliche Buchgesellschaft Darmstadt 1986, 4. Aufl. Seite 130

<ii>: E. Horst: Konstantin der Große, Eine Biographie, Classen Verlag 1985 Düsseldorf, 2. Aufl., S. 89.

<iii>: E. Horst: Konstantin der Große, Eine Biographie, Classen Verlag 1985 Düsseldorf, 2. Aufl., S. 33.

### 30.4 Indizienbeweise

Nicht jeder an der Sende- und Empfangstechnik irgendwie Beteiligte war auch zugleich in das gesamte Geheimwissen eingeweiht. Die meisten Priester wussten nur so viel, wie sie zur Erfüllung ihrer Aufgaben unbedingt benötigten. So musste ein Tempelpriester, der einen chiffrierten Text vorgelegt bekam und diesen auf Sendung bringen sollte, nicht unbedingt gleich den Inhalt des Textes oder den Code kennen. Gleiches galt natürlich auch für die in der Empfangsstation tätigen Opferpriester. So hatten beispielsweise die Vestalinnen den empfangenen Text den Auguren vorzulegen, von denen sie beaufsichtigt und kontrolliert wurden.

Wer aber einen neuen Gott am Götterhimmel einführen und vielleicht sogar selber als Gott verehrt werden wollte, der musste sowohl die Sendetechnik als auch die Empfangstechnik beherrschen. Im alten Ägypten musste der Pharao mindestens einmal im Jahr beweisen, dass er die Technik noch beherrscht. Sonst wurde er ausgewechselt. Für einen Geheimnisträger war das zugleich sein Todesurteil.

In den historischen Fakten finden sich zahlreiche Indizien, die als Beweis für die These vom Einsatz einer Sende- und Empfangstechnik im Altertum gelten können. Man versteht jetzt vielleicht, warum den Herrschern ein Antennengeflecht aufs Haupt gestülpt wurde, eine sogenannte Krone, oder warum die Auguren mit einer flachen Teslaspule in der Hand das Land vermessen konnten (Tafel 16.10).

Direkte Beweise sind ebenfalls vorhanden. Sie finden sich in antiken Texten. Fraglich ist nur, ob historische Texte zur antiken Rundfunktechnik richtig übersetzt wurden. Es ist darin von Orakeln, von Mysterienkult und von Erdwahrsagung die Rede, wenn der Empfänger gemeint ist. Den Römern wird von den technisch überwiegend ungebildeten Historikern ein mangelhaftes Zeitgefühl bescheinigt, weil ihre Kuriere die weiten Wege quer durch das Römerreich so schnell doch gar nicht zurücklegen konnten, wenn sie in den lateinischen Texten lesen: "Sie sandten zum Kaiser nach Rom und bekamen zur Antwort...". Die Antwort des Kaisers kam nämlich spätestens in der darauffolgenden Nacht bereits bei der Truppe an. Die richtige Übersetzung muss lauten: "sie telegraphierten" oder "sie sendeten zum Kaiser in Rom und bekamen zur Antwort..."[ii].
Ein so großes Reich wie das römische Imperium war überhaupt nur durch eine leistungsfähige Kommunikation regierbar. Von Cicero stammt der Ausspruch: "Wir haben die Völker der Erde bezwungen dank unserer Sendetechnik...[iii]"! Der Begriff Sendetechnik wird aus Unkenntnis mit Frömmigkeit und Gottesfurcht übersetzt. Werden die fehlerhaften Übersetzungen aber von Ingenieuren nachgebessert, dann wird man feststellen, dass unzählige Texte von der Sendetechnik berichten, dass also entsprechend viele direkte Beweise zur praktischen Nutzung dieser Technik existieren.

Den römischen Militärsendern, die das Rückgrat der Reichsverwaltung bildeten, war das Ablesen der Informationen aus Naturbeobachtungen wie dem Vogelflug oder aus erspürten Signalen eines Geomanten zu unzuverlässig. Sie lasen aus dem Rhythmus der Zuckungen der Eingeweide von frisch geschlachteten Tieren die Informationen ab. Bei den toten Tieren auf dem Altar war jede Fremdbeeinflussung ausgeschlossen. Nachteil war allerdings der riesige Bedarf an Schlachtvieh. Wer Infos haben wollte, musste erst einmal ein Tier mitbringen, das dann dem Gott „geopfert“ wurde, oder sagen wir besser, das als Empfänger für einen bestimmten Sender missbraucht wurde. Dabei dienten die Innereien als Biosensor und als Empfänger für die Nachrichten.

| Funktelefon. | |
|---|---|
| • *Netzwerk:* | Alle „Telefonhäuschen“ sind Sender und zugleich Empfänger. |
| • *Vorteil:* | Jeder kann mit jedem Netzteilnehmer kommunizieren. |
| • *Merkmal:* | Die Stationen sind sich in Baugröße und Bauform auffallend ähnlich. |
| • *Machtstruktur:* | Alle Stationen sind i.d.R. untereinander gleichberechtigt. |
| • *Nachteil:* | Innovationen sind kaum möglich. Das System ist unflexibel. |
| • *Beispiele:* | Tempeltürme (Zweistromland); Mobilfunknetz. |

| Rundfunk. | |
|---|---|
| • *Netzwerk:* | Viele Empfänger lauschen den Nachrichten eines mächtigen Senders. |
| • *Vorteil:* | Das System ist sehr flexibel und erfährt ständige Verbesserungen. |
| • *Merkmal:* | Monotheismus. Große Vielfalt bei den Empfängerkonstruktionen. |
| • *Machtstruktur:* | Zentralgewalt konzentriert in den Händen des Chefintendanten. |
| • *Nachteil:* | Rückmeldung vom Empfänger zum Sender unerwünscht. |
| • *Beispiele:* | Gott Ammun Re (Ägypten); ARD-Tagesschau. |

| Depeschendienst. | |
|---|---|
| • *Netzwerk:* | Netzwerk von Sendern versorgt eine Agentur (Empfänger) mit Infos. |
| • *Vorteil:* | Optimale Finanzierung, da Infos nur gegen Rundfunkgebühren in Bar abgegeben werden. |
| • *Merkmal:* | Schatzhäuser müssen gebaut werden wegen der immensen Reichtümer. |
| • *Machtstruktur:* | Die Macht konzentriert sich in der Hand der Empfänger-Agentur. |
| • *Nachteil:* | Bei Überforderung oder Überlastung droht ein Systemabsturz. |
| • *Beispiele:* | Pythia (Delphi); dt. Depeschendienst (dpa). |

Tafel 30.5: Drei funktechnische Netzstrukturen, mit je einem Beispiel aus der Antike und aus der Gegenwart.

## 30.5 Funktechnische Konzepte

In der Planung und Errichtung funktechnischer Netze existieren nur wenige mögliche Konzepte. Es ist schon interessant, dass für jedes Konzept mindestens ein historisches Beispiel angegeben werden kann. Das zeigt, dass alle Möglichkeiten wenigstens einmal ausprobiert wurden. Die drei Wichtigsten seien hier angeführt:

A. Funktelefon.
Jede größere Stadt zwischen Euphrat und Tigris, die auf sich hielt, verfügte bereits im Altertum über ein Zikkurat. So ein Tempelturm war ein „Telefonhäuschen" in Form einer Pyramide als Sender und einem Empfängertempel auf der Spitze, wohin sich die Empfangsdame zum sogenannten Tempelschlaf begab. Disziplin war schon erforderlich, denn es durfte immer nur **ein** Priester senden. Alle anderen konnten ihm dabei zuhören. War er fertig, hat er seinen Beitrag mit einem festgelegten Zeichen oder Begriff („Over") abgeschlossen und der nächste konnte weitermachen. Es ist dies eine klassische Konferenzschaltung, bei der jeder mit jedem Netzteilnehmer kommuniziert.
Die Stationen waren sich alle in Baugröße und Bauform auffallend ähnlich, so wie eine Telefonzelle der anderen gleicht. Dadurch war eine Weiterentwicklung des Funktelefonsystems kaum möglich. Das hatte einen technischen Grund, wie uns der Turmbau zu Babylon gezeigt hat. Dieser Turm war den ehrgeizigen Erbauern nämlich zu groß geraten, wodurch die Frequenz des mesopotamischen Funknetzes verlassen worden war. Stattdessen wurde ein fremdes Netz empfangen, dessen Sendecode keiner verstehen konnte. Die Folge war eine Sprachverwirrung und die Anordnung, den Bau zu stoppen.

B. Rundfunk.
Millionen von TV-Zuschauern verfolgen all abendlich in der ARD die Tagesschau. Beim Rundfunkwesen lauschen also viele Empfänger den Nachrichten eines mächtigen Senders. Damit konzentriert sich die ganze Machtfülle in der Hand des Chefintendanten. In der Antike nannte sich dieser Oberpriester. Wenn er auf Sendung ging, verwendete er das Logo des Gottes, den er zu vertreten hatte. Heute wird das Logo der Rundfunkanstalt in einer Ecke auf dem Bildschirm eingeblendet. Noch heute ist eine Rückmeldung vom Empfänger zum Sender prinzipbedingt kaum möglich.
Die Probleme mit einem staatlich gelenkten Rundfunkwesen, mit einer von den Medien bestimmten Politik sind alle nicht neu. Der Monotheismus im alten Ägypten mit dem Herrschaftsanspruch des Hauptgottes Ammun Re ist ein Beispiel aus der Antike.

B. Depeschendienst.
Im alten Griechenland waren die technischen und damit auch die Machtstrukturen umgedreht worden. Damals hat ein großes Netzwerk von Sendern, das durch eine von den Göttern angeordnete Siedlungspolitik stetig ausgebaut wurde, eine zentrale und dementsprechend mächtige Agentur mit Informationen per Funk versorgt.
Wer aktuelle Nachrichten wollte, konnte sich diese in der Agentur mit Sitz in Delphi abholen, aber er musste dafür bezahlen. Um die Rundfunkgebühren in Form von Gold und Geschenken unterzubringen, mussten ganze Schatzhäuser gebaut werden. Gemessen am kommerziellen Erfolg ist das antike Nachrichten-Netzwerk unerreicht geblieben, und nicht vergleichbar mit Pay-TV oder den heutigen Depeschendiensten wie dpa. Wird das Netz aber zu groß, unkontrollierbar und mangelt es an Disziplin, bricht es irgendwann zusammen. Das System stürzt ab.

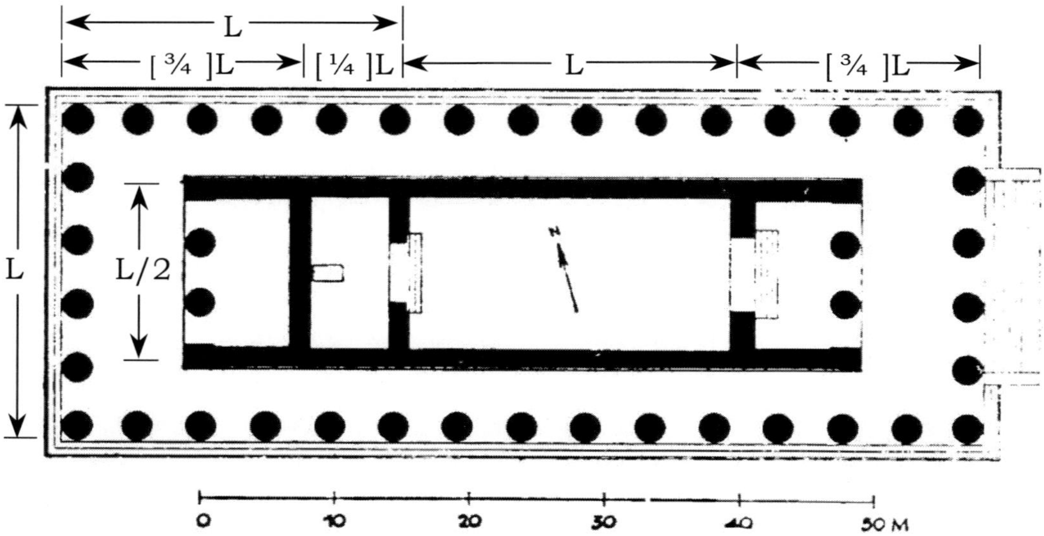


Tafel 30.6 A: Hera-Tempel von Selinunt 460-450 v.Chr.<i>
(den Plänen des römischen Architekten Vitruv entspr.)

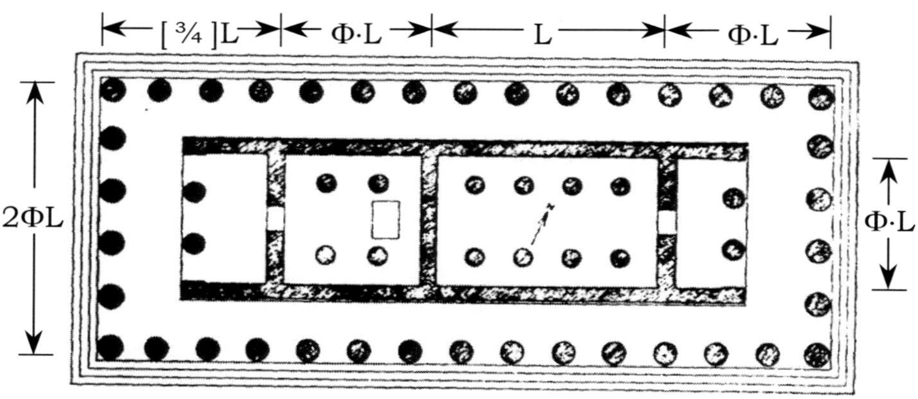


Cellalänge L
L = λ/2 = 16,7m

Frequenz f = 9 MHz
erbaut um 540 v.Chr.

Tafel 30.6 B: Apollo-Tempel von Korinth<i>
(Alternative Interpretation zur Verwendung des goldenen Schnitts Φ).

<i>: K.Schefold: Die Griechen und ihre Nachbarn, Propyläen Kunstgeschichte Berlin Bd. 1, Abbildungen von Seite 241, 250

<ii>: Vitruv (Marcus Vitruvius Pollio): Zehn Bücher über Architektur, Übers. von Dr. K. Fensterbusch, Wissenschaftl. Buchges. Darmstadt 1987, 4. Aufl., 3. Buch, 1. Kap.: Von den Symmetrien der Tempel, Seite 137

<iii>: Vitruv (dito), 4. Buch, 4. Kap.: Vom Tempelinnern und dem Pronaon, S. 187

## 30.6 Drahtlose Telegraphie

Die Rundfunktechnik hat auch schon vor 100 Jahren mit der Telegraphie begonnen. Dabei wird der Hochfrequenzträger ein- und ausgeschaltet. Mit dieser Technik gelang Marconi eine Funkübertragung über den Ärmelkanal (1899) und über den Atlantik (1901).
Als nächster Schritt folgte die Amplitudenmodulation (AM). Dabei wird das niederfrequente Signal eines Tonträgers dem HF-Träger derart überlagert, dass die Amplitude im Takt des NF-Signals schwankt. Nachteilig wirkt sich aus, dass auch Rauschsignale sich überlagern, worunter die Empfangsqualität leidet.
Eine Verbesserung bringt erst die Frequenzmodulation (FM), bei der das NF-Signal als zeitliche Schwankung der Frequenz übermittelt wird. Das lästige Amplitudenrauschen wirkt sich daher bei FM nicht aus.
Es ist leicht zu erkennen, wie die Entwicklung der Modulationsverfahren dem Drang nach technischer Verbesserung und Optimierung folgt. Das war in der Antike nicht anders gewesen, weshalb der Entwicklungsfortschritt in gleicher Reihenfolge ablief.

Begonnen hat die Sendetechnik der antiken Götter mit der drahtlosen Telegraphie. Dies kommt in der Architektur zum Ausdruck. Da elektrische Schwingkreise oder andere frequenzbestimmende Apparaturen den Ingenieuren im Altertum nicht zur Verfügung standen, musste die Festlegung und Zuordnung der Sendekanäle über die Wellenlänge erfolgen. Es kommt in diesem Fall zur Ausbildung einer stehenden Welle in der Cella, dem innersten Heiligtum eines Tempels, wenn deren Länge der halben Wellenlänge des HF-Trägers entspricht.
Der römische Architekt Vitruv bezeichnet die Wellenlänge als „Grundmaß", aus dem sich „das System der Symmetrien ergibt". Er schreibt: „Die Formgebung der Tempel beruht auf Symmetrie, an deren Gesetze sich die Architekten peinlichst genau halten müssen."[ii].
„Die Länge des Tempels wird so aufgeteilt, dass die Breite gleich der halben Länge ist, die Cella selbst einschließlich der Wand, die die Türe enthält, ein Viertel länger als breit ist. Die restlichen drei Viertel, die das Pronaon bilden, sollen bis zu den Anten der Mauer vorspringen, und die Anten müssen die Dicke der Säulen haben"[iii].
Rechnen wir selber nochmals nach, so ergibt die Aufteilung in 3/4 zu 5/4 ein Verhältnis, das dem Goldenen Schnitt recht nahe kommt. Beim Bau eines Tempels wird nichts dem Zufall überlassen. Schließlich geht es um die Konstruktion eines zu eigenresonanten Schwingungen fähigen Hohlraumresonators mit günstigem Abstrahlungsverhalten.
Einem Telegraphiesender, der auf Sprachübertragung mit AM umgestellt worden ist, sieht man dies von außen nicht an. Es wird lediglich der HF-Träger nicht mehr abgeschaltet, d.h. die Priester lassen den Tempel ohne Unterbrechung schwingen. Neu hinzu kommt bei AM eine elektroakustische Kopplung. Dazu wurden viele Tempel mit einer Sprechmuschel nachgerüstet. Neu erbaute AM-Sendetempel schließen die Cella mit einer runden Apsis ab. Da durch diese akustisch bedingte Bauform die Cellalänge keinen festen Wert mehr hatte, war auch die Sendefrequenz veränderlich geworden. In der Apsismitte gemessen war die Wellenlänge größer als auf den Seiten, so dass im Takt des gesprochenen Wortes nicht nur die Amplitude der Feldverteilung im Tempelinnern, sondern zudem auch die Frequenz der eigenresonanten Schwingung verändert wurden.
Ein typisches Beispiel für so eine architektonische Mischform aus AM und FM steht in Rom. Da durch die Frequenzvariation mehr als nur ein Frequenzband belegt wurde, trägt der Tempel konsequenterweise auch den Namen zweier Gottheiten. Es ist der Tempel der Venus und Roma.

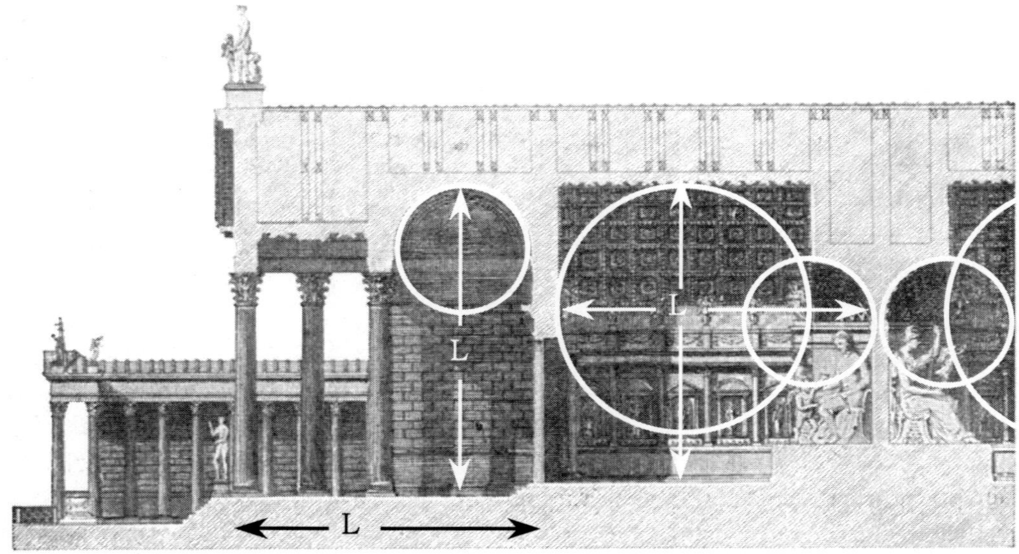


Durchmesser großer Kreis $D_1$= 22 m (6,8 MHz),
kleiner Kreis $D_2$ = 11 m; und L = $D_1$ + ½ $D_2$ = 27,5 m (5,5 MHz)

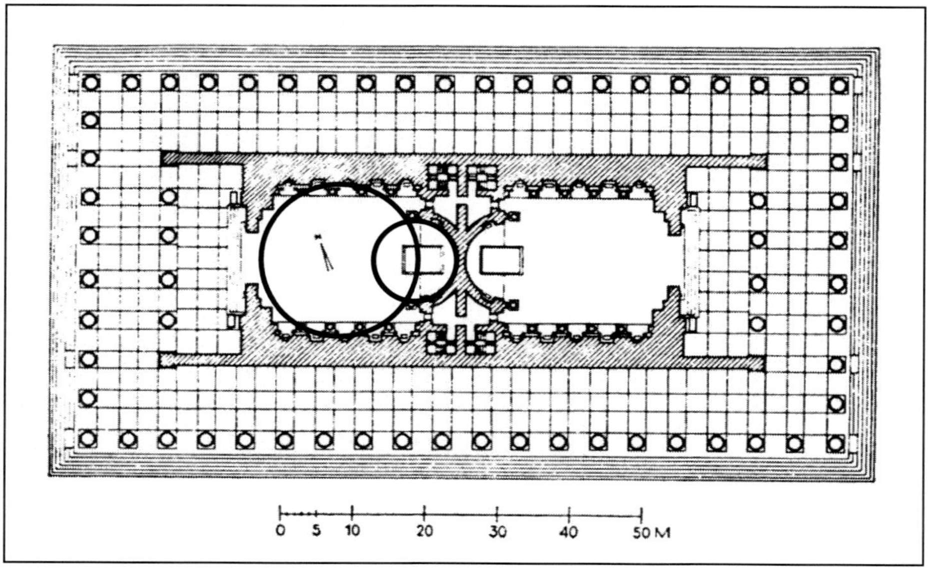


Tafel 30.7: Tempel der Venus und Roma; Rom 136/37 n.Chr.[i,ii]

<i>: A. Springer: Das Altertum, A. Kröner Verl. Leipzig 1915, 10. Aufl., S. 518

<ii>: T. Kraus: Das römische Weltreich, Propyläen Kunstgesch. Berlin Bd. 2, S. 161

<iii>: Lamer: Wörterbuch der Antike, Kröner Verl. Bd.96 unter *„Tempel", Häufigkeit*

## 30.7 AM-Tempeltechnik

Das von einem Amplituden modulierten Sender zu übertragende niederfrequente Signal (NF) liegt im Bereich zwischen 16 Hz und 16 kHz. Geht es nur um die Übermittlung von Sprachinformation, kann die Bandbreite auf 300 bis 3000 Hz reduziert werden. Bei der Mischung des niederfrequenten Nutzsignals mit dem HF-Träger, also bei der Modulation des Trägers im Rhythmus der NF, treten zwei Seitenbänder auf. Diese liegen dicht neben der Trägerfrequenz und bilden sich aus dieser einmal durch die Addition und einmal durch die Subtraktion mit der Frequenz des NF-Signals. Nehmen wir den Tempel der Venus und Roma mit einer Sendefrequenz von 6,8 MHz. Soll ein Ton von 3 kHz noch klar verständlich übertragen werden, so mussten die Abmessungen der Cella um gerade mal 8 mm variiert werden bei einer entsprechenden Cellalänge von $\lambda/2 = 22$ m. Als Kuriosum erlauben bei diesem Tempel die Nischen in den Seitenwänden jedoch eine wesentlich größere Bandbreite von über 10% anstelle der bei AM notwendigen 0,04%.
Bei den griechischen Originalen, hat die Cella jedoch glatte Wände. Daraus folgt, dass die Tempel ideal schmalbandig ausgelegt waren. Die Griechen betrieben offenbar überwiegend Telegraphiesender, bei denen die Seitenbänder mit dem Träger zusammenfallen.
In der Tat ist die Argumentation unverändert geblieben. Die Schmalbandigkeit und die einfache Realisierung des Modulators sprechen für die Telegraphie als die "Urform" aller Modulationsverfahren. Auch die Wiederentdeckung der Sendetechnik durch Heinrich Hertz gelang als Telegraphiesignal. Zudem ist die Reichweite größer als bei jedem tonfrequenzmodulierten Signal.
Wie das Rechenbeispiel gezeigt hat, arbeiten auch reine AM-Sender sehr schmalbandig. Dies ist gerade bei niedrigen Sendefrequenzen besonders wichtig, wenn viele Sender gleichzeitig das bevorzugte KW-Band zwischen 3 und 10 MHz nutzen wollen. Mit AM bringt man also maximal viele Sendekanäle in einem bestimmten Frequenzbereich, beispielsweise dem 80-Meter-Band unter, ohne dass sich diese gegenseitig allzu sehr stören. Das war auch dringend notwendig. Bei der enormen Zahl an Tempelanlagen, die logischerweise ständig benutzt wurden, sind Rückschlüsse auf den Sendealltag in der Antike durchaus möglich. Allein in Rom gab es bis zu 200 Tempel[<iii>]!
Wer mit einem modernen Kurzwellenempfänger beispielsweise im 80m-Band zwischen den unzähligen Telegraphiesendern auf Sendesuche geht, bekommt schnell eine Vorstellung davon, was schon vor 2000 Jahren im Äther los gewesen war. Keine antike Stadt würde auf einer einzigen Akropolis mehrere Tempel errichten, wenn sendetechnisch betrachtet nur ein einziger hätte benutzt werden dürfen. Alle Tempel haben auf Grund unterschiedlicher Abmessungen mit je einer anderen Trägerfrequenz abgestrahlt. Aus diesem Grund waren die nebeneinander stehenden Tempel in der Regel unterschiedlichen Göttern geweiht. Eine Rückmeldung, "der Äther sei gerade frei", war zudem kaum möglich wegen der häufig anzutreffenden räumlichen Distanz zwischen den Tempelanlagen und dem jeweiligen Orakel. So liegen zwischen dem Sender des Gottes Apollon in Didyma und dem Empfänger, dem Orakel von Milet, ca. 20 Kilometer.
Es bleibt also nur der Schluss, dass in der Antike auf allen Kanälen gleichzeitig gesendet worden war ohne Rücksicht auf andere Götter und deren Sendefrequenzen. Es herrschte bekanntlich eher eine Konkurrenzsituation zwischen den Göttern, denn so wie heute bedeutete eine große Zuhörerzahl hohe Bedeutung, Einfluss und Macht und letztendlich auch Verehrung, mehr Geschenke und mehr Einnahmen aus Rundfunkgebühren.

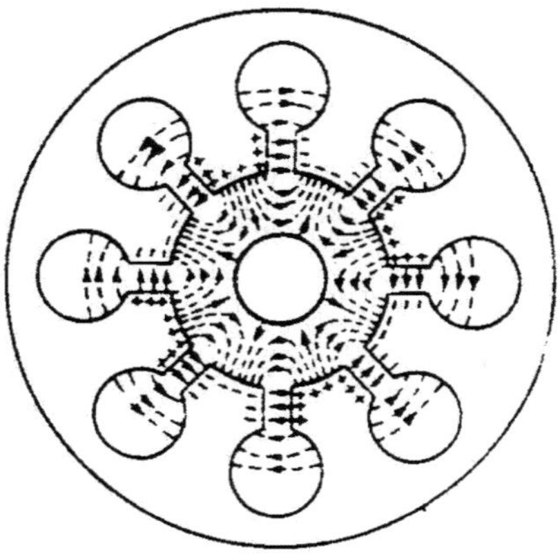

A.

B.

Tafel 30.8: Vergleich zwischen einem Magnetron (A), einer Mikrowellen-Senderöhre<i> und dem Tempel (B) im Palast des Kaiser Diokletian, Split<ii>.

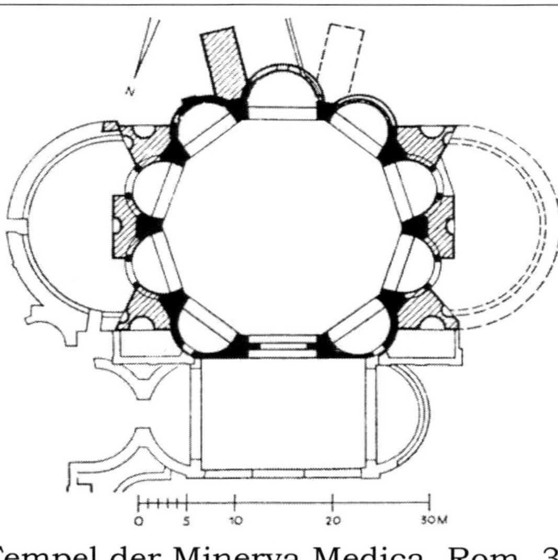


Tafel 30.8.C: Tempel der Minerva Medica, Rom, 320 n.Chr.<ii>

<i>: K. Simonyi: Physikalische Elektronik, 8.4 Das Magnetron, S. 665

<ii>: T. Kraus: Das röm. Weltreich, Propyläen Kunstgesch. Bd. 2, S. 194, 196

<iii>: Will man jedoch diese, in der Antike bereits gebräuchliche Art der PM-Sendetechnik nachprüfen, so benötigen wir einen breitbandigen Kurzwellenempfänger mit Phasen-Demodulator. Mit einem solchen Empfänger sollte auch heute noch jederzeit eine schlüssige Beweisführung möglich sein, dass diese Art von KW-PM-Technik auch tatsächlich funktioniert.

## 30.8 Modulation akustischer Signale

Beim Schall handelt es sich dem Wesen nach um Longitudinalwellen, die sich in alle Richtungen im Raum mit Schallgeschwindigkeit ausbreiten. Dies ist jedoch lediglich eine mittlere Geschwindigkeit. Genau genommen schwingen die Luftmoleküle mit der Schallfrequenz in Ausbreitungsrichtung. Auf diese Weise wird die Schallgeschwindigkeit einmal erhöht und im nächsten Augenblick im entsprechenden Maße verringert. Führen die Moleküle bereits Eigenschwingungen, z.B. thermische Bewegungen aus, so überlagern sich beide Schwingungen. Die Eigenbewegung wird mit der Schallfrequenz moduliert.
Der vorliegenden Herleitung folgend bilden sich in jedem Dielektrikum, also auch in Luft, Potentialwirbel aus und diese werden bei Überlagerung mit Schallwellen moduliert. Allerdings bilden Wirbel keine ausgeprägte Frequenz aus, sondern ganz im Gegenteil ein gleichmäßiges Frequenzgemisch in Form von weißem Rauschen.
Auch die Überlagerung wird also rauschen, es sei denn, bestimmte Rauschfrequenzen werden begünstigt. Dies kann durch einen auf eine bestimmte Wellenlänge abgestimmten Raumkörper erfolgen. In Frage kommen quaderförmige Hohlräume, wie bei griechischen Tempeln oder bei Hohlleitern und zylinderförmige Gebilde wie bei Rundtempeln oder bei Topfkreisen (Magnetron). Die Bauform bewirkt, dass eine bestimmte Frequenz und die dazugehörigen ganzzahligen Harmonischen begünstigt werden.
Liegt diese Frequenz nun im Hochfrequenzbereich, wird sie von dem Raumkörper als elektromagnetische Welle abgestrahlt, im Falle von Hohlleitern und Topfkreisen auf Grund der geringen Abmessungen als Mikrowellenstrahlung und im Falle der griechischen Tempel als Kurzwellenstrahlung. Erzeugt man zusätzlich in dem frequenzbestimmenden Raumkörper ein akustisches Signal, wird dieses automatisch das hochfrequente Signal modulieren.
Das Ergebnis der Modulation ist die Überlagerung der Schallwelle mit der hochfrequenten Trägerwelle. Die Änderung der aktiven Länge, also der Wellenlänge des HF-Trägers bewirkt eine Frequenzänderung. Eine solche Änderung im Takte der Schallfrequenz wird FM (Frequenzmodulation) genannt. Dazu stellen wir uns vor, ein Raumkörper würde von Potentialwirbeln über seine Raumlänge zu einer hochfrequenten Schwingung in der Eigenresonanz angeregt.
Aus der Strömungslehre ist bekannt, wie leicht sich die Wirbelverteilung im Raum stören lässt. Bereits im Raum gesprochene Worte vermögen die bei den Tempeln als Energieträger benutzten Potentialwirbel zu beeinflussen. So werden an der schallharten Cella-Wand eines griechischen Tempels reflektierte und zurücklaufende longitudinale Schallwellen diese Potentialwirbel im Takte des Schalls zurückdrängen und die aktive Länge damit verkürzen. Dies bedeutet, dass die Trägerfrequenz mit der Tonfrequenz moduliert wird. Die Trägerschwingung ändert also ständig ihren Phasenwinkel im Takte des Schallsignals, weshalb diese spezielle Modulationsart als PM, als Phasenmodulation bezeichnet wird.

Heutzutage wird PM nur noch selten und im KW-Bereich gar nicht verwendet wegen des hohen Bedarfs an Frequenzbandbreite. Lediglich bei höheren Frequenzen findet PM zuweilen im Sprechfunk Anwendung. Bei der im Rundfunk (z.B. UKW) gebräuchlichen Frequenzmodulation erfolgt die Frequenzänderung im Takte der Schallamplitude und nicht der Schallfrequenz wie bei PM. Folglich ist es nicht möglich, mit handelsüblichen FM-Empfängern phasenmodulierte Signale zu empfangen, die durch die akustische Kopplung entsprechend geformter Raumkörper erzeugt werden[<iii>].

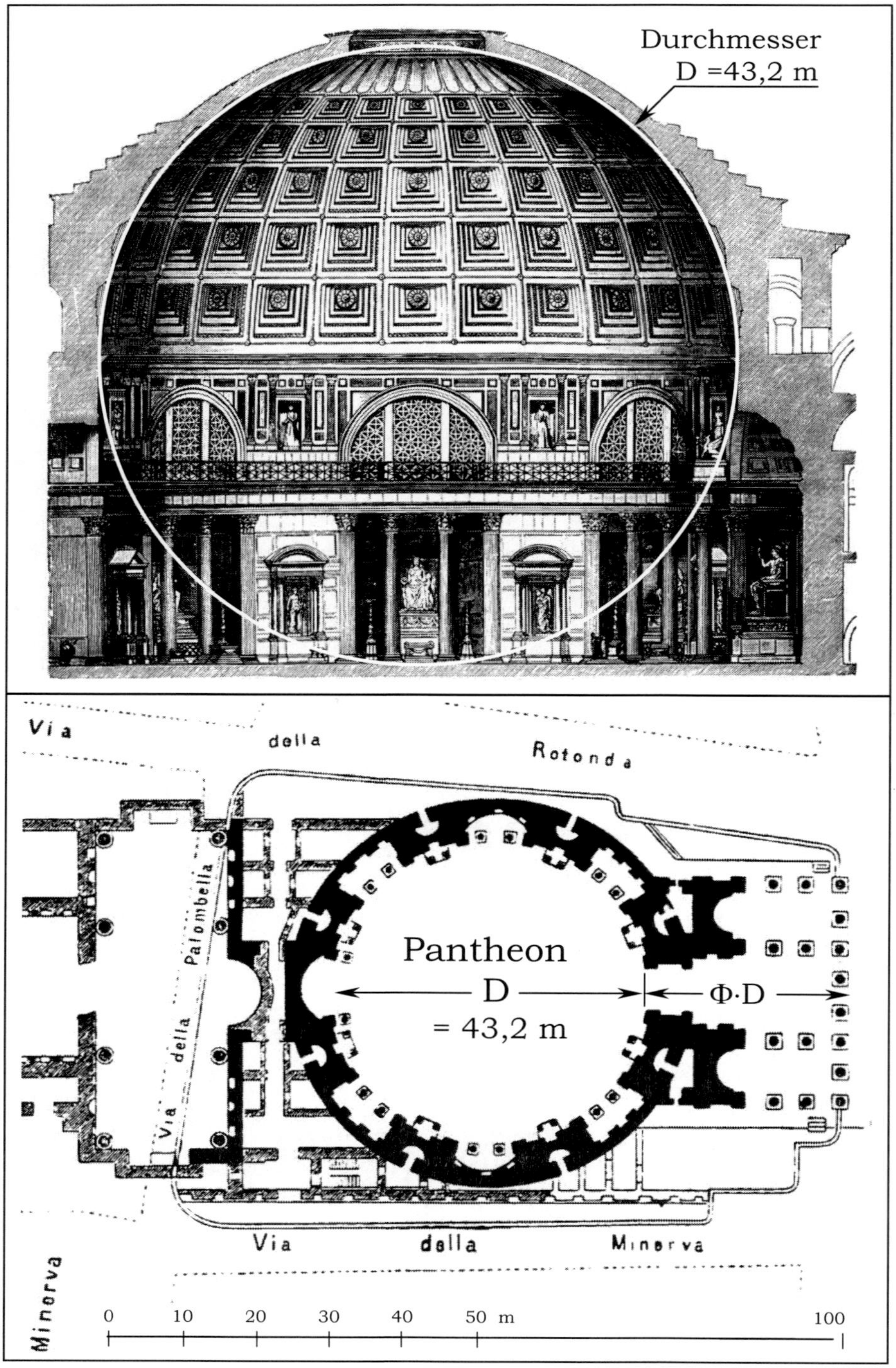


Tafel 30.9: Das Pantheon in Rom, der „Tempel aller Götter“.<i>

Durchmesser D = 43,2 m, Goldener Schnitt: $\Phi = 0{,}618$

Pronaon-(Vorhallen-)länge: $\Phi \cdot D = 0{,}618 \cdot 43{,}2 = 26{,}7$ m

Unter Kaiser Hadrian erbaut 118/119-125/128 n.Chr.

## 30.9 Breitbandige FM-Sendetechnik

Spreche ich gegen eine ebene Wand, so hat jeder Punkt auf der Wand eine andere Entfernung zu meinem Mund. Die Schallwellen werden also nicht gleichzeitig reflektiert, was zu hohen Modulationsverzerrungen führt. Folglich sollte die Schallwand derart gekrümmt sein, dass alle Signalwege gleich lang sind (Tonnengewölbe, Apsis, etc.). Bei punktförmigen Schallquellen ergibt sich als Optimum eine Halbkugel, beispielsweise eine Kuppel. Der Baukörper verrät uns deshalb auch heute noch, welche Frequenz und welche Modulationstechnik zum Einsatz gekommen war. So war die Wahl von Spitzbogen oder Rundbogen in der Architektur von Sakralbauten nicht nur eine Frage der Ästhetik.

Für seinen selbst entworfenen Tempel der Venus und Roma hat sich Kaiser Hadrian scharfe Kritik u.a. von Apollodor von Damaskus anhören müssen. Der Tempel war für einen AM-Sender zu breitbandig, hingegen mit einer Modulationstiefe von gerade 11 Prozent für einen phasenmodulierten FM-Sender nicht breitbandig genug.
Kaiser Hadrian hatte aber auch den Mut, mitten in Rom einen völlig neu berechneten und als reinen FM-Sender konzipierten Tempel zu bauen, das Pantheon, was soviel heißt wie Tempel aller Götter. In der Sprache des Technikers ist es ein Sender für alle Frequenzen.
Tatsächlich lässt dieser Kuppelbau keine einzige Frequenz aus. Mit einer Modulationstiefe von praktisch 100 Prozent ist er auf maximale Lautstärke ausgelegt. Damit werden beim Pantheon alle nur verfügbaren Frequenzen benutzt, weshalb die Bezeichnung Tempel aller Götter wirklich keine Übertreibung ist. In das Pantheon passt exakt eine Kugel hinein mit einem Durchmesser von 43,2 Metern. Das entspricht einer im Bereich der Kurzwelle gelegenen minimalen Frequenz von 3,47 MHz. Der Fußboden ist jedoch nicht gewölbt, sondern waagerecht. Das ergibt bis zum Ansatz des Kuppelgewölbes die genau halbe Höhe und eine maximale Frequenz von 6,94 MHz.
Die Bauform garantiert, dass zwischen dem einfachen und dem doppelten Durchmesser jede beliebige Wellenlänge erzeugt werden kann. Oberhalb der genannten maximalen Frequenz der Grundschwingung schließen lückenlos die ebenfalls erzeugten und gar nicht zu vermeidenden Oberwellen an. Diese belegen die Frequenzbänder bis zur doppelten, bis zur dreifachen, vierfachen Frequenz und so weiter.
Aus diesem und **nur** aus diesem Grund wurde eine maximale Frequenz gewählt, die exakt dem doppelten Wert der minimalen entspricht. Der Betrieb erfolgt bis zur Grenze, an der sich der Sender selber stören würde, indem sich der genutzten Grundschwingung die eigenen Oberwellen überlagern würden. Das klingt dann so, als würden zwei zur gleichen Zeit reden. Die Stimmen würden bis zur Unkenntlichkeit verzerrt werden, wie dies nur im Bereich der Oberwellen zu erwarten ist.
Das Pantheon ist nach rein akademischen Regeln von Hadrian als phasenmodulierter Grundwellensender geplant und gebaut worden. Der Tempel demonstriert eindrucksvoll die hohe ingenieurmäßige Detailkenntnis des Pontifex Maximus und seiner Sendepriester im alten Rom[<ii>].

***

<i>: A. Springer: Die Kunst des Altertums, A. Kröner Verl. Leipzig 1915, 10. Aufl., S. 517/518, daraus: die Zeichnungen vom Pantheon in Rom, 115-125 n.Chr.

<ii>: Die Materialsammlung zur Skalarwellentechnik wird hier abgebrochen und in einem eigenen Buch in erzählendem und damit leichter lesbaren Schreibstil fortgesetzt. Der Titel lautet: „Die Sendetechnik der Götter“ (s. Anhang).

| **Ansatz** | **Herleitung** | **Ergebnis** |
|---|---|---|
| **b:= Postulat**<br>[Potentialwirbel Bd.1] | Was wäre, wenn<br>**b** ≠ 0 ? | **Herleitung** der<br>**Schrödingergl.** |
| **Dualität**<br>Wirbel ersetzt Quanten<br>[Potentialwirbel Bd.2] | aus **H** ⇔ **E**<br>aus **j** ⇔ **b**<br>[und Kapitel 3.3] | **Berechnung** der **Quanten-eigenschaften**<br>[Potentialwirbel Bd.2] |
| **Kausalität**<br>[s. Kap. 3] | allg. ⇔ Sonderfall<br>**Feld** ⇔ Quanten<br>Ursache ⇔ Wirkung<br>(statt: Quanten ⇔ Feld) | Quantenfreies Wirbelfeld<br>(statt: wirbelfreies Quantenfeld) |
| **Wirbelphysik**<br>Analogie zur Strömungslehre<br>[Kap. 3.4 - 3.5] | **Wirbel + Gegen-wirbel**<br>(Demokrit/Kosmologie)<br>[Kap. 3.6 + 27.2] | Wirbelablösung wenn $\tau_1 = \tau_2$<br>**Atommodell**<br>[Kap. 5.5 + 5.8] |
| **Transformations-gleichungen:**<br>$\mathbf{E} = \mathbf{v} \times \mathbf{B}$<br>$\mathbf{H} = -\mathbf{v} \times \mathbf{D}$<br>[Kap.6.5 + 27.8] | für $\mathbf{E}(\mathbf{r}(t))$ und für $\mathbf{H}(\mathbf{r}(t))$:<br>$\text{rot}\,\mathbf{E} = \text{rot}\,(\mathbf{v} \times \mathbf{B})$<br>$\text{rot}\,\mathbf{H} = \text{rot}\,(\mathbf{D} \times \mathbf{v})$<br>[Kap. 27.9] | erweiterte Feld-**gleichungen:**<br>$\text{rot}\,\mathbf{E} = -\mathbf{b} - \partial\mathbf{B}/\partial t$<br>$\text{rot}\,\mathbf{H} = \mathbf{j} + \partial\mathbf{D}/\partial t$<br>[Kap. 27.10] |
| **Transformations-gleichungen:**<br>$\mathbf{E} = \mathbf{v} \times \mathbf{B}$<br>$\mathbf{H} = -\mathbf{v} \times \mathbf{D}$<br>[s.a. Kap. 16.1] | **Wellengleichung**<br>inhom. Laplace-Gl.<br>$\Delta\mathbf{E} = \text{grad div}\,\mathbf{E} - \text{rot rot}\,\mathbf{E}$<br>$\Delta\mathbf{E} = (1/c^2)\cdot\partial^2\mathbf{E}/\partial t^2$<br>[Kap. 27.13] [Kap.22.4] | transversale + longitudinale Wellenanteile:<br>**Skalarwellen,**<br>Rauschen, etc. |
| **Transformations-gleichungen:**<br>[Kap. 28] | Wirbelüberlagerung<br>**feldabhängige Längenmaße** | **Gravitation,**<br>**Temperatur,**<br>**Objektivitätstheorie** |

Tafel 30.10: (Alle) Viele Wege führen nach Rom.

### 30.10 Nachwort

Die Vorbereitung auf ein Seminar oder auf eine Vorlesung beginnt immer mit einer Stoffsammlung. Diese sollte erheblich umfangreicher sein, als der zu vermittelnde Stoff, da es bei den Studenten und auch anderen Teilnehmern nicht gut ankommt, wenn sich der Kenntnisstand des Dozenten mit dem Umfang seines Vortrags bereits erschöpfen sollte. Aus diesem Grund muss die Stoffsammlung auch alternative Herleitungen und Wissensbereiche einschließen, die thematisch eher am Rande liegen, über die auch nicht referiert werden muss, die möglicherweise noch nicht einmal einer Kritik standhalten können und sich dennoch in der öffentlichen Diskussion befinden. Bei einer Stoffsammlung, die als umfassend und vollständig gelten will, kommt es darauf an, dass kein Bereich und kein Thema übersehen worden ist.
Die vorliegende Materialsammlung ist mit ihren 650 Seiten dementsprechend umfangreich ausgefallen. Immerhin ist das Material über den Zeitraum von 8 Jahren hinweg zusammengetragen und in der Reihenfolge der Einarbeitung aneinander gereiht worden. Das erschwert natürlich das Lesen des Buches, da einzelne Aspekte in mehrfacher Wiederholung auftauchen, häufig allerdings auch in einem unterschiedlichen Zusammenhang und jeweils von einer anderen Seite beleuchtet. Wenn der Leser irgendwo das Gefühl hat, sich nur im Kreis gedreht zu haben, dann hat er sich getäuscht. Er bewegt sich zwar wirbelförmig im Kreis, wie im richtigen Leben, aber er kommt nicht da heraus, wo er gestartet ist. Nach einer Drehung ist er um die Erfahrungen dieser Wirbeldrehung reicher. In der ganzen Wissenschaft erfolgt das Vorwärtskommen als Schraubenbewegung und man kann sich glücklich schätzen, solange die Schraube eine positive Steigung hat! Dieser Gedanke soll den Leser trösten, der die Tortour, die komplette Materialsammlung durchzuarbeiten, auf sich genommen hat.
Es haben mir auch schon Studenten berichtet, sie hätten mein Buch verschlungen wie einen Krimi und ein Kollege, der es auf einer Konferenz in der Schweiz erworben hatte, war so sehr in die Lektüre vertieft, dass er vergaß rechtzeitig aus dem Zug auszusteigen.
Ein besonderes Anliegen ist es, die Notwendigkeit einer Erweiterung der gültigen Feldtheorie zu begründen. Um dieses Ziel zu erreichen, finden sich in meinen Büchern gleich mehrere Herleitungen (Tafel 30.10): aus einem Postulat, aus der Kausalität, aus der Dualität, aus der Wirbelphysik, aus den Transformationsgleichungen, usw. Hinzukommen noch mindestens ein Dutzend Herleitungen anderer Autoren aus diversen Publikationen, die allenfalls zitiert werden. Damit wird das Ziel verfolgt, dass alle vorstellbaren und diskussionswürdigen Ansätze nebeneinander gestellt und auf ihre Leistungsfähigkeit geprüft werden können.
Da es nicht die Aufgabe einer Materialsammlung ist, diese Frage zu beantworten, kommt dies auf den Zuhörer bzw. den Leser der Bücher zu. Er ist aufgefordert, die Antwort selber zu finden! Das führt zu einer intensiven Auseinandersetzung mit dem Thema und genau das ist der Grund für den sonst eher ungewöhnlichen Schritt eine Stoffsammlung öffentlich zugänglich zu machen. Einwände und Kritik an dem Inhalt eines Sachzusammenhangs oder auch nur an der Darstellung des Zusammenhangs ist ausdrücklich gewünscht. Dies wird auch nicht als Kritik am Autor oder an der übergeordneten Problematik gewertet, was bei einer Stoffsammlung vom Prinzip her schon gar nicht möglich ist.

Ehrenamtliche Funktionen von

## Prof. Dr.-Ing. Konstantin Meyl

President
of the **Society for the Advantage of Physics** e.V.
(Gesellschaft zur Förderung der wissenschaftlichen
Physik, Köln)

Präsident
der **Europäischen Kommission interdisziplinärer Wissenschaften**, Hechingen,
Gesellschaft freier Wissenschaftler, Forscher und Praktiker
(Schirmherrin: Herzogin Margarete zu Mecklenburg,
Prinzessin von Hohenzollern).

Zweiter Vorsitzender im Vorstand
der Deutschen Gesellschaft für Energetische und
Informationsmedizin e.V.,
**D.G.E.I.M**, Stuttgart

Vice President
in „The **German Association for Space Energy**",
(**DVR**, Deutsche Vereinigung für Raumenergie,
Hannover)

Wissenschaftlicher Beirat
im **VDE** Schwarzwald-Baar-Heuberg
im Bezirksverein Südbaden, Freiburg

TZ-Leiter
vom 1. **Transferzentrum** für Skalarwellentechnik
im Technologiezentrum von 78112 St. Georgen
im Schwarzwald

Tafel 30.11: Ehrenamtliche Funktionen des Autors im Dezember 2003 (Auswahl).

Es besteht im Prinzip keinerlei Notwendigkeit eine Stoffsammlung, die ich ausschließlich für eigene Veranstaltungen zusammengestellt habe, mit jedermann zu diskutieren. Es reicht völlig aus, wenn wenige, aber dafür qualifizierte Fachleute sich zu dem Inhalt Gedanken machen und mir diese mitteilen. Sie können sicher sein, dass ich deren Urteil nicht an Dritte weitergebe. Dafür habe ich von ignoranten Kollegen auch schon Schelte bezogen, die in völliger Selbstüberschätzung der Ansicht sind, sie müssten über alles informiert werden. Richtig ist vielmehr, dass meine private Korrespondenz niemanden etwas angeht, denn mir ist wichtig, dass sich möglichst viele Leser freimütig äußern, was nur funktioniert, wenn sie sich sicher sein können, im Anschluss nicht in eine öffentliche Schlammschlacht hineingezogen zu werden. Deshalb schweige ich gegenüber Dritten und seien sie noch so neugierig.
In der Tat tauchen immer wieder Pseudowissenschaftler auf, die der irrigen Meinung sind, wissenschaftliche Auseinandersetzungen würden im Spiegel, in der Klatsch- oder Lokalpresse oder auf irgendwelchen Internet-Foren stattfinden, wo man sich nach Belieben anonym, hinter einem Decknamen versteckt auslassen kann, wo sich der geistige Brandstifter sicher fühlen kann, für seine Straftaten nicht hinterher zur Verantwortung gezogen zu werden.
Nein, Wissenschaft läuft ganz anders ab. Eine neue Theorie wird sich durchsetzen können, wenn sie richtig und wichtig ist und wenn sie für praktische Anwendungen gebraucht wird. Verlierer sind diejenigen Verfasser einer Theorie, für deren Elaborat sich niemand interessiert. Was bedeutet schon eine Veröffentlichung in einer noch so renommierten Zeitschrift, wenn sie niemand liest und keiner sie braucht? Die meisten neuen Ideen und Ansätze gehen sang- und klanglos in der heutigen Flut an Publikationen unter, denn wer hat schon die Zeit, alle Aufsätze vollständig zu lesen?
Verzweifelt wenden sie sich an mich in der Hoffnung, wenigstens ich könnte für ihr Anliegen Verständnis aufbringen. Ich lade diese Wissenschaftler dann zu einer Tagung der „Gesellschaft zur Förderung der Wissenschaftlichen Physik“ ein, deren Präsident ich bin und biete ihnen ein Forum, ihre Ideen einem fachkundigen Publikum einmal präsentieren zu können. Nicht alle vorgetragenen Ideen erweisen sich als stichhaltig, aber nicht selten steckt dahinter ein sehr ernst zu nehmendes physikalisches Anliegen.
Längst findet die echte wissenschaftliche Auseinandersetzung nicht mehr an den Universitäten und ihren Tagungen statt, wo kaum einer es wagt, Argumente gegen die Konvention vorzutragen. Zu schnell würde er als „Outlaw“ aus der ehrenwerten Gesellschaft verstoßen. Manchmal allerdings wagen sich auch aus diesen Kreisen anonym oder privat, wie sie betonen, Kollegen in die alternativen Veranstaltungen von Interessensgruppen oder Vereinen, um erstaunt festzustellen, dass dort noch echte Wissenschaft betrieben wird und über Ideen diskutiert wird, die sie sich selber zu denken abgewöhnt oder verboten haben. Der Dienstbetrieb, so entschuldigen sie ihr Denkverbot, lässt das angeblich nicht zu.
Wie dem auch sei, die in meiner Materialsammlung enthaltenen Ansätze und Herleitungen gelten als umstritten, und das ist ja gut so! Die Öffentlichkeit nimmt Notiz und die Fachwelt beschäftigt sich mit den Ideen. Damit ist der halbe Weg zum Erfolg bereits geschafft! Es geht jetzt darum, alle Punkte einzeln auf ihre Stichhaltigkeit abzuklopfen, denn der nächste Schritt wird sein, einen möglichst unangreifbaren Weg zum Ziel zu suchen, der auch die größten Zweifler zu überzeugen vermag. Die endgültige Fassung, die dann in anerkannten begutachteten Zeitschriften und in einem wissenschaftlichen Buch zur Objektivitätstheorie erscheinen soll, geht in diese Richtung.

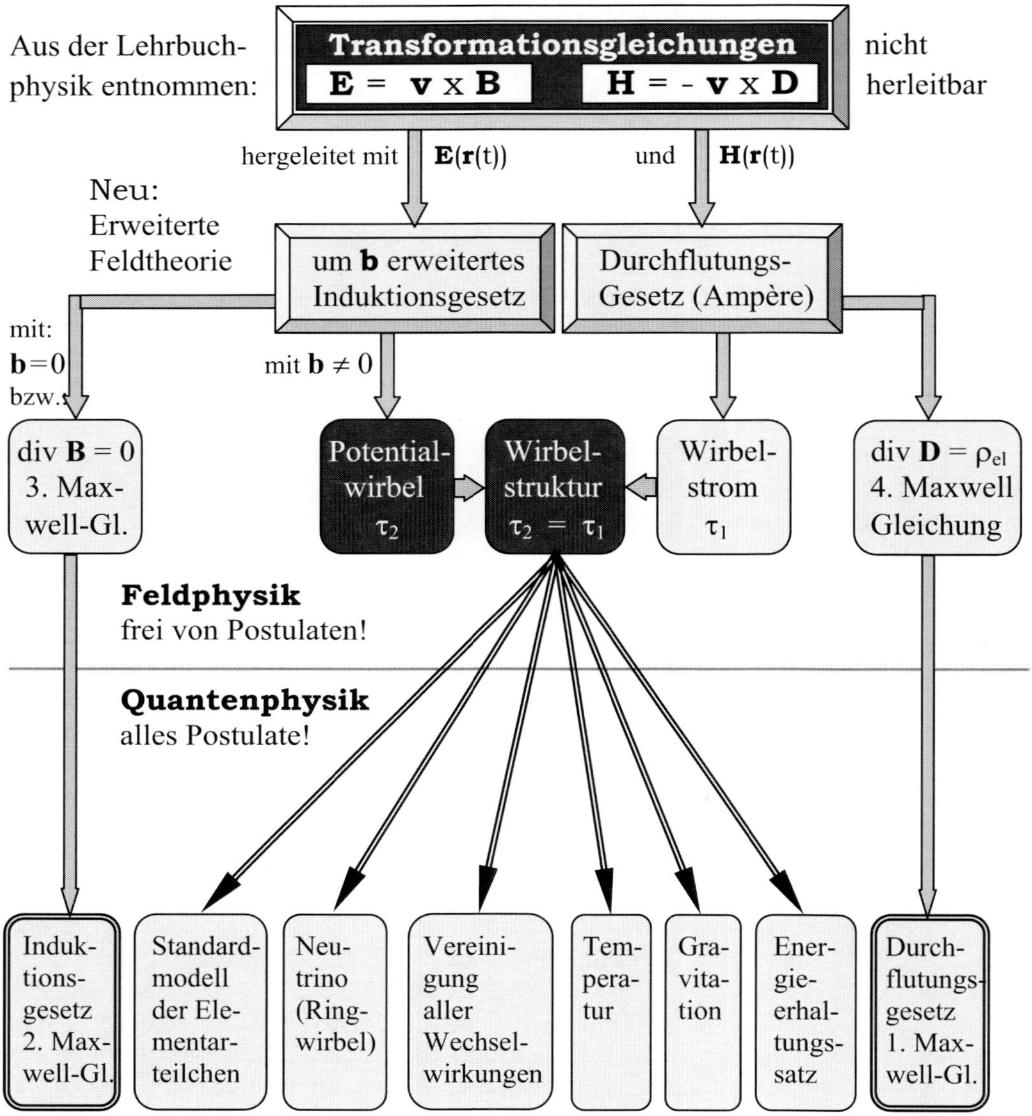


Tafel 30.12: Herleitungen von Postulaten und Axiomen (1.Teil).

Von den zahlreichen Ansätzen wird am Ende nur einer verwendet, und von den unzähligen, in der Stoffsammlung aufgelisteten Aspekten werden nur die unstrittigen übrig bleiben.
Der in der momentanen Phase nicht zu vermeidende, ja durchaus erwünschte Disput sollte aber nicht darüber hinwegtäuschen, dass es hier nicht um Personen, um falsche Eitelkeiten oder um irgendeine Selbstdarstellung, sondern einzig und allein um die Sache geht!

In Tafel 30.12 und 30.13 ist dargestellt, worum die Diskussion sich dreht. Feldphysik und Quantenphysik bilden hier nicht, wie sonst üblich, einen unüberwindbaren Gegensatz, sondern ergänzen sich sogar! Unterhalb der Trennlinie findet sich eine kleine Auswahl der heute gebräuchlichen quantenphysikalischen Postulate. Die Zahl neu eingeführter „Naturkonstanten" und Postulate nimmt ständig zu, ein Umstand, der dem gesunden Menschenverstand kaum noch zu vermitteln ist. Es fehlt die Klammer, die alle Postulate untereinander verbindet, oder die gemeinsame Quelle, aus der sie sich ursächlich ableiten lassen.
Im Zuge des dreiteiligen Umdrucks konnte in dieser, für die Physik essentiellen Frage bereits eine zufriedenstellende und zudem ausgesprochen leistungsfähige Antwort im Bereich der Feldphysik gefunden werden. Die durch einzelne Herleitungen gekennzeichnete Verkopplung findet sich oberhalb der Trennlinie und sie ist, abgesehen von der gestrichelt angedeuteten Herleitung (Tafel 30.13), wie sie Prof. Bosse (TU Darmstadt) in seinem Lehrbuch [C8] angibt, völlig neu.
Ein Ansatz ist vom Prinzip her frei wählbar. Bei der übergeordneten Feldtheorie bilden zwei Transformationsgleichungen den Ansatz, die bereits in Lehrbüchern verankert und experimentell abgesichert sind. Dadurch kommt die ganze feldtheoretische Herleitung ohne irgendein Postulat aus! Es wird darauf hingewiesen, dass diese Gleichungen ihrerseits nicht herleitbar und eher philosophisch als physikalisch zu interpretieren sind.
Aus diesem Ansatz wird unmittelbar, ohne dass ein Term hinzugefügt oder gestrichen werden müsste, die erweiterte Feldtheorie hergeleitet, bestehend aus dem bekannten Durchflutungsgesetz von Ampère um die dielektrische Verschiebung $\mathbf{D}$ durch Maxwell erweitert, und aus dem Induktionsgesetz von Faraday, das durch die Herleitung eine Erweiterung um den Potentialdichtevektor $\mathbf{b}$ erfährt. Dabei wird davon ausgegangen, dass die Feldzeiger der elektrischen und der magnetischen Feldstärke von der räumlichen Koordinate $\mathbf{r}$ und über diese indirekt auch von der Zeit t abhängen: $\mathbf{E}(\mathbf{r}(t))$, $\mathbf{H}(\mathbf{r}(t))$.

Wird der etwas allgemeinere Fall durchgerechnet, bei dem neben der räumlichen eine direkte Zeitabhängigkeit besteht ($\mathbf{E}(\mathbf{r},t)$ und $\mathbf{H}(\mathbf{r},t)$), dann erscheinen neben den erweiterten Feldgleichungen noch weitere Zusatzterme, die auch für den Fall erklärungsbedürftig sind, dass sie zu Null werden. Die physikalische Interpretation hätte eine längere Abhandlung zur Folge, die aber umgangen werden kann, wie hier gezeigt, durch Einschränkung der Feldzeiger, was durchaus zulässig ist; gemäß dem Motto: für den aus vielen Möglichkeiten ausgewählten Fall $\mathbf{E}(\mathbf{r}(t))$ und $\mathbf{H}(\mathbf{r}(t))$ kommen die erweiterten Feldgleichungen in exakt der Form heraus, wie sie für die weiteren Berechnungen erforderlich und zweckmäßig sind. Wer unbedingt andere Fälle berechnen will, kann das gerne tun, er soll sich nur nicht dabei verirren.

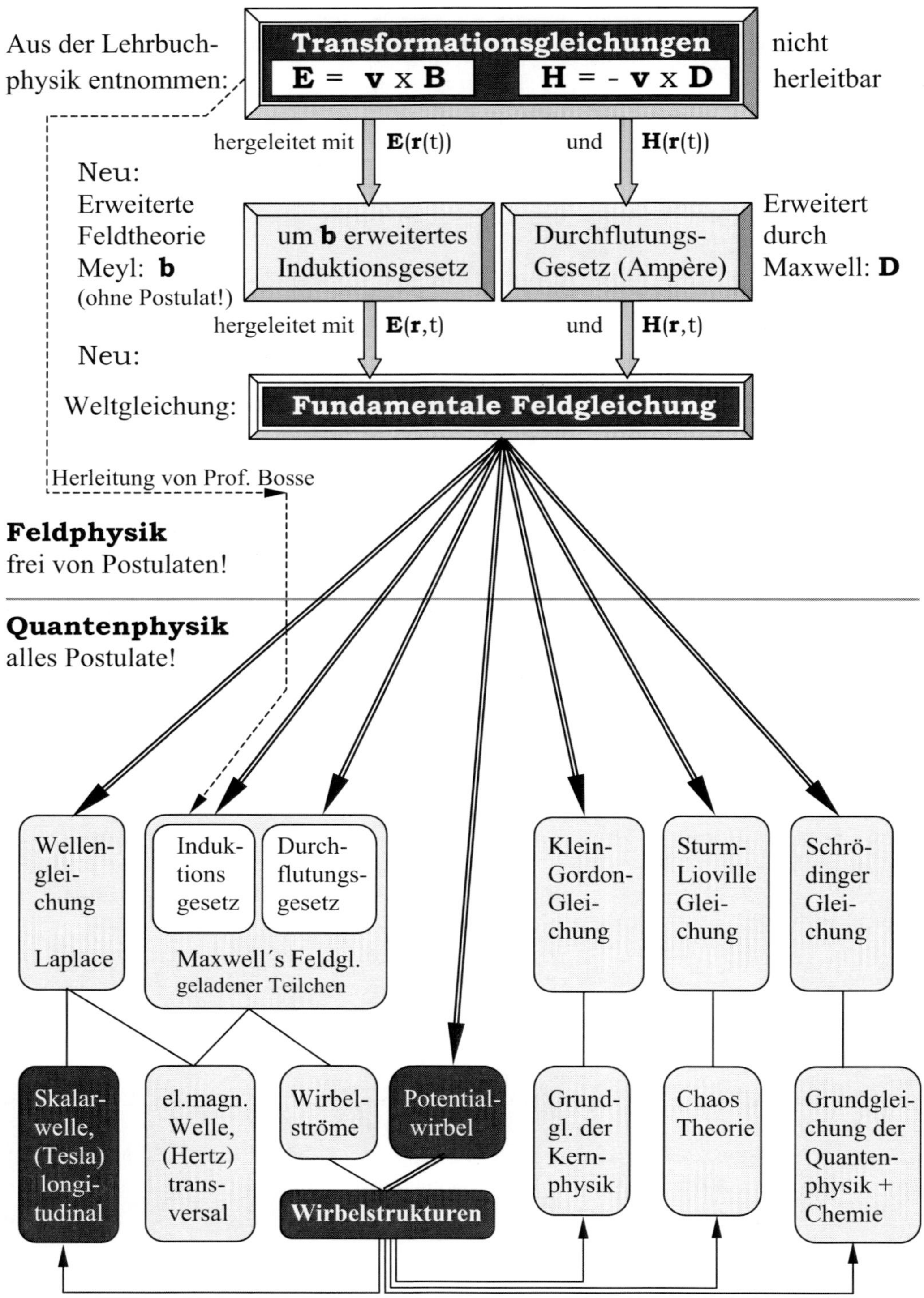


Tafel 30.13: Herleitungen von Postulaten und Axiomen (2.Teil).

Die Maxwell´schen Feldgleichungen sind in der Lösung enthalten und damit auch weiterhin gültig. Ihr Nachteil ist jedoch, dass ohne die Erweiterung **b** kein einziges quantenphysikalisches Postulat herzuleiten ist. Nehmen wir dieses hinzu und setzen die Gleichungen ineinander ein, ergibt sich auch diesmal ohne Zusatz und ohne Abstriche eine zentrale Lösung, die als **Fundamentale Feldgleichung** bezeichnet wird.
Die Herleitung ist ebenfalls aus der Maxwell Theorie bekannt, wobei es in diesem Fall üblich ist, den allgemeinen Ansatz (**E**(**r**,t) und **H**(**r**,t)) zu verwenden, was wir in Anlehnung an die Lehrbücher in gleicher Weise tun können. Die Erweiterung beschert jedoch zwei zusätzliche und überaus bedeutsame Terme, die bei herkömmlicher Betrachtung zu Null gesetzt und damit vernachlässigt werden. Da die Fundamentale Feldgleichung unter bestimmten Randbedingungen Eigenwerte besitzt und Strukturen beschreibt, gehen die unterschiedlichsten Quantenpostulate daraus hervor, von den Quanteneigenschaften der Elementarteilchen über die Schrödingergleichung und die inhomogene Laplacegleichung bis zur Herleitung des Goldenen Schnitts. Das berechtigt zu der Annahme, dass dies möglicherweise die lange gesuchte **Weltgleichung** ist!
Die gefundene Herleitung der wichtigsten quantenphysikalischen Postulate und Axiome hat selbst mich, als den Urheber, völlig überrascht. Kaum macht man es richtig, schon passt alles zusammen! Mir ist keine Theorie gegenwärtig, die auch nur annähernd Vergleichbares zu leisten imstande wäre. Die seit langem gesuchte „**Theory of Everything**“, die große Vereinigungstheorie, fällt einem förmlich in den Schoß. Die bekannten Wechselwirkungen ergeben sich als zwanglose Folge bei Auswertung der Feldlinien von elektrischer und magnetischer Feldstärke (Tafel 30.12).
Bisher als unvereinbar geltende physikalische Phänomene, wie z.B. Wellen, Rauschen oder die Temperatur mit den völlig unzureichenden Vorstellungen von den Mechanismen der Wandlung von einer Energieform in eine andere, lassen sich mit der Fundamentalen Feldgleichung einheitlich darstellen, als das Aufrollen einer wellenförmigen Feldschwingung zu einer Wirbelschwingung und als Übergang der Rauschwirbel bei einer Wirbelkontraktion bis herunter auf atomare Dimensionen als thermische Schwingung, die wir als Wirbelverluste behandeln.
Zu derartigen vereinheitlichten Betrachtungsweisen, wie sie die von mir begründete Theorie in Hülle und Fülle ermöglicht, besteht keine Alternative unter Berücksichtigung der beiden Umstände, dass einerseits bei der Herleitung nur bekannte Gesetzmäßigkeiten Verwendung finden, indem auf Postulate vollständig verzichtet wird und andererseits Gesetze, auch physikalische, einzuhalten und anzuwenden sind.
Die ungewohnt klingenden neuen Betrachtungsweisen waren demnach bereits in den Gesetzen der Physik enthalten. Nachdem dies jetzt erkannt worden ist, dreht sich der Spieß um. Jetzt sind die postularischen Erklärungen, wie sie derzeit noch gelehrt werden, durch die neu hergeleiteten zu ersetzen, will man nicht zu einem „Gesetzesbrecher“ werden! An der überfälligen Reform der Physik führt kein Weg mehr vorbei.

* * *

Wenn Sie mit mir korrespondieren möchten oder sich eines meiner Bücher aus dem Schriftenverzeichnis zulegen möchten, wenden Sie sich bitte an mein Transferzentrum im Technologiezentrum St. Georgen:

Anschrift: 1.TZS, Prof. Dr. Konstantin Meyl
Leopoldstraße 1
D-78112 St. Georgen/Schwarzwald

Fax.: +49-/0- 7721-51870

email: meyl @ k-meyl.de

Internet: http://www.k-meyl.de

---

Liste lieferbarer Bücher aus der ***INDEL*** Verlagsabteilung Villingen-Schwenningen (Für Buchbestellungen über die oben angegebene Anschrift):

* Wirbelströme, Dissertation an der Universität Stuttgart 1984, ISBN 3-9802 542-0-8, 14 Euro
* Potentialwirbel Band 1, 1990, Diskussionsbeiträge zur Entdeckung der Potentialwirbel, ISBN 3-9802542-1-6, 14 Euro
* Potentialwirbel Band 2, 1992, nicht mehr lieferbar.
* Elektromagnetische Umweltverträglichkeit, Teil 1 16 Euro
  Vorlesungsumdruck (wird laufend aktualisiert).
  ISBN 3-9802 542-8-3, 1. Aufl. 1996, derzeit 4. Aufl. 2003
* Elektromagnetische Umweltverträglichkeit, Teil 2 16 Euro
  Umdruck zum energietechnischen Seminar,
  ISBN 3-9802 542-9-1, 1. Aufl. 1998, derzeit 4. Aufl. 2003
* Skalarwellentechnik, 2000, ISBN 3-9802 542-6-7, 16 Euro
  Die 5 Kapitel zu EMUV aus der 2. Auflage werden in der 3. Aufl. ab 2004 ersetzt durch eine umfangreiche Sammlung von Versuchsprotokollen und Erfahrungsberichten.
* Sendetechnik der Götter, historischer Sciencefictionroman, 1.Aufl. 2004, ISBN 3-9802 542-5-9, voraussichtl. 12 Euro

zus.: Neutrinopower, Johannes von Buttlar im Gespräch mit Prof. Dr. Konstantin Meyl, Argo-Verlag 2000, 22,00 Euro

(Im Buch-/ Ladenpreis sind Porto und Verpackung innerhalb von Deutschland enthalten. Der Lieferung liegt eine Rechnung bei.)

---

Tafel 30.14: Kontaktadresse und Liste lieferbarer Bücher

# Formelzeichentabelle

| Elektrisches Feld | | | Magnetisches Feld | | |
|---|---|---|---|---|---|
| **E** | V/m | elektrische Feldstärke | **H** | A/m | magnetische Feldstärke |
| **D** | $As/m^2$ | elektrische Verschiebung | **B** | $Vs/m^2$ | magnetische Induktion |
| U | V | Spannung | I | A | Strom |
| $\varepsilon$ | As/Vm | Dielektrizität | $\mu$ | Vs/Am | Permeabilität |
| Q | As | Ladung | $\phi$ | Vs | magnetischer Fluss |
| e | As | Elementarladung | m | kg | Masse |
| $\tau_1$ | s | Relaxationszeitkonstante der Potentialwirbel | $\tau_2$ | s | Relaxationszeitkonst. der Wirbelströme |
| **b** | $V/m^2$ | Potentialdichte | **j** | $A/m^2$ | Stromdichte |

## sonstige Zeichen:

| | | |
|---|---|---|
| A | $m^2$ | Fläche |
| a | m | Abstand |
| b | m | Breite |
| c | m/s | Lichtgeschwindigkeit |
| $c_o$ | m/s | Lichtgeschwindigkeit im Vakuum |
| E,W | Nm | Energie |
| f | 1/s | Frequenz |
| F | N | Kraft |
| h | m | Höhe, Hypotenuse |
| l, L | m | Länge, Abstandsmaß |
| m | kg | Masse |
| n,ν | = 1,2,3.. | Laufparameter |
| O | $m^2$ | Oberfläche |
| r | m | Radius |
| t | s | Zeit |
| T | K | Temperatur |
| v | m/s | Geschwindigkeit |
| V | $m^3$ | Volumen |
| w | $N/m^2$ | Energiedichte |
| W | Nm | Energie |
| $\lambda$ | m | Wellenlänge |
| $\omega$ | $s^{-1}$ | Kreisfrequenz, Winkelgeschwindigkeit |
| $\sigma$ | Vm/A | spezifische elektrische Leitfähigkeit |
| $\rho_{el}$ | $As/m^3$ | elektrische Raumladungsdichte |
| $\Phi$ | = 0,618 | Goldener Schnitt |

## Definitionen:

| | | |
|---|---|---|
| Dielektrizität | $\varepsilon = \varepsilon_r \cdot \varepsilon_o$ | As/Vm |
| Permeabilität | $\mu = \mu_r \cdot \mu_o$ | Vs/Am |
| Lichtgeschwindigkeit | $c = 1/\sqrt{\varepsilon \cdot \mu}$ | m/s |
| Lichtgeschw. im Vakuum | $c_o = 1/\sqrt{\varepsilon_o \cdot \mu_o}$ | m/s |
| Kreisfrequenz | $\omega = 2\pi f$ | 1/s |
| Relaxationszeitkonstante | $\tau_1 = \varepsilon/\sigma$ | s |
| Oberfläche einer Kugel | $O = 4 \cdot \pi \cdot r^2$ | $m^2$ |
| Volumen einer Kugel | $V = (4/3) \cdot \pi \cdot r^3$ | $m^3$ |

## Zur Vektoranalysis:

Fettdruck = Feldzeiger (Vektor); weitere Angaben auf Tafel 5.0 im Teil 1

Teil 1: Umdruck zur Vorlesung von Prof. Dr.-Ing. Konstantin Meyl

# Elektromagnetische Umweltverträglichkeit

Ursachen, Phänomene und naturwissenschaftliche Konsequenzen

Kurzfassung: 3. Auflage, mit 109 Tafeln und 229 Seiten

Sowohl technische als auch biologische Systeme sind durch elektromagnetische Felder beeinflußbar, wobei noch zahlreiche Fragen, wie z.B. nach Grenzwerten und Beschaffenheit physikalischer Störfelder offen sind. Das Buch soll dem Umstand gerecht werden, daß eine sachbezogene Diskussion um „Elektrosmog" eine Analyse möglicher Ursachen, eine mathematische Herleitung und eine physikalische Beweisführung voraussetzt.

Es wird davon ausgegangen, daß nur der Teil der elektromagnetischen Welle für Funktionsstörungen in Betracht kommt, der absorbiert wurde und der sich zu einem Feldwirbel aufgerollt hat. Die Wirksamkeit hängt von der Menge der erzeugten Wirbel und von der Lebensdauer, dem Wirbelzerfall ab.

In Analogie zur Schallwelle breiten sich Wirbel im Raum als Longitudinalwelle aus. In diesem Zusammenhang wird auf zahlreiche Auswirkungen hingewiesen. Beispiele für die technische und biologische Nutzung dieser Stehwellen sind die Energieübertragung von Nikola Tesla genauso wie die in entsprechender Weise funktionierende Nervenleitung. Wenn dieselben Wirbel, die der Mensch zur Informationsleitung nutzt, von technischen Geräten abgestrahlt werden, dann sind biologische Reaktionen nicht mehr auszuschließen und müssen Sorgen hinsichtlich des „Elektrosmog" berechtigt erscheinen.

CIP-Titelaufnahme der deutschen Bibliothek

**Meyl, Konstantin:** Elektromagnetische Umweltverträglichkeit, Teil 1, Ursachen, Phänomene und naturwissenschaftliche Konsequenzen.
- von Konstantin Meyl.-Villingen-Schwenningen: INDEL GmbH, Verl.-Abt.
3. Aufl. – 1998 ISBN 3-9802542-8-3 16,00 Euro

***INDEL*** GmbH, Verlagsabteilung,

Fax: +49-/0- 7721-51870
Tel.: +49-/0- 7724-1770

Postanschrift und Bestelladresse:
1.**TZ**S, Prof. Dr. K. Meyl, Leopoldstr. 1, D-78112 St. Georgen/Schwarzwald
www.k-meyl.de meyl@k-meyl.de

# Literaturverzeichnis

## A. Veröffentlichungen zur Objektivitätstheorie (Primärliteratur 1999-2003):

[1] K. Meyl: Freie Energie und die Wechselwirkung der Neutrinos, W.-B.-M. 3+4/1999, Seite: 21-29

[2] K. Meyl: Skalarwellen und ihre biologische Wirksamkeit, Vortragsband der Deutschen Gesellschaft für Energetische und Informationsmedizin, Universität Stuttgart am 17.07.1999, S. 47-52

[3] K. Meyl: Zur Brennglaswirkung des Mondes bei einer Sonnenfinsternis, NET-Journal (Neue Energietechniken), ISSN 1420-9292, Heft 7/8-1999, S. 13-17, sowie INET-Kongress-Vortrag dazu: Freie Energie im nächsten Jahrtausend, am 9.10.1999, Holiday Inn Heidelberg (Walldorf)

[4] K. Meyl: Raum-Energie-Technologie, Wechselwirkung der Neutrinos und energietechnische Nutzung der Teslastrahlung, Teil 1, Magazin 2000 *plus* Nr.144, Dezember 1999, S. 62-67

[5] K. Meyl: Raum-Energie-Technologie, Teil 2, Magazin 2000 *plus* Nr.145, Jan./Feb. 2000, S. 60-65

[6] K. Meyl: Teslastrahlung, W.-B.-M. 4/2000, ISSN 0940-5984, S. 31-43

[7] K. Meyl: Skalarwellen, Hagia Chora 5/2000, ISSN 0940-5984, S. 31-43

[8] K. Meyl: Teslastrahlung – die drahtlose Übertragung von Skalarwellen, Kongressband Bregenz vom 15./16.4.2000, S. 181-196, Jupiter-Verlag, ISBN 3-906571-18-1

[9] K. Meyl: Skalarwellentechnik, INDEL Verlagsabt. Villingen-S. 2000, 1. Aufl., ISBN 3-98O2542-6-7

[10] K. Meyl: Nichtoptische Sonnenfinsternisphänomene Teil 1, Magazin 2000 *plus*/148, 6/2000, S. 10-13

[11] K. Meyl: Nichtoptische Sonnenfinsternisphänomene Teil 2, Magazin 2000 *plus*/150, 8/2000, S. 26-29

[12] K. Meyl: Nichtoptische Sonnenfinsternisphänomene Teil 3, Magazin 2000 *plus*/151,10/2000, S.12-17

[13] K. Meyl: Longitudinalwellen-Experiment nach Nikola Tesla, Vortragsband der Deutschen Ges. für Energetische und Informationsmedizin, Universität Stuttgart am 6.+.7.10.2000, S. 4.1-4.9

[14] K. Meyl: Skalarwellen und ihre Bedeutung für die Medizin, Kolloquium vom 6.-8.10.2000 Bad Nauheim der BIT-Ärztegesellschaft, Vortragsband, Seite 87-96.

[15] Johannes von Buttlar im Gespräch mit Prof. Dr. Konstantin Meyl: Neutrinopower, 1. Auflage 2000, Argo-Verlag Marktoberdorf, ISBN 3-98O6584-8-1

[16] K. Meyl: Skalarwellen-Übertragung, NET-Journal, ISSN 1420-9292, Heft 12-2000, S. 31-34

[17] K. Meyl: Longitudinalwellen-Experiment, DVR-Info im NET-Journal, Heft 12-2000, S. 21-24

[18] K. Meyl: Erdbeben und Vulkanausbrüche, GA-Magazin, Heft 6, 2000, S. 11-14

[19] K. Meyl: Atomuhren, die falsch gehen, GA-Magazin, Heft 8, 2001, S. 10-13

[20] K. Meyl: Umpolungsproblematik und Sintflut, GA-Magazin, Heft 10, 2001, S. 10-14

[21] K. Meyl: HF-technische Hinweise zum Skalarwellen-Übertragungs-Set, DVR-Mitgliederjournal Nr. 45, 1/2001, S. 20-22 und NET-Journal, ISSN 1420-9292, Heft 3/4-2001, S. 44-45

[22] K. Meyl: Stellungnahme zum Artikel im Spiegel, DVR-Mitgliederjournal Nr. 46, 2/2001, S. 43-44

[23] K. Meyl: Stellungnahme zu dem Beitrag „Skalarwellenübertragung", W.-B.-M. 2/2001, Seite: 77-79

[24] K. Meyl: Scalar Waves: Theory and Experiments, Journal of Scientific Exploration, Vol. 15, No.2, June 2001, ISSN 0892-3310, pp.199-205.

[25] K. Meyl: Skalarwellenstrahlung. Welche Bedeutung haben Skalarwellen für die Medizin? , CO`MED, Fachmagazin für Complementär-Medizin Nr.6, Juni/2001, S. 55-60.

[26] K. Meyl: Advanced Concepts for Wireless Energy Transfer, High efficient Power Engineering with Scalar Waves, International Congress-Publications, Weinfelden, 23./24.6. 01, Jupiter-Verl., pp. 41-49

[27] K. Meyl: Fortschrittliche Konzepte zur drahtlosen Energieübertragung, Hocheffiziente Energietechnologie mittels Skalarwellen, Kongress „Neue Wasserstofftechnologien und Raumantriebe" 23.-24.Juni 2001 CH-Weinfelden, Kongressband S. 25-40, Jupiter-Verlag, ISBN 3-906571-20-3

[28] K. Meyl: Schwingungsmedizin, Physikalisch-technische Aspekte komplementärmedizinischer Diagnose- und Therapieverfahren, G.E.I.M.-Vortrag am 6.10.2001 Universität Kaiserslautern, GZM-Praxis und Wissenschaft, ISSN 1430-4554, 7.Jahrg. 1/2002, S. 50-55

[29] K. Meyl: Skalarwellen Teil 1: Grundlage einer erweiterten Feldtheorie und praktische Konsequenzen der Maxwell-Näherung, NET-Journal, ISSN 1420-9292, Heft Juli/August 2002, S. 31-47

[30] K. Meyl: Skalarwellen Teil 2: Weltgleichung und Wellengleichung als Konsequenz der erweiterten Feldtheorie, NET-Journal, ISSN 1420-9292, Heft September/Oktober 2002, S. 44-47

[31] K. Meyl: Wirbelstrukturen als Element der Informationsübertragung in biologischen Systemen, Kolloquium vom 3.-5.10.2002 Bad Nauheim der BIT-Ärztegesellschaft, Vortragsband, Seite 77-96.

[32] K. Meyl: Skalarwellen, Grundlage einer erweiterten Feldtheorie, Vortrag am VII.Kongress des IAG vom 18.-20.10.2002 in Mainz-Finthen, Kongressband ISBN 3-9804228-3-6 1.Aufl.2002, S. 118-135.

[33] K. Meyl: Nutzungsmöglichkeiten der Skalarwellentechnik, Neutrino-Power als Chance für das neue Jahrtausend, Magazin 2000 *plus* / Nr.177, November/Dezember 2002, S. 60-63.

Teil 2: Umdruck zum energietechnischen Seminar

# Elektromagnetische Umweltverträglichkeit

Freie Energie und die Wechselwirkung der Neutrinos

Kurzfassung: 3. Auflage, mit 111 Tafeln und 232 Seiten

In Hinblick auf die Umweltverträglichkeit ist eine dezentrale elektrische Energietechnik zu fordern, die ohne Überlandleitungen, ohne Verbrennung und ohne radioaktiven Abfall auskommt. Die Liberalisierung der Energiemärkte wird unser Energieproblem keineswegs lösen, sondern nur den Weg in die Sackgasse beschleunigen. Neue, umweltverträgliche Konzepte werden in dem Buch zusammengetragen und besprochen.

Eine brauchbare Energiequelle könnten Raumquanten darstellen, die von der Sonne oder aus dem Weltraum auf die Erde treffen. Sie offenbaren sich dem Messtechniker allerdings nur, indem sie wechselwirken. Es wird gezeigt, dass die Teilchen schwingen und eine Wechselwirkung oder ein Einsammeln mit dem Ziel der energietechnischen Nutzung nur im Resonanzfall möglich ist.

Da diese Raumquanten als schwingende Teilchen im zeitlichen Mittel nahezu keine Ladung und Masse besitzen, haben sie das bei Neutrinos nachgewiesene Durchdringungsvermögen.
Offensichtlich handelt es sich bei der vor 100 Jahren von Tesla entdeckten Teilchenstrahlung um Neutrinos. Es wird davon ausgegangen, dass dezentrale Neutrinowandler in der Zukunft das derzeitige Energieproblem lösen werden. Zahlreiche Konzepte aus Natur und Technik, wie einerseits der Blitz oder die Photosynthese und andererseits die Railgun oder der Teslakonverter werden als Beispiele angeführt und besprochen.

CIP-Titelaufnahme der deutschen Bibliothek

**Meyl, Konstantin:** Elektromagnetische Umweltverträglichkeit, Teil 2, Freie Energie und die Wechselwirkung der Neutrinos.
- von Konstantin Meyl.-Villingen-Schwenningen: INDEL GmbH, Verl.-Abt.
3. Aufl. – 1999 ISBN 3-9802542-9-1 16,00 Euro

***INDEL*** GmbH, Verlagsabteilung, Fax: +49-/0- 7721-51870
Postanschrift und Bestelladresse:
1.**TZ**S, Prof. Dr. K. Meyl, Leopoldstr. 1, D-78112 St. Georgen/Schwarzwald
www.k-meyl.de meyl@k-meyl.de

[34] K. Meyl: Schwingungsmedizin, Bioresonanz durch Skalarwellentechnik, Magazin 2000 *plus* / Nr.178, Medizin Spezial 13, 2002, S. 52-57

[35] K. Meyl: Die Wellengleichung, Grundlage der Skalarwellen-Physik, Magazin 2000 *plus* / Nr.179, Januar/Februar 2003, S. 6-12

[36] K. Meyl: Elektrische bzw. magnetische Skalarwellen im Kreuzfeuer der Kritik. Prof. Dr.-Ing. Konstantin Meyl nimmt Stellung zu kritischen Fragen, CO`MED, Nr.1, Januar/2003, S. 52-54.

[37] K. Meyl: Freie Energie und Neutrinopower, Vortrag am 26.10.2002 in Bensheim auf dem Kongress: (Vom Band abgetippt von I.Schneider) Neue universale Energielösungen, Sammelband der Kongressbeiträge, Jupiter Verlag 2003, ISBN 3-906571-22-X, S.57-79

[38] K. Meyl (D.Neubronner): Die Rundfunkgötter, Teslawellen im Altertum, Matrix 3000 Band 16, 7/8-2003, ISSN 14394154, S.40-43

[39] K. Meyl: Erdwachstum durch Neutrinopower, Magazin 2000 *plus* Nr.188, Extra 3, 9/10-2003, S. 6-13

[40] K. Meyl: Faraday vs. Maxwell, Nikola Tesla Energy Science Conference, Washington DC 8.11.03, IRI

[41] K. Meyl: Physikalische Grundlagen für die Informationsverarbeitung im Menschen, Kongressband zu den Festspielgesprächen 2002, (Hg. Simma_Kletschka) Facultas Verlage Wien 2003, Band 27, Wiener Internationale Akademie für Ganzheitsmedizin, ISBN 3-85076-648-9, Seite 38-59

**B. Veröffentlichungen über die Objektivitätstheorie** (Auswahl an Sekundärliteratur 1999-2002):

[1] I. Schneider: Buchbesprechung zu K. Meyl: Elektromagnetische Umweltverträglichkeit, Teil 2, NET-Journal, ISSN 1420-9292, Jg. Nr.4, Heft 3, März 1999, Seite 35

[2] W. Martin: Buchbesprechung zu Teil 2, Wetter-Boden-Mensch 2/1999, ISSN 0940-5984, S. 46+59.

[3] P.Rösch: Glänzend, Prof. Meyl zu Elektrosmog, Leserbrief, Magazin 2000 *plus* Nr.136, 2/1999, S. 77

[4] Portrait der Kongreß-Referenten, zu Prof. Meyl: Energie aus dem Weltraum, 5. internationaler Kongreß vom 26.-28.2.1999 in Düsseldorf, Magazin 2000 *plus* Nr.136, 2/1999, S. 2 + 16 mit:

[5] P.Wiesner: Bericht zum 5. internationalen Kongress „Dialog mit dem Universum", zum Beitrag Prof. Meyl:„fordert eine dezentrale elektr. Energietechnik", Magazin 2000 *plus* Nr.136, 2/1999, S. 38-41

[6] I. Schlotterbeck: Bücher, die wir empfehlen, Magazin 2000 *plus* Nr.142, Sept./Oktober 1999, S. 96

[7] H.-J. Ehlers: Freie Energie, Meyls Neutrino-These; Raum & Zeit Nr. 101, Sept./Oktober 1999, S. 94

[8] I. Schneider: Bericht zum Kongress vom 9.+10.10.99, Heidelberg, zu K. Meyl: Freie Energie im nächsten Jahrtausend, NET-Journal, ISSN 1420-9292, Jg. Nr.4, Heft 10/11, Okt./Nov. 1999, S. 8 ff.

[9] Sabine Krümmer: Weltpremiere, Magazin 2000 *plus* Nr.145, 1+2/2000, S. 59 und im Schwarzwälder Bote vom 19.11.99: TP-Forum eröffnet mit Weltpremiere, Prof. Meyl berichtet über Teslawellen.

[10] Dietmar Schindler: Neutrinos – Energie aus dem Kosmos, Schwarzwälder Bote Nr. 275 vom 27.11.99

[11] Schneider: Neutrino-Power - Energie aus dem Kosmos, Bericht zu Vortrag und Demo von Prof. Dr. K. Meyl am 25.11.1999 in Villingen, NET-Journal, ISSN 1420-9292, Jg. Nr.4, Heft 12/1999, Seite 4-6

[12] Schneider: Durchbruch in der Freien-Energie-Forschung; Interview mit Prof. Dr.-Ing. Konstantin Meyl, NET-Journal, ISSN 1420-9292, Jg. Nr.4, Heft 12, Dezember 1999, Seite 7-9.

[13] Dulling: Professor Meyl und die Freie Energie, TZ-Journal 1999/2000, Seite 5.

[14] Ulrich Arndt: Das Phänomen der Wirbel, Buchbesprechung zu Elektromagnetische Umweltverträglichkeit Teil 1 und Teil 2, Esotera 1/2000, Verlag Hermann Bauer, S. 50,51

[15] Rainer Borgmann: Energie aus dem Kosmos, Magazin 2000 *plus* Nr.145, Januar/Feb. 2000, S. 58-59

[16] Sabine Krümmer: Wissenschaftler sprechen von Sensation, Im Villinger Technologie-Forum führte Konstantin Meyl seine Skalarwellen vor, Schwarzwälder Bote vom 7.2.2000

[17] Dr.B.Tausendfreund: Über biologische und medizinische Auswirkungen von elektrischen Potentialwirbeln und elektromagnetischen Longitudinalwellen, , CO`MED, 2/2000, S. 92

[18] Dr. H.Hantsche: Neues aus Physik und Technik, Info-Blatt der Feien Akademie, Berlin 3/2000, S.3

[19] A.Milinkovic: Weiterer Nachweis der Skalarwellen, NET-Journal, Jg. Nr.5, Heft 3, März 2000, S. 26

[20] Vorstellung des Referenten Prof. Dr.-Ing. Konstantin Meyl, Kongressband Bregenz vom 15./16.4.2000, S. 180, Jupiter-Verlag, ISBN 3-906571-18-1

[21] Dr. Kunze: Leserbrief zu K.Meyl: Raum-Energie-Technologie, Magazin 2000 *plus* 147, 4-2000, S. 93

[22] Schneider: Teslastrahlung, die drahtlose Übertragung von Skalarwellen von Prof. Dr.-Ing. Konstantin Meyl, NET-Journal, ISSN 1420-9292, Jg. Nr.5, Heft 4/5- 2000, Seite 14-15.

[23] Dr. Reichwein, Peters: Zelluläre Elektromagnetische Systemsteuerung, Der Freie Arzt 5 (2000) im Wissenschafts-Forum (Anhang, S. IV - XXIII)

[24] Ulrich Arndt: Die Energie aus dem Nichts, Esotera 7/2000, Verlag Hermann Bauer, S. 62-66

[25] Besprechung zum Video „EMUV" von Prof. Dr. Meyl, Esotera 7/2000, Verlag Hermann Bauer, S. 30

[26] A.Manthey: Bericht zur Berliner Tagung für neue Energietechnologien (8.7.2000), zu Theoretische Ansätze (u.a. K. Meyl), NET-Journal, ISSN 1420-9292, Jg. Nr.5, Heft 7/8 2000, S. 14 ff.

Prof. Dr.-Ing. Konstantin Meyl:

# Skalarwellentechnik / Dokumentation

für das Experimentier- und Demonstrations-Set
zur Übertragung elektrischer Skalarwellen

Kurzfassung: 2. Auflage 2001 mit 12 Bildern, 41 Tafeln und 180 Seiten

Wer den Einstieg in die Welt der vom Autor entdeckten Potentialwirbel und deren Ausbreitung als Skalarwelle auf experimentellem Weg sucht, dem sei dieses Buch empfohlen. Es beginnt mit den Anleitungen zu sechs außergewöhnlichen Versuchen. Dabei gelingt der Nachweis einer elektrischen Strahlung, die Energie überträgt, und das auch noch schneller als das Licht, und bei der mehr Energie beim Empfänger ankommen kann als in den Sender hineingesteckt wird. Wer Zweifel hegt, der wird mit diesem Buch in der Hand die Experimente nachvollziehen können, um sie an-schließend mit den Messgeräten zu prüfen, die ihm vertraut sind.

Die 2. Auflage war noch um die Kapitel 21-25 aus EMUV Teil 3 ergänzt worden. Mit dem Erscheinen dieses Buches werden ab der 3. Auflage der „Skalarwellentechnik" diese Kapitel wieder herausgenommen und durch eine umfangreiche Sammlung von Versuchsprotokollen und Erfahrungsberichten ersetzt. Diese gliedern sich in drei Gruppen: Die einen sind bemüht, das Verhalten der Übertragungsstrecke konventionell zu erklären, ein berechtigtes Anliegen, das in einer Reihe von Punkten auch zu überzeugen vermag. Eine zweite Gruppe interessiert sich nur für die Phänomene des Experiments, die konventionell nicht zu erklären sind und die Existenz von Skalarwellen beweisen, während die Forschergruppe nach stets neuen spektakulären Versuchen und praktischen Anwendungen strebt.

CIP-Titelaufnahme der deutschen Bibliothek

**Meyl, Konstantin:** Skalarwellentechnik / Dokumentation
- von Konstantin Meyl.-Villingen-Schwenningen: ***INDEL*** GmbH, Verl.-Abt.
3. Aufl. – 2004 ISBN 3-9802542-6-7 16,00 Euro

***INDEL*** GmbH, Verlagsabteilung, Fax: +49-/0- 7721-51870
Postanschrift und Bestelladresse:
1.**TZ**S, Prof. Dr. K. Meyl, Leopoldstr. 1, D-78112 St. Georgen/Schwarzwald
www.k-meyl.de meyl@k-meyl.de

[27] Schneider: Über das Experimentier-Set zur Übertragung von Skalarwellen von Prof. Dr.-Ing. Konstantin Meyl, NET-Journal, ISSN 1420-9292, Jg. Nr.5, Heft 9, September 2000, Seite 4-7.

[28] Buchbesprechung zu Prof. Dr.-Ing. Konstantin Meyl: Elektromagnetische Umweltverträglichkeit, Teil 1 und Teil 2, Schweizerische Zeitschrift für RGS, ISSN 1420-4894, Nr.233, Heft 4-2000, Seite 54-56

[29] Adolf und Inge Schneider: Energie aus dem All, 11.Kap.: Drahtlose Übertragung von Skalarwellen durch Prof.Dr.-Ing.Konstantin Meyl, S.312-324, Jupiter Verlag 9/2000, 1.Aufl. ISBN 3-906571-17-3.

[30] Dr.J.Lechner: Störfelddiagnostik, Medikamenten- und Materialtest Teil2, Kap.2.4.2 Berührungslose skalarwellengetragene Informationsübertragung, S.173-178, Verlag Wühr 2000, ISBN 3-927344-44-3

[31] Dr. B. Köhler: Nachlese zum Jubiläumskolloquium der BIT-ÄG vom 6.-8.10.2000 in Bad Nauheim: Einen weiteren Höhepunkt stellte das Referat von Prof. K. Meyl dar,... CO`MED, 12/2000, S. 104

[32] Schneider: Buchbesprechung zu „Neutrinopower", NET-Journal, Jg. 5, Heft 12, Dezember 2000, S. 39

[33] Fachhochschule Furtwangen: Vorlesungsangebot für das SS 2001, S.8, Prof. Dr. K. Meyl: EMUV.

[34] Vill: Die elektrophysikalische Mauerwerksentfeuchtung, EV.Verl.2001, ISBN 3-934139-04-3, S.26-33

[35] Kraft: Eroberung von physikalischem Neuland, Buchbesprechung zu „Neutrinopower", und

[36] Röttcher: Sind morphische Felder Neutrinos?, Zeit Geist, Heft 3, 2001, S. 29 und S. 9.

[37] Dr.R.Kraßnigg: Skalare Wellen, Regulations Medizin 6, Heft 3, 2001, S. 89-96.

[38] Dr.A.Rossaint: Physikalische Grundlagen und biologisch-medizinische Schlußfolgerungen für den berührungslosen Resonanztest Teil1, Zeitschrift Hier & Jetzt, 3/2001, S.22-27 +Teil2, 4/2001, S.22-25

[39] GZM-Kongress Berlin, 13.5.2001, zu dem Vortragenden Prof.Dr.K.Meyl: Skalare-/Teslawellen zur zellulären Energie- und Info. , GZM-Praxis und Wissenschaft, ISSN 1430-4554, 6.Jahrg. 1/2001, S.36

[40] Dr.P.Reichert: Die Medizin der Zukunft – Schwingungen statt Pillen, Berlin Nachlese zum 6. Europäischen Kongress für Ganzheitliche Zahn-Medizin 10.-13.5.2001, GZM-Praxis und Wissenschaft, ISSN 1430-4554, 6.Jahrg. 1/2001, S.56 zu K.Meyl: Schwingungsmedizin und Zellkommunikation.

[41] M.Dworschak: Schwarzwälder Kopernikus, Spiegel-Artikel vom 21.5.01, S. 198-199, abgedruckt im DVR-Mitgliederjournal 2/2001, Seite 41-42

[42] F.Lutz: Bis jetzt unwiderlegt, Wissenschaftler nehmen Professor Meyl in Schutz, Südkurier Nr.136 vom 16.6.2001 und Badische Zeitung vom 19.6.2002, Seite 22.

[43] S.Scheurer: Kopernikus untersucht Skalarwellen, Schweizerisches Bodensee Tagblatt Turgau, 21.6.01

[44] Schneider: Introduction of the author Prof.Dr.K.Meyl: Advanced Conzepts for Wireless Energy Transfer, International Congress-Publications, Weinfelden, 23./24.6.2001, Jupiter-Verlag, pp. 23-24.

[45] R.Schmid: Neues aus der Homöopathie-Forschung, zur Tagung der Samuel-Hahnemann-Stiftung vom 6.-8.4.2001 in Simmerath-E., Globuli II/2001, S.11-12.

[46] Ralph Netzker: Jurassic Quark, Holden, Wegener, Meyl, ein theoretischer Dreisprung, im Internet unter http://home.t-online.de/home/ralph.netzker/quark.htm vom 25.10.01

[47] H.-P. Studer: Neue Energien für die Zukunft, Vita Sana Magazin für Dialog und Ges., 9/2001, S. 6-9

[48] Harro Wilke: Leserbrief zu Schwarzwälder Kopernikus, Magazin 2000 *plus* Nr.164, 10/2001, S. 92

[49] Dr. R.Kraßnigg: Skalare Wellen, Ärztezeitschrift für Naturheilverfahren, 43, 1/2002, S.19-27.

[50] Dr.C.Bollkämper: BewusstSein im Energetischen Kontinuum, 10/2002, ISBN 3-8311-4016-2.

[51] A. und I. Schneider: Bericht vom Kongress „Universale Energielösungen", 26./27.10.2002 in Bensheim, zu dem Beitrag von Prof.Dr.K.Meyl: Freie Energie und Neutrinopower, NET-Journal, Jg. 7, Heft 11/12 November/Dezember 2002, S. 21-28.

[52] Dr. P. Rothdach, Dr. H. Böller u.a.m: Leserbriefe zum Beitrag: Elektromagnetische Skalarwellen im Kreuzfeuer der Kritik. CO`MED, 1/2003, S. 4-5 und CO`MED, 11/2002, S. 4: "Facit (Rothdach): Die Meylsche Theorie ist weder mathematisch, noch theoretisch-physikalisch noch experimentell widerlegt"!

[53] D. Schindler: Kopernikus aus dem Schwarzwald, Professor Meyl stellt neue Erkenntnisse der Teslastrahlung vor, Bericht im Schwarzwälder Bote Nr. 46 VS, vom 25.02.2003

[54] H.-H. Gimbel: Neue Energielösungen, Kongressbericht, Wohnung + Gesundheit 3/03 Nr. 106, S. 60

[55] C. Nack: Umstritten aber begehrt. Viele Akademiker kamen Zum Experimentalvortrag von K. Meyl am 14.03.2003 im Technologiepark von Villingen-Schwenningen, Südkurier 63/TG v. 17.03.03, S.27

[56] G. Hauser: „Gebäude der Physik wankt", Meyl sieht seine Theorie durch neueste Berichte bestätigt, Südkurier Nr. 93/V, 23.04.2003

[57] Prof. Dr. J. Gruber: Großer experimenteller Erfolg von Prof. Meyl, Energie aus dem Feld nachgewiesen! DVR-Mitglieder-Journal 1/03 Nr. 51 vom 4.4.03, ISSN 1435-0815, S. 101-102

[58] Dr. H. Kersten über K. Meyl's Forschung: Erdwachstum durch Neutrinoabsorbtion, Technische Universität Berlin, Internationales Kolloquium: Erdexpansion – eine Theorie auf dem Prüfstand, Schloß Theuern am 24.+25.05.2003, Umdruck der TU Berlin Sekr. BH4 Lagerstättenforschung,
s.a. Amberger Zeitung vom 28.5.03 und Amberger Nachrichten vom 29.5.03

[59] Dr. P. Rothdach: „Skalarwellen gibt es nicht und die Welt ist eine Scheibe", GeoForum 24, 6/2003, Seite 20-22

[60] I. Schneider: zu Prof. Dr.-Ing. K. Meyls Forschung: Antiker Götterfunk und futuristische Skalarwellenkommunikation, NET-Journal, Jg. Nr. 8, Heft 7/8 2003, Seite 31 (mit Ankündigungen zu Seminaren von Prof. Meyl in München, an der Universität Stuttgart und in Washington DC, Seite 42)

[61] J.K.Klasmann: Elektrosmog, Gefährliche Felder? Gesundheit 9/2003, S.103-104.

[62] Gesundheitsrisiko Handy?, Hauptreferent Professor Meyl..., Zollern-Alb-Kurier, 8.10.2003 und K.-H. Schlenker, Leserbrief vom 30.9.2003, s.a. Südwest Presse: Kommission fordert Absenkung von Grenzwerten, Hohenzollerische Zeitung vom 7.10.2003.

[63] Dr. H.-J. Klose: Die Grundregulation des Menschen, Kongressband zu den Festspielgesprächen 2002, Simma-Kletschka (Herausgeber): Ganzheitliche Zahnheilkunde, Facultas Verlage Wien 2003, Band 27, Wiener Internationale Akademie für Ganzheitsmedizin, ISBN 3-85076-648-9, Seite 95-98

[64] Dr. Valone, Integrity Research Institute: Nikola Tesla Energy Science Conference, Washington DC November 8th.+9th.2003, Conference publications, speakers biographies and abstracts.

## C. Literatur zur allgemeinen Physik, zur Hochfrequenztechnik und der EMV

[1] H.-J. Lugt: Wirbelströmung in Natur und Technik. G. Braun Verlag Karlsruhe 1979

[2] J. C. Maxwell: A Treatise on Electricity & Magnetism, Dover Publ. New York

[3] K. Küpfmüller: Einführung in die theoretische Elektrotechnik, Springer-Verlag Berlin, 12. Aufl.1988

[4] Meinke, Gundlach: Hochfrequenztechnik, 4.Aufl. Springer-Verlag Berlin 1986

[5] Zinke, Brunswig: Lehrbuch der Hochfrequenztechnik, 1. Bd., 3.Aufl. Springer-Verlag Berlin 1986

[6] H. Armbrüster, G. Grünberger: Elektromagnetische Wellen im HF-Bereich, Hüthig und Pflaum Verl.

[7] R.W. Pohl: Einführung in die Physik, Bd.2 Elektrizitätslehre, 21.Aufl. Springer-Verlag 1975

[8] G. Bosse: Grundlagen der Elektrotechnik II, BI-Hochschultaschenbücher Nr.183, 1.Aufl. 1967

[9] G. Lehner: Elektromagnetische Feldtheorie, Springer-Lehrbuch 1990, 1. Aufl.

[10] Grimsehl: Lehrbuch der Physik, 2.Bd., 17.Aufl. Teubner Verl. 1967

[11] K. Simonyi: Theoretische Elektrotechnik, 7.Aufl. VEB Berlin 1979

[12] K. Simonyi: Physikalische Elektronik, Kap.: 8.4 Das Magnetron

[13] Bronstein u.a.: Taschenbuch der Mathematik, 4.Neuaufl. Thun 1999

[14] H. Preußker: Der Wirbelring, Halstenbeck 2002

[15] Jean-Pierre Vigier and the Stochastic Interpretation of Quantum Mechanics, selected and edited by Stanley Jeffers, Bo Lehnert, Nils Abramson, and Leve Chebotarev. Montreal: Apeiron, 2000.

## D. Literatur zur Medizin, zur Biologie und zur Chemie

[1] U. Lüttge, M. Kluge, G. Bauer: Botanik, 2. Aufl.- Weinheim, VCH (1994) ISBN 3-527-30031-7

[2] N.Begich: Towards A New Alchemy, The Millenium Science, Earthpulse Press 1996, dt. Übers.: Auf den Spuren einer neuen Alchemie, Omega-Verlag 1997

[3] Cousto: Die kosmische Oktave, Synthesis Verlag Essen 1984

[4] Prof. Dr. H. Heine: Grundregulation und Extrazelluläre Matrix – Grundlagen und Systematik, Lehrbuch der biologischen Medizin, (1991) 2.Aufl. Hippokrates Verlag Stuttgart, Seite 63

[5] U. Warnke: Bioresonanztherapie – Wunsch und Wirklichkeit. Medizin transparent Nr.2/1996, S.36-37

[6] Dr. H. Clark: The Cure For All Diseases (1995), dt. Übers.: Heilung ist möglich (1997) Knaur Verlag

[7] Dr. Hulda Clark: The Cure for All Cancers (1993) New Century Press, USA, dt.Übers.: Heilverfahren aller Krebsarten

[8] Dr. Bodo Köhler: Biophysikalische Informations-Therapie, Gustav Fischer Verlag (1997)

[9] Dr. Bodo Köhler: BITsyn, der neue Weg in der Informations-Medizin, Jubiläums-Schrift der Intern. Ärzte-Gesellschaft für Biophysikalische Informations-Therapie, Bad Nauheim, 6.-8.10.2000.

[10] Bioenergetische Messverfahren in Theorie und Praxis, Vortragsband der Gesellschaft für Energetische und Informationsmedizin e.V., Universität Stuttgart am 17.7.1999 und am 7.10.2000

[11] Dr. Johann Lechner: Störfelddiagnostik, Medikamenten- und Materialtest, Teil 2 aus der Reihe: Praxis der Ganzheitlichen Medizin und Zahnmedizin, Verlag Dr. E. Wühr (2000)

[12] M. Lüscher: Der 4-Farben-Mensch, W. Goldmann, München 1977

[13] M.Lüscher: Das Harmoniegesetz in uns, Econ-Verlag 1993

[14] F.A. Popp: Neue Horizonte in der Medizin, 2.Aufl. Haug Verlag Heidelberg 1987

[15] M. Bischoff: Biophotonen, das Licht in unseren Zellen, 2001

von Prof. Dr.-Ing. Konstantin Meyl:

# Sendetechnik der Götter

Konstantin d.Gr. wird von seinem Lehrer in die antike Sende- und Empfangstechnik eingeweiht, im römisch. Kaiserpalast 304 n.Chr.

Kurzfassung: 1. Auflage, mit 64 Bildern und 180 Seiten

- Hat Gott Apollo in Delphi auf 5,4 MHz gesendet?
- Waren die griechischen Tempel Telegraphiesender?
- Waren die Tempelpriester Amateurfunker?
- War Homer Rundfunkreporter im Auftrag der Götter?
- Waren die Orakel Empfangsstationen?
- Haben Orakeldeuter den Sendecode übersetzt?
- Welche Brücken hat der Pontifex Maximus gebaut?

Alles Fragen, die in 30 Lektionen ausführlich behandelt und erklärt werden. Wir sind im Jahre 304 n.Chr. Zeitzeuge, wie der spätere römische Kaiser Konstantin der Große von seinem Lehrer in die geheime Sendetechnik der Götter eingeführt wird. Es ist eine aufregende Zeit des Umbruchs, denn die alte Telegraphie hat ausgedient, Eingeweide von Opfertieren sind Mangelware, aus deren Zuckungen die Funksignale abgelesen werden.
Stattdessen soll Sprechfunk eingeführt werden, der von Kaiser Hadrian mit dem Pantheon in Rom erfolgreich getestet worden war.
Doch neuer Streit bahnt sich an: Will man Rundfunk oder eher Funktelefon einführen? Diejenigen aber, die ohne Lizenz dazwischenfunken, werden wie zu allen Zeiten gejagt und bekämpft.

CIP-Titelaufnahme der deutschen Bibliothek
**Meyl, Konstantin:** Sendetechnik der Götter, Roman
- von Konstantin Meyl.-Villingen-Schwenningen: INDEL GmbH, Verl.-Abt.
1. Aufl. – 2004 ISBN 3-9802542-5-9 12,00 Euro

***INDEL*** GmbH, Verlagsabteilung, Fax: +49-/0- 7721-51870
Tel.: +49-/0- 7724-1770
Postanschrift und Bestelladresse:
1.**TZ**S, Prof. Dr. K. Meyl, Leopoldstr. 1, D-78112 St. Georgen/Schwarzwald
www.k-meyl.de meyl@k-meyl.de

## E. Literatur zu weiteren Randgebieten


[1] N. Tesla: Complete Patents, Tesla Book Company (1983) ISBN O-960356-8-2, daraus:

[2] N. Tesla: Apparatus for Transmission of Electrical Energy, US-Patent-No.: 649,621, New York 1900, Dr. Nikola Tesla: Complete Patents pp318-321.

[3] Nikola Tesla: Method of and Apparatus for Controlling Mechanism of Moving Vessels or Vehicles, US-Pat. 1898, Nr. 613,809. Complete Patents: S. 351

[4] Nikola Tesla: Famous Scientific Illusions, III. The Singular Misconception of the Wireless, Electrical Experimenter, Feb.1919, printed in Tesla Said, p.197

[5] Nikola Tesla: The Problem of Increasing Human Energy, The Century Monthly Magazine, June 1900, ISBN 1-882137-00-0, Page i-15

[6] N. Tesla: Die Übertragung elektrischer Energie ohne Drähte..., Electrical World and Engineer vom 7.1.1905; Edition Tesla Bd. 4, S. 131.

[7] N. Tesla, New York Times vom 15.9.1908; Edition Tesla Bd. 6, S. 241.

[8] David Ash, Peter Hewitt: Science of the gods, Gateway Books, Bath, 1990.

[9] T.E.Bearden: Skalar Technologie, Michaels Verlag 2002, ISBN 3-89539-250-2.

[10] Thomas Valone: Das Unipolarhandbuch, Michaels Verlag 2001, ISBN 3-89539-295-2.

[11] R. Sheldrake: Sieben Experimente, die die Welt verändern könnten. Goldmann Verlag 1994

[12] R. Sheldrake: Das schöpferische Universum. Meyster Verlag München 1983.

[13] H.Lüdeling: Handbuch der Radiaesthesie, Verlag Eike Hensch 1994, ISBN 3-927407-09-7.

[14] Hensch: Radiaesthesie im ländlichen Bauen und Siedeln, Arbeitskreis zur Landentwicklung in Hessen, W4, Wiesbaden 1987

[15] H. Mayer, G. Winklbaur: Biostrahlen, Verlag ORAC, Wien 1989, 5. Auflage

[16] Rohrbach: Radiästhesie, Physikalische Grundlagen und Anwendung in Geobiologie und Medizin, Haug Verlag Heidelberg 1996.

[17] R. Schneider: Einführung in die Radiästhesie Teil II: Leitfaden und Lehrkurs ..., Oktogon-Verlag, Wertheim, 2. Aufl. (1984).

[18] Lamer: Wörterbuch der Antike, Kröner Verl. Bd.96

[19] K. Schefold: Die Griechen und ihre Nachbarn, Propyläen Kunstgeschichte Berlin Bd. 1

[20] T. Kraus: Das römische Weltreich, Propyläen Kunstgeschichte Berlin Bd. 2

[21] G. Gruben: Die Tempel der Griechen, Wissenschaftliche Buchgesellschaft Darmstadt 1986

[22] E. Horst: Konstantin der Große, Eine Biographie, Classen Verlag 1985 Düsseldorf, 2.Aufl.

[23] Vitruv (Marcus Vitruvius Pollio): Zehn Bücher über Architektur, Übers. von Dr. K. Fensterbusch, Wissenschaftl. Buchges. Darmstadt 1987, 4. Aufl.

[24] A. Springer: Das Altertum, A. Kröner Verl. Leipzig 1915, 10. Aufl.

## Stichwortverzeichnis